剪映短视频制作

拍摄+修图+剪辑+运营一本通

方国平/编著

電子工業出版社
Publishing House of Electronics Industry
北京•BEIJING

内 容 简 介

本书是初学者快速自学使用手机进行修图和短视频制作的实用教程，可以帮助初学者快速掌握短视频拍摄的基础知识、醒图的摄影后期处理、剪映的短视频制作、剪映专业版的使用方法、手机短视频综合制作、Vlog短视频制作、将短视频发布到不同平台的方法，以及短视频的变现模式和运营方法。

本书结构清晰、讲解流畅、实例丰富，适合作为短视频创作、广告设计、影视后期、电商设计等相关行业从业人员的自学指导书，也可以作为相关专业院校或培训机构的教材。

本书配备了大量的多媒体教学视频、实例和相关素材，使读者可以借助配套资源更好、更快地学习醒图和剪映软件。

图书在版编目（CIP）数据

剪映短视频制作：拍摄+修图+剪辑+运营一本通 / 方国平编著. —北京：电子工业出版社，2022.7

ISBN 978-7-121-43555-3

Ⅰ. ①剪… Ⅱ. ①方… Ⅲ. ①视频编辑软件 Ⅳ. ①TP317.53

中国版本图书馆CIP数据核字（2022）第090074号

责任编辑：孔祥飞　　　　特约编辑：田学清
印　　刷：天津善印科技有限公司
装　　订：天津善印科技有限公司
出版发行：电子工业出版社
　　　　　北京市海淀区万寿路173信箱　　　　邮编：100036
开　　本：720×1000　1/16　印张：19.5　字数：384千字
版　　次：2022年7月第1版
印　　次：2022年10月第2次印刷
定　　价：108.00元

凡所购买电子工业出版社图书有缺损问题，请向购买书店调换。若书店售缺，请与本社发行部联系，联系及邮购电话：（010）88254888，88258888。

质量投诉请发邮件至zlts@phei.com.cn，盗版侵权举报请发邮件到dbqq@phei.com.cn。

本书咨询联系方式：010-51260888-819，faq@phei.com.cn。

前言

现在是全民自媒体时代，学会修图和制作短视频能够增加个人收入，比如，抖音、快手、哔哩哔哩等平台纷纷推出补贴、激励计划，入驻这些平台成为内容创作者，能够获得很多变现的机会。而且图像和视频已经成为很多公司进行宣传或营销的工具之一，掌握修图和制作视频技能可以提升个人竞争力，在就业或晋升方面会更有优势。

很多初学者只学习软件的使用方法，却忽略了实际应用，所以在解决实际工作问题时就无从下手。本书是初学者快速自学醒图、剪映的专业教程，从实用角度出发，全面、系统地讲解了醒图、剪映和剪映专业版软件的主要功能。

本书在案例上注重突出针对性、实用性和技术剖析的力度，对于手机摄影后期处理、抖音短视频、快手短视频、视频号、视频剪辑、视频转场、视频调色、抠像、蒙版遮罩、音频处理、字幕和插件均有讲解，对于短视频变现和短视频运营也有讲解。

本书内容

全书共 9 章：第 1 章介绍了短视频拍摄的基础知识，包括辅助设备、拍摄设备和剪辑软件、构图方式，以及如何拍摄短视频。第 2 章讲解了醒图的摄影后期处理。第 3 章讲解了剪映的短视频制作，包括剪映软件介绍、视频基础操作、视频转场、剪映 App 的蒙版、添加字幕、动画贴纸、音频处理、视频调色、视频特效、抠像、美颜美体，以及素材包的使用方法。第 4 章讲解了剪映专业版的使用方法，包括认识剪映专业版、工具栏、“画面”设置、“变速”设置、“动画”设置和“调节”设置。第 5 章讲解了手机短视频综合实战，包括使用剪映 App 模板制作短视频、手机摄影短视频制作、人物分身短视频制作和剪映 App 卡点视频制作。第 6

章讲解了 Vlog 短视频制作，包括 Vlog 短视频的制作准备、Vlog 短视频的拍摄方法，如何拍摄美食类 Vlog 短视频和视频制作；第 7 章讲解了将短视频发布到不同平台，包括将短视频发布到抖音，利用热点事件提升曝光率；将短视频发布到快手，使用视频的留言工具；将短视频发布到视频号，在什么时间发布视频比较合适；将短视频发布到哔哩哔哩，如何进行互动管理；将短视频发布到小红书，并介绍了小红书视频号。第 8 章讲解了短视频的变现模式，包括开通抖店、直播变现、广告变现和全民任务。第 9 章讲解了短视频的运营方法，介绍了短视频的内容定位、什么样的视频容易上热门，以及运营用户提高短视频的人气、数据运营和直播运营攻略等。

本书特点

本书以实用、够用为原则，将重点放在核心技术的讲解上。本书知识结构完整、层次分明，内容通俗易懂，操作简单，对每个知识点都配以案例，力求做到让读者在应用中真正掌握醒图、剪映的使用方法，从而胜任短视频制作方面的工作。本书具有以下特点。

1. 讲解细致，易学易用

本书从自媒体全流程角度，结合实用的商业案例，同时给出了技巧提示，确保读者零起点、轻松快速入门。

2. 编排科学，结构合理

本书围绕制作剪映短视频的技能要求，由浅入深，合理利用篇幅，让读者在有限的时间内学到实用的技术。

3. 内容实用，实例丰富

本书提供一站式教学，从拍摄、修图、剪辑到运营，讲解了丰富的应用案例，帮助读者在实战中提高水平。

4. 配套丰富，学习高效

本书配套了素材、源文件和教学视频，读者可以对照正文步骤进行操作。对于教师，本书还附赠了教学 PPT。

本书服务

1．微信群交流

读者关注微信公众号“鼎锐教育服务号”，选择菜单中的“个人中心”→“联系老师”选项，就会被邀请加入微信群。

2．微信公众号交流

打开微信公众号“鼎锐教育服务号”，选择菜单中的“个人中心”选项，即可进入“学习问题”频道交流学习问题。

3．每周一练

为了方便学习，读者可以打开微信公众号“鼎锐教育服务号”，选择菜单中的“每周一练”选项，即可获取练习内容。

4．留言和关注最新动态

我们会及时发布与本书有关的信息，包括读者答疑、勘误信息等。读者可以关注微信公众号“鼎锐教育服务号”进行了解。

目录

第1章 短视频拍摄的基础知识

自媒体行业已经从图文时代过渡到了短视频时代，由于最近几年短视频发展快速，因此互联网公司纷纷推出了如抖音、视频号等短视频发布平台。短视频制作涉及短视频拍摄、相关软件的使用等内容。本章主要介绍短视频拍摄的基础知识，包括辅助设备、拍摄设备和剪辑软件、构图方式，以及如何拍摄短视频。

1.1 辅助设备

拍摄短视频已经成为很多人生活的一部分，拿起手机即可以视频的形式记录生活。拍摄短视频可以使用手机、单反相机等设备。考虑到携带方便，一部手机就能够满足我们的需求，而且在手机的剪映 App 上就可以完成视频剪辑。所以，手机可以作为我们的第一选择。在拍摄时，手机固定装置很重要，常用的手机固定装置有手持云台、自拍杆和三脚架，这些设备对于手机摄影和摄像来说是必备的。

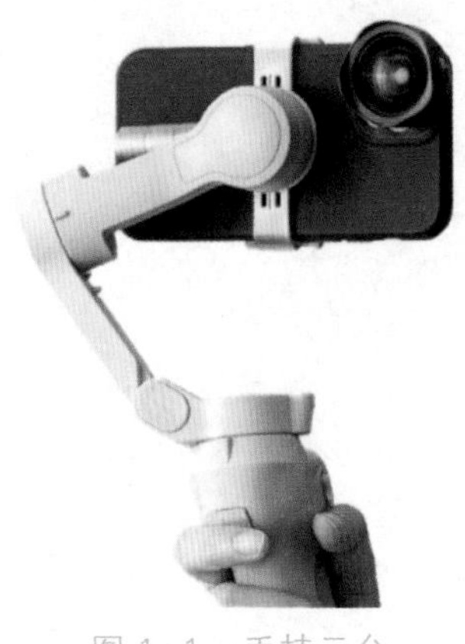

图 1-1　手持云台

1.1.1 手持云台

手持云台是当前比较流行的辅助工具，可以代替自拍杆。云台的自动稳定系统能自动根据视频拍摄者的移动角度调整手机方向，使手机一直保持平稳的状态。无论拍摄者在拍摄期间如何移动手机，都能保持手机视频拍摄的稳定性，让画面稳定、流畅。

手持云台有自动追踪功能和蓝牙功能，电池的续航时间也比较长，如图 1-1 所示。

1.1.2 蓝牙控制器

蓝牙控制器是一种远程拍摄工具，可以通过无线蓝牙来控制手机的相机功能。这样可以解放双手，把手机固定在某个地方，等拍摄完成后，按下结束键即可。手机的蓝牙控制器如图 1-2 所示。

图 1-2　蓝牙控制器

1.1.3 三脚架

在使用手机进行拍摄时，由于经常出现因按键或移动手机位置时抖动而导致照片虚化的情况，因此手机摄影也需要三脚架。在取景时，使用三脚架可以使镜头稳定，拍摄效果更佳。

三脚架有不同的规格，高度也不同。三脚架一般由手机夹、支架和云台组成。其中，手机夹主要用于固定手机；支架起到支撑的作用；云台里有一个球体，可以任意回转、倾摇，在达到要求后，只需用一个螺栓就可以锁定。有了三脚架，手机拍摄将不受限制，拍摄效果将更加稳定。三脚架如图 1-3 所示。

图 1-3　三脚架

1.1.4　八爪鱼

图 1-4　八爪鱼

八爪鱼很灵活，可以被放在任何位置，实用性强，主要是外出携带方便，可以针对一些特殊的拍摄角度。八爪鱼如图 1-4 所示。

1.1.5　补光灯

补光灯在拍摄时可以提供辅助光线，让拍摄的画面更美观。有的补光灯还具有调节亮度、色温等功能，在控制画面整体效果时，更加方便对其进行调节。补光灯如图 1-5 所示。

图 1-5　补光灯

1.2 拍摄设备和剪辑软件

在日常生活中，可以用手机随时随地拍摄身边有趣的事。手机中有很多专业的拍摄功能，对新手来说手机是最佳的拍摄工具，而专业的短视频可以使用相机拍摄。下面介绍常用的短视频拍摄设备：手机和相机。

1.2.1 手机

现在的手机性能很强大，很多手机厂商都把摄影摄像功能当作手机的核心功能。在前期制作短视频时，建议使用手机拍摄，因为现在的手机相机不仅像素能满足日常的拍摄需求，还有美颜、防抖等功能，比单反相机等设备更加方便。

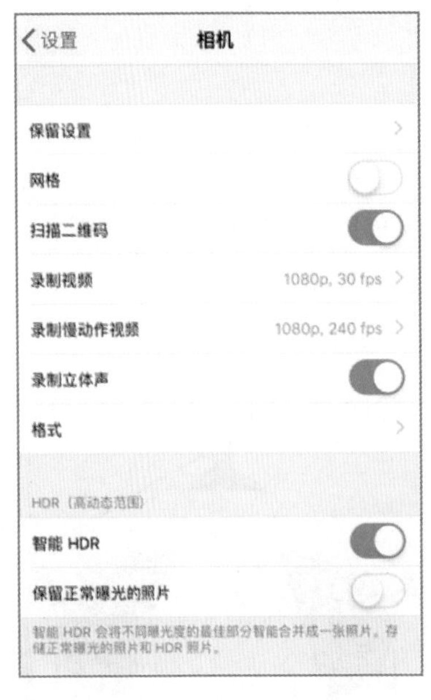

图 1-6　相机的设置界面

从品牌角度来讲，苹果、小米、华为、OPPO 等品牌的手机都可以用来拍摄，读者可以根据自己的预算及需要来选择具体机型。下面以苹果手机为例，介绍苹果手机的相机设置。

苹果手机的用户比较多，其摄像头能拍摄广角、超广角的照片和视频，支持 60fps 的帧率拍摄 4K 的高清视频。下面介绍为苹果手机调整视频最大分辨率的方法。

Step 01：点击“设置”图标，进入“设置”界面，选择“相机”选项，进入相机的设置界面，如图 1-6 所示。

Step 02：点击“录制视频”右侧的箭头按钮，进入“录制视频”界面，即可设置录制视频的尺寸，如图 1-7 所示。

Step 03：在手机上找到“相机”图标，打开相机，切换到“视频模式”，即可拍摄视频，如图 1-8 所示。

在拍摄视频时，需要将手机相机调至最大分辨率，既可以保证画面的清晰度，也可以为后期提供更多的调整空间。

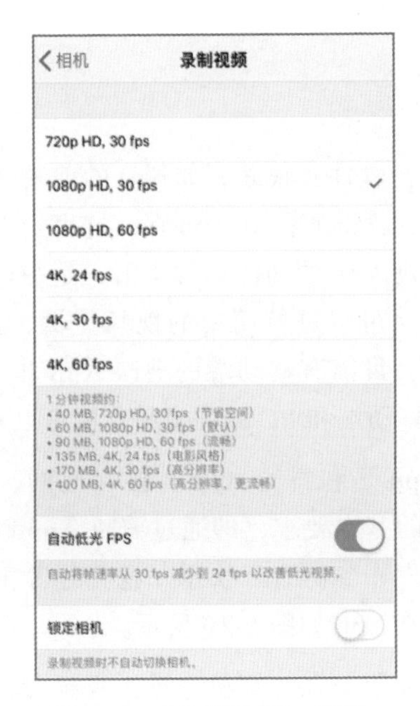

图 1-7　“录制视频”界面

图 1-8　拍摄视频

1.2.2　相机

相机主要有单反相机和微单相机两种，这里给大家介绍拍摄 Vlog 的相机。在数码相机市场占有较大市场份额的分别是佳能相机和尼康相机，下面以佳能 PowerShot G7X 为例，如图 1-9 所示，介绍这款性价比较高的相机。

很多 Vlog 博主喜欢使用这款相机拍摄短视频，这款相机有以下优势：

- 可以拍摄 4K 及全高清影片。
- 在 Wi-Fi 下就可以串流直播。
- 约 2010 万有效像素。
- F1.8-2.8 大光圈镜头，可以拍摄宽广的视角。
- 自带美颜功能，配备了美肌的平滑皮肤模式。
- 触摸屏幕即可开启录制，外接麦克风可以高质量录音。

图 1-9　佳能 PowerShot G7X 相机

1.2.3 剪辑软件

图 1-10 剪映 App

视频剪辑软件有很多，如抖音的剪映 App、快手的快影 App、腾讯的秒剪 App 等，这里给大家推荐剪映 App。剪映 App 的功能非常丰富，是很好、很实用的创作工具，可以进行简单的视频剪辑、拼接转场、添加音乐等。目前有移动端的剪映 App 和 PC 端的剪映专业版，移动端和 PC 端的视频草稿可以互通共用。

剪映 App 是和抖音 App 直接互通的，满足了短视频创作者的基本要求，即通过剪映 App 制作的短视频可以直接发布到抖音、快手、视频号等主流的短视频平台。剪映 App 如图 1-10 所示。

剪映专业版是在计算机上进行视频剪辑的剪映软件，采用了更加直观的创作面板，让剪辑变得更加简单、高效。剪映专业版引入了强大的“黑罐头”素材库，支持搜索海量的音频、花字、贴纸、特效、转场和滤镜等，如图 1-11 所示。

图 1-11 剪映专业版

1.3　构图方式

在拍摄视频时，构图很重要，因为构图决定了视频的美观度。在拍摄 Vlog 时，画面中的构图要主次分明，其中，主体就是拍摄者想表达的内容，而次体是用来陪衬主体的内容。下面介绍短视频拍摄的常用构图方式。

1.3.1　三分法构图

三分法构图就是将画面三等分，在拍摄时将主体放置在任意一条等分线（可以是水平等分线，也可以是垂直等分线）上的构图方式，如图 1-12 所示。

图 1–12　三分法构图

1.3.2　九宫格构图

在画面上添加横、竖向的三等分线，就会形成九宫格构图，同时产生 4 个交点，这些交点被称为兴趣点。当人看到一张图片时，这 4 个交点最容易吸引人的注意力，所以九宫格构图就是将主体放置在交点位置，起到突出主体作用的构图方式，如图 1-13 所示。

图 1–13　九宫格构图

1.3.3　引导线构图

在画面上有多条引导线向同一个点汇聚，使画面有很强的纵深感，这就是引导线构图。在拍摄公路、铁路等有明显引导线汇聚的画面时，经常用到引导线构图，如图 1-14 所示。

图 1–14　引导线构图

图 1-15　对角线构图

1.3.4　对角线构图

对角线构图是指主体在对角线上，画面有延伸感和动感的构图方式，如图 1-15 所示。

1.3.5　对称式构图

对称式构图一般用来拍摄建筑，表现的是两边的建筑呈现对称的效果，如图 1-16 所示。

拍摄时请参考图中的标线，合理安排画面中各元素的位置。

图 1-16　对称式构图

1.4　如何拍摄短视频

我们需要了解什么样的短视频是好的短视频，以及如何拍出好看的短视频。很多人使用手机拍摄短视频，在取景范围选择好时就直接开始拍摄，这样容易导致还没对焦就完成拍摄。固定焦点在拍摄移动的物体时非常有用，下面从两个方面介绍什么样的短视频才能算是好的短视频。

1. 画质一定要清晰

在使用手机拍摄短视频时，手可能会忽然抖动一下，这样拍摄出来的视频画面就会出现晃动的问题。所以在拍摄短视频时，不仅手不能抖动，而且要对焦准确，如图 1-17 所示。

目前大部分手机相机都具有自动对焦功能，但自动对焦往往不准确，需要手动点击屏幕进行对焦，将焦点放在我们想要表现的主体上，这一点跟单反相机的手动对焦操作相似。

2．保证画面的美观度

画面美观的短视频很受欢迎，甚至会提高观众的审美能力。在视频后期处理中，我们需要加强视频的色彩呈现，优化视频剪辑的节奏，这些都会影响到短视频的美观度。

在拍摄过程中，可以使用前景、中景和背景等景别配合景深、位置、色彩，使短视频画面呈现出主次分明的效果，这样可以给人留下深刻的印象，如图 1-18 所示。

图 1-17　对焦

图 1-18　景别

也可以采用景深的拍摄手法，比如，将背景虚化，不仅可以使画面主体更加突出，还可以使主题更加明确，如图 1-19 所示。

图 1-19　景深

初学者最容易出现的问题就是把看到的景物全都拍进视频里，这样会使短视频画面过于复杂、零乱，缺乏主体对象。所以我们需要懂得取舍，做出适当的省略，这样的视频主体才会更加明确。

第2章 醒图的摄影后期处理

醒图是一款功能强大的手机修图软件，操作简单、功能强大，可以轻松进行图片的处理。醒图 App 的滤镜很多，调色也很自然，还可以叠加多个滤镜。特别是“化妆”板块,还可以添加“双眼皮”和“卧蚕”效果，且效果非常自然，没有违和感。

2.1　醒图的基本操作

醒图适用于对个人艺术照、证件照进行精修或自然微调，可以使人物的五官更立体、更精致，达到意想不到的极致效果。醒图包括人像、滤镜、调节、贴纸、文字、特效、涂鸦、马赛克等板块。其中，“人像”板块涵盖了很多功能，包括美颜、美妆、面部重塑、瘦脸瘦身等。醒图可以说是每位“小仙女”的修图必备软件。

2.1.1　醒图App的界面介绍

打开醒图 App，其界面布局简洁，由官方活动或广告、“拼图 / 批量调色 / 图转视频”按钮、“导入”按钮、作品草稿，以及底部导航栏的“修图 / 模板 / 我的”选项卡 5 个部分组成，如图 2-1 所示。

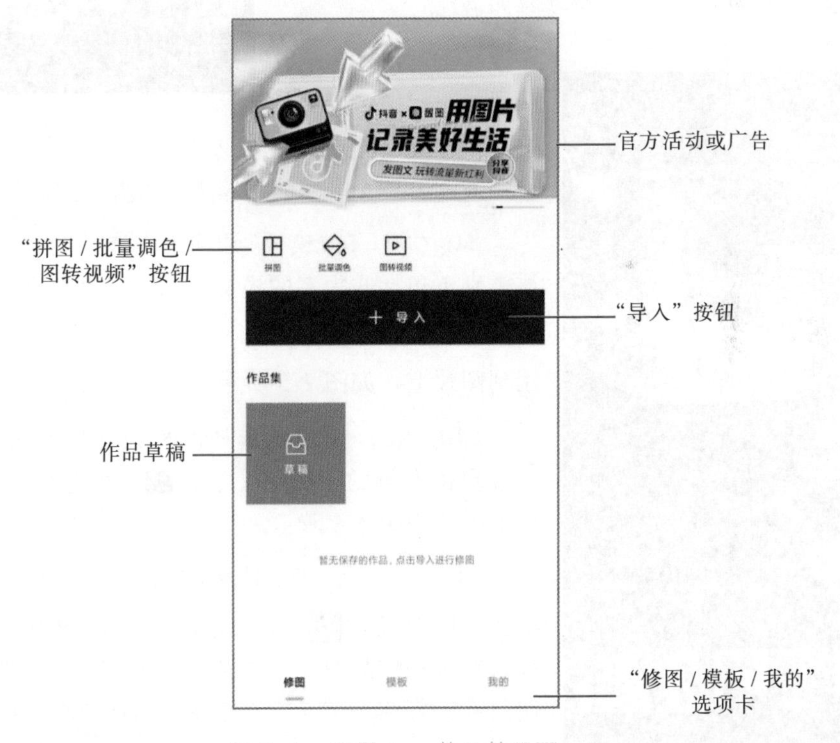

图 2-1　醒图 App 的开始界面

在一般情况下，修图时使用剪辑界面即可。点击“导入”按钮，选择图片素材，进入醒图 App 的剪辑界面，其底部的工具栏中有“模板”“人像”“滤镜”“调节”“贴纸”“文字”“特效”“涂鸦笔”“马赛克”“背景导入图片”“玩法”11 个选项卡，界面左上角是“关闭”按钮，界面右上角是“保存”按钮，如图 2-2 所示。

图 2-2　剪辑界面

2.1.2　模板运用

醒图 App 的模板有很多，可以直接使用模板对图片进行处理。在“模板”选项卡中有“热门”“自拍”“美食”“胶片”“日常”“界面”“杂志”“滤镜”“趣味”“情侣”“合照”“穿搭”“宝宝”“萌宠”14 个类别。下面在“模板”选项卡中处理图片，具体步骤如下。

图 2-3　醒图 App 的剪辑界面

Step 01：打开醒图 App，点击“导入”按钮，选择一张美食素材，进入醒图 App 的剪辑界面，如图 2-3 所示。

Step 02：在“模板”选项卡中选择“美食”类别，该类别下包括非常多的模板，如图 2-4 所示。

Step 03：选择任意一个模板，即可将该模板应用到图片上，如图 2-5 所示。

Step 04：如果对选择的模板效果不满意，则可以点击左侧的“撤销”按钮，再选择其他的模板即可，如图 2-6 所示。

Step 05：如果觉得效果不错，则点击界面右上角的“保存”按钮，将作品保存到作品集中。在“已存入首页—作品集”界面的底部有“再修一张”“修图回顾”“分享至抖音”3 个按钮，如图 2-7 所示。

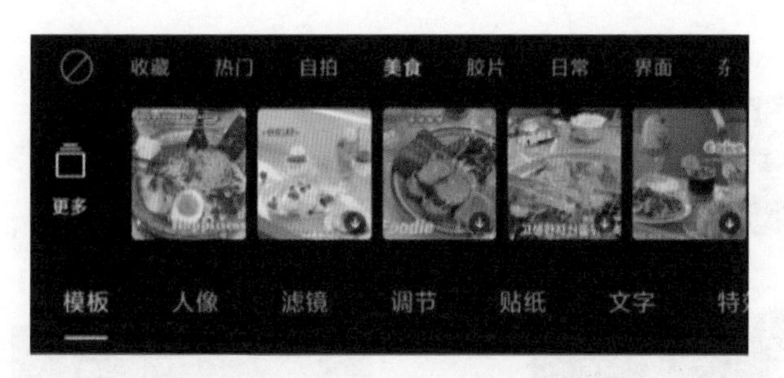

图 2-4　“美食”类别下的模板

图 2-5　选择模板

图 2-6　更换模板

Step 06：点击界面右上角的“主页”按钮 ⌂，返回醒图 App 的开始界面，即可看到作品被保存到作品集中，如图 2-8 所示。

图 2-7 “已存入首页—作品集”界面

图 2-8 作品集

2.1.3 作品集管理

作品集管理是指将制作好的草稿进行管理，可以对草稿进行编辑或删除等操作。其操作步骤如下。

Step 01：在“作品集”界面中选择刚制作的草稿，即可进入该草稿的编辑状态，“作品集”右侧有“取消”按钮和“分享抖音”按钮，如图 2-9 所示。点击“分享抖音”按钮，即可将制作的作品分享到抖音短视频中。

Step 02：“作品集”界面下方有“变视频”“编辑”“删除”“更多”4 个按钮。点击“更多”按钮，会显示“复制作品”“保存”按钮。点击“编辑”按钮，即可进入醒图 App 的剪辑界面，对作品进行修改。

Step 03：点击“变视频”按钮，可以将图片转为视频。在打开的视频制作界面中，点击右侧的“+”按钮，可以添加其他作品；点击“音乐”按钮，可以选择视频的背景音乐，如图 2-10 所示。

图 2-9　草稿的编辑状态

图 2-10　视频制作界面

Step 04：点击界面右上角的“导出”按钮，可以将制作的视频导出。

2.2　人像处理

醒图 App 针对人像处理提供了很多的功能，包括面部重塑、瘦脸瘦身、美妆、自动美颜、手动美颜、头发、手动美体、妆容笔、消除笔、自动美体、五官立体和抠图等功能。

2.2.1　美颜磨皮

本节介绍在醒图 App 中对人物进行美颜磨皮。在醒图 App 的“人像”选项卡中提供了自动美颜、手动美颜和美妆等功能。

Step 01：打开醒图 App，点击“导入”按钮，选择图片素材，进入醒图 App 的剪辑界面，点击“人像”选项卡中的“自动美颜”按钮，如图 2-11 所示。

Step 02：进入“自动美颜”选项栏，点击“一键美颜”按钮，其效果如图 2-12 所示。

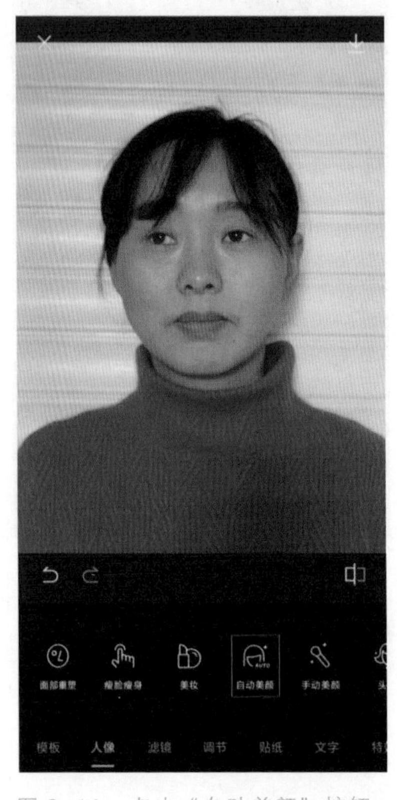

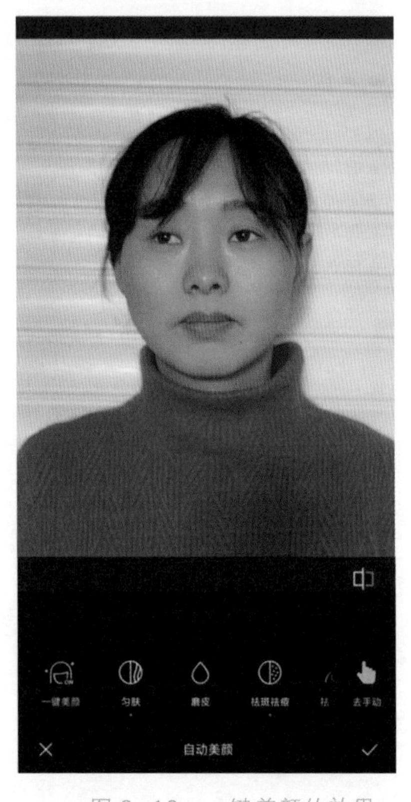

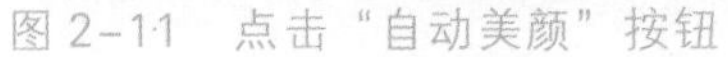
图 2-11 点击“自动美颜”按钮

图 2-12 一键美颜的效果

Step 03：一键美颜之后，还可以进行匀肤、磨皮、祛斑祛痘、祛法令纹、祛黑眼圈、亮眼、美白、皮肤肌理、白牙、祛油光等调整。比如，点击“匀肤”按钮，可以拖动“匀肤”的滑块来调整参数，如图 2-13 所示。

Step 04：点击“磨皮”按钮，可以拖动“磨皮”的滑块来调整参数，如图 2-14 所示。

Step 05：点击“美白”按钮，可以拖动“美白”的滑块来调整参数，如图 2-15 所示。

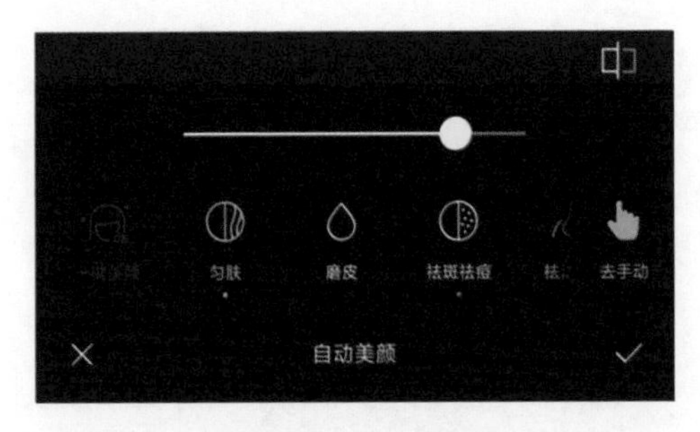

图 2-13　匀肤功能

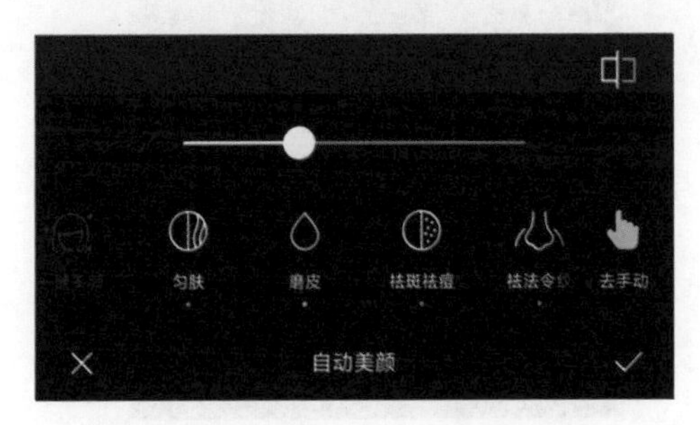

图 2-14　磨皮功能

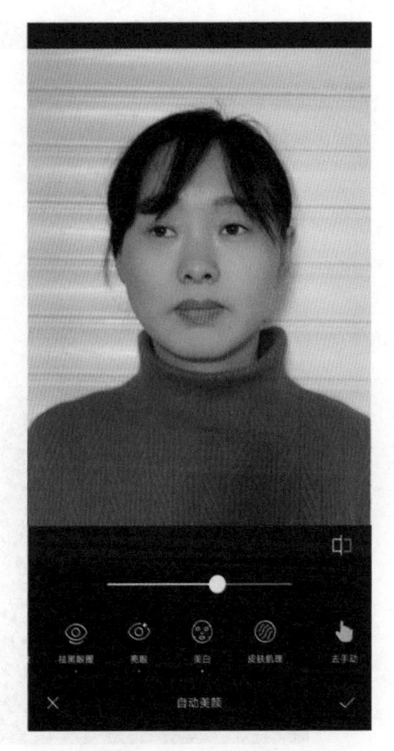

图 2-15　美白功能

同样可以调整“自动美颜”选项栏中的其他功能。

2.2.2　瘦脸瘦身

醒图 App 的瘦脸瘦身功能主要使用推脸笔对人物面部进行推拉，调整脸部形状，具体操作步骤如下。

Step 01：选择“人像”选项卡，在“人像”选项卡中，点击“瘦脸瘦身”按钮，如图 2-16 所示。

Step 02：进入“瘦脸瘦身”选项栏，该选项栏包括“推脸笔”“恢复笔”两个按钮。点击“推脸笔”按钮，将“画笔大小”调整到合适的位置，并将其在脸部轮廓的边缘进行推拉，即可调整脸部形状，如图 2-17 所示。

Step 03：如果调整得不好，则可以使用恢复笔对脸部的轮廓进行恢复。

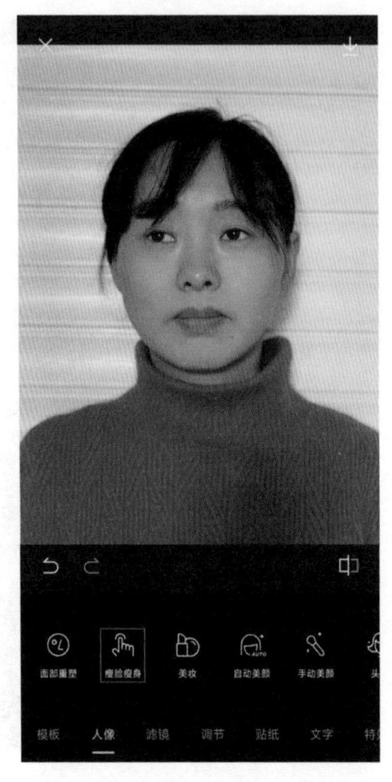

图 2-16　点击“瘦脸瘦身”按钮

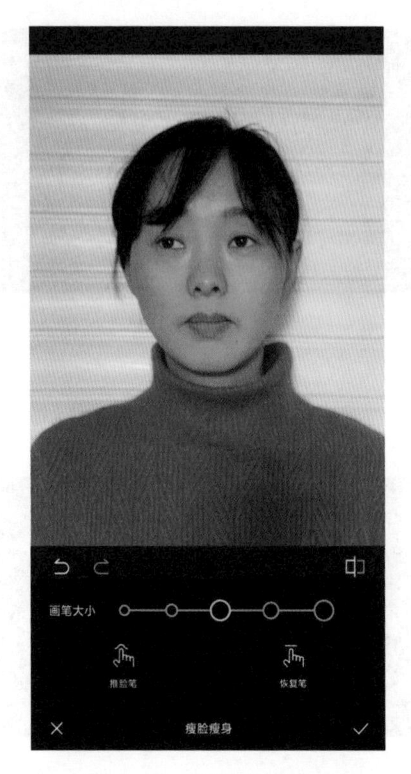

图 2-17　调整后的效果

2.2.3　面部重塑

醒图 App 的重塑面部功能非常强大，具体操作步骤如下。

Step 01：打开醒图 App，点击“导入”按钮，选择人像素材导入，点击“人像”选项卡中的“面部重塑”按钮，如图 2-18 所示。

Step 02：在“面部重塑”选项栏中，包括“面部”“眼睛”“鼻子”“眉毛”“嘴巴”5 个选项卡。在“面部”选项卡中可以对头部和脸型进行调整，包括小头、瘦脸、小脸、窄脸、太阳穴、颧骨、下颌、V 脸、下巴长短、尖下巴和发际线。点击“V 脸”按钮，拖动滑块来调整脸型，如图 2-19 所示。

Step 03：选择“眼睛”选项卡，在该选项卡中可以对眼睛进行调整，包括大小、眼高、眼宽、位置、眼距、眼睑下至、瞳孔大小、内眼角、外眼角和眼尾上扬。点击“大小”按钮，拖动滑块即可对眼睛大小进行调整，如图 2-20 所示。

Step 04：选择“鼻子”选项卡，在该选项卡中可以对鼻子进行调整，包括大小、鼻翼、鼻梁、提升、鼻尖和山根。点击“大小”按钮，拖动滑块即可对鼻子大小进行调整，如图 2-21 所示。

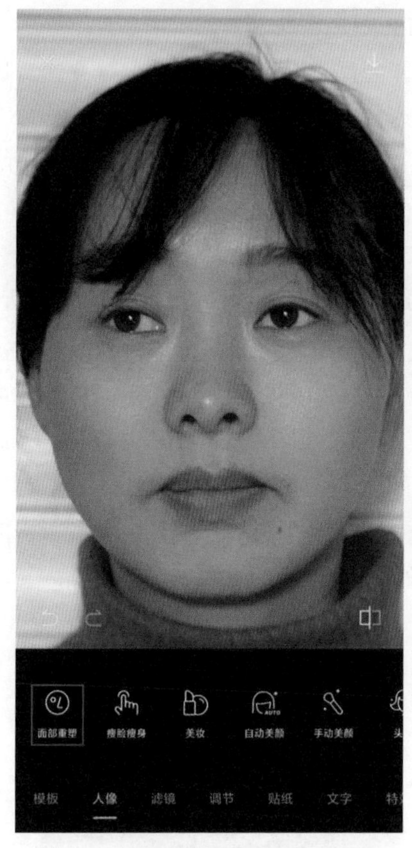

图 2–18　点击“面部重塑”按钮

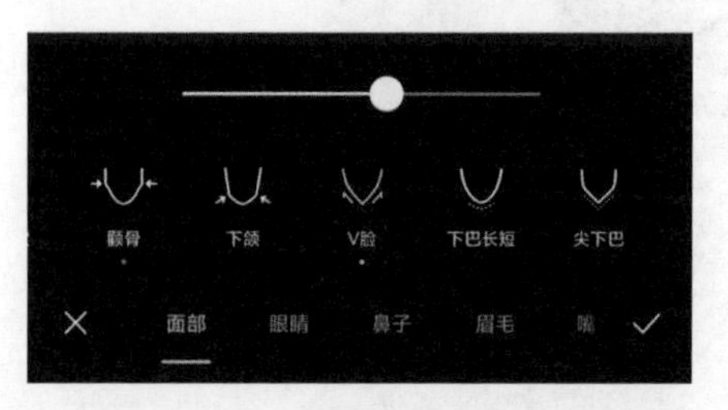

图 2–19　调整脸型

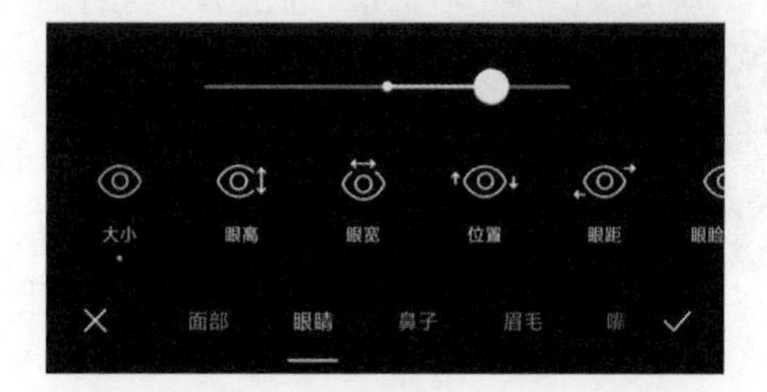

图 2–20　调整眼睛大小

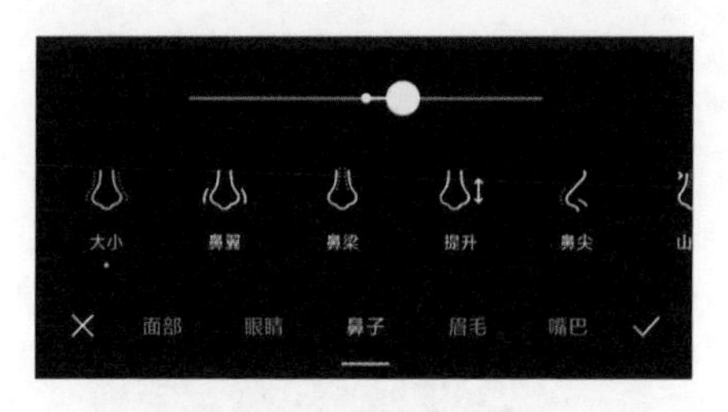

图 2–21　调整鼻子大小

Step 05：选择“眉毛”选项卡，在该选项卡中可以对眉毛进行调整，包括粗细、位置、倾斜、眉峰、间距和长短。点击“粗细”按钮，拖动滑块即可对眉毛粗细进行调整，如图 2-22 所示。

Step 06：选择“嘴巴”选项卡，在该选项卡中可以对嘴巴进行调整，包括大小、宽度、位置、M 唇、微笑、丰上唇和丰下唇。点击“微笑”按钮，拖动滑块即可对嘴巴微笑效果进行调整。调整后的效果如图 2-23 所示。

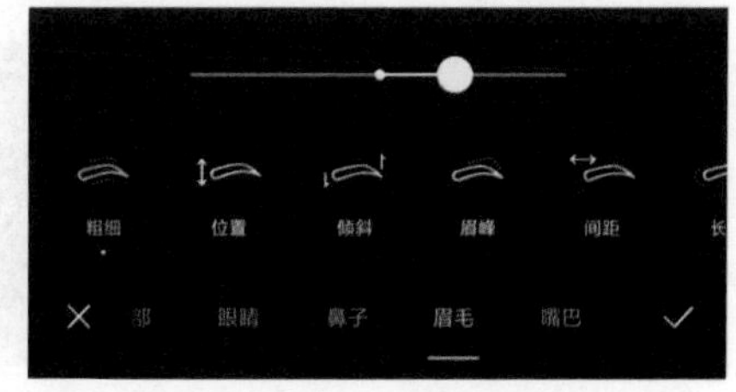

图 2–22　调整眉毛粗细

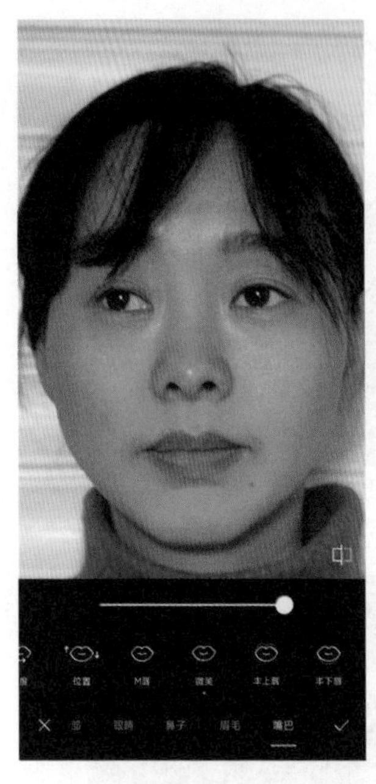

图 2-23　调整后的效果

2.3　抠图

醒图 App 的抠图功能包括智能抠图和快速抠图。下面介绍使用醒图 App 的抠图步骤。

Step 01：打开醒图 App，点击“导入”按钮，选择草莓图片素材，进入醒图 App 的剪辑界面。选择“人像”选项卡，在该选项卡中点击“抠图”按钮，如图 2-24 所示。

Step 02：在“抠图”选项栏中包含“智能抠图”“快速抠图”“画笔”“橡皮擦”“重置”5 个按钮。点击“智能抠图”按钮，即可自动对图片进行抠图，如图 2-25 所示。

Step 03：点击“预览”按钮，可以对抠图效果进行预览，如果对智能抠图的效果不满意，则可以通过快速抠图、画笔或橡皮擦进行抠图，点击右下角的“确定”按钮，完成抠图，如图 2-26 所示。

Step 04：在工具栏中选择“背景”选项卡，为图片添加背景，这里选择浅绿色作为背景颜色，如图 2-27 所示。

图 2-24　点击“抠图”按钮

图 2-25　点击“智能抠图”按钮

图 2-26　完成抠图

图 2-27　添加背景

Step 05：使用醒图 App 可以完成抠图、更换背景，或者将抠图后的图片和其他图片进行合成等操作。

2.4　调节

醒图 App 的调节功能包括构图、局部调整、智能优化、光感、亮度、对比度、饱和度、纹理、HSL、锐化、结构、高光、阴影、色温、色调、颗粒和褪色。

2.4.1　构图

一张照片的好坏，在于拍摄的主题和构图，以及画面是否简洁。构图方式有很多，常用的主要有 5 种：引导线构图、对称式构图、对角线构图、九宫格构图和三分法构图。在醒图 App 中可以直接对照片进行裁剪构图。

Step 01：打开醒图 App，点击“导入”按钮，选择图片素材，即可完成导入，如图 2-28 所示。

Step 02：在“调节”选项卡中，点击“构图”按钮，如图 2-29 所示。

图 2-28　导入图片素材

图 2-29　点击“构图”按钮

Step 03：进入“构图”选项栏，该选项栏包括“裁剪”“旋转”两个选项卡。“裁剪”选项卡中的裁剪类型为原比例、正方形、2 ∶ 3、3 ∶ 2、3 ∶ 4。点击“2 ∶ 3”按钮，在“预览”窗口调整图片位置和缩放大小，即可按比例裁剪图片，如图 2-30 所示。

Step 04：选择“旋转”选项卡，该选项卡中的旋转类型为旋转角度、向左 90°、向右 90°、水平翻转和垂直翻转。这里给图片旋转 4°左右，如图 2-31 所示。

图 2-30 按比例裁剪图片

图 2-31 旋转图片

使用“构图”选项卡中的裁剪工具可以对图片进行二次构图。

2.4.2 画面调色

下面介绍使用调节功能对画面进行调色的方法，其步骤如下。

Step 01：打开醒图 App，点击“导入”按钮，选择图片素材，进入醒图 App 的剪辑界面。选择“调节”选项卡，打开“调节”选项卡，如图 2-32 所示。

Step 02：点击“局部调整”按钮，进入“局部调整”选项栏。在该选项栏中可以设置局部调整的效果范围、亮度、对比度、饱和度和结构。点击“效果范围”按钮，即可局部调整控制的范围，如图 2-33 所示。

图 2-32 “调节”选项卡

图 2-33 局部调整控制的范围

Step 03：点击“亮度”按钮，可以调整局部色彩的亮度，如图 2-34 所示。

Step 04：点击右下角的“确定”按钮☑，确定局部的调整效果。智能优化是醒图 App 自动调整色彩的功能。

Step 05：点击“光感”按钮，可以调整画面的整体光感，如图 2-35 所示。

Step 06：点击“亮度”按钮，可以调整画面的整体亮度，如图 2-36 所示。

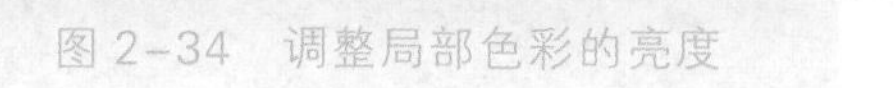
图 2-34　调整局部色彩的亮度

图 2-35　调整画面的整体光感

Step 07：点击“对比度”按钮，可以调整画面整体的对比度，如图 2-37 所示。

图 2-36　调整画面的整体亮度

图 2-37　调整画面整体的对比度

Step 08：点击“饱和度”按钮，可以调整画面整体的饱和度，如图 2-38 所示。

Step 09：点击“HSL”按钮，可以调整画面单个颜色的色相、饱和度和明度，如图 2-39 所示。

图 2-38　调整画面整体的饱和度

图 2-39　调整色相、饱和度和明度

除此之外，调节功能还可以对画面的纹理、锐化、结构、高光、阴影、色温、色调、颗粒和褪色进行调整。

2.5　文字的运用

本节介绍醒图 App 的文字和贴纸功能，使用文字功能可以输入文本，对字体、样式进行调整，也可以使用文字模板进行设置。

Step 01：打开醒图 App，点击“导入”按钮，选择图片素材，即可完成导入，如图 2-40 所示。

Step 02：选择“文字”选项卡，进入“文字”选项栏，此时“预览”窗口会自动显示文本。“文字”选项栏中包括“文案库”“文字模板”“字体”“样式”4 个选项卡，如图 2-41 所示。

图 2-40　导入图片素材

图 2-41　“文字”选项栏

Step 03：点击输入文案位置，可以直接输入文本，也可以选择“文案库”选项卡，该选项卡中包括“热门”“日常时间”“秋日”“情绪”“美食”“风景”“海边”“装饰”“生日”9 个类别，可以从中选择合适的文案文本，如图 2-42 所示。

Step 04：这里选择“文案库”选项卡中“美食”类别的“快乐碰一碰”文案，效果如图 2-43 所示。

Step 05：选择“字体”选项卡，可以设置字体。“字体”选项卡中包括“热门”“基础”“手写”“标题”“英文”“日韩”6 个类别，如图 2-44 所示。

Step 06：选择“样式”选项卡，可以设置花字样式，以及字色、描边、阴影、背景、粗斜体和排列，如图 2-45 所示。

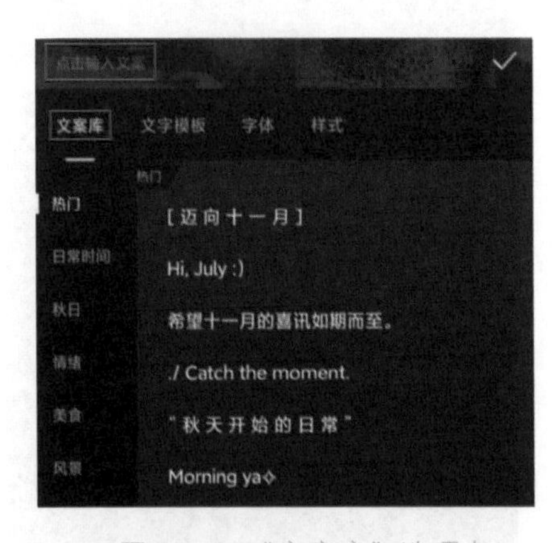

图 2-42 “文案库”选项卡

图 2-43 选择文案的效果

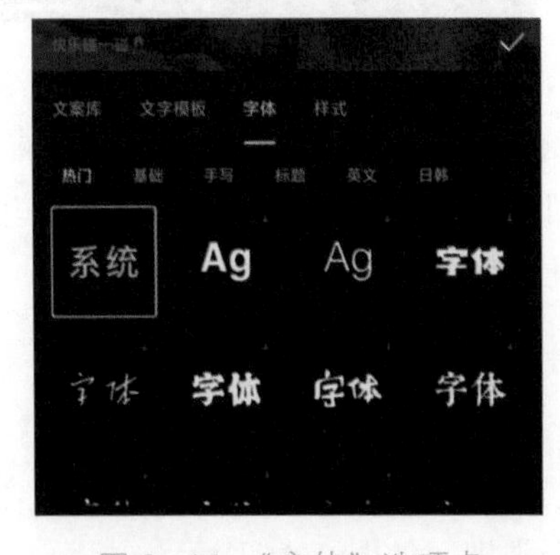

图 2-44 “字体”选项卡

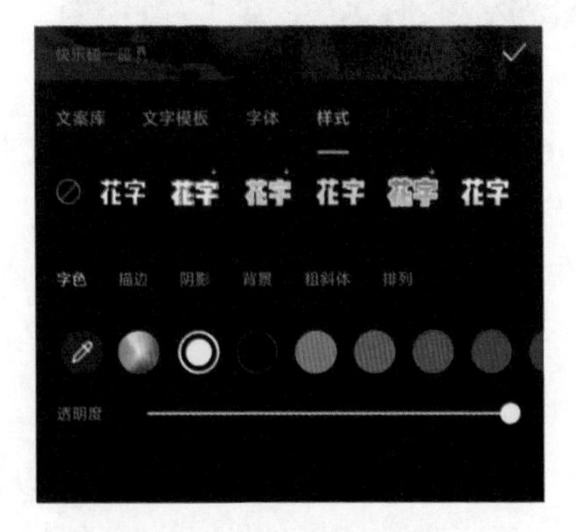

图 2-45 “样式”选项卡

Step 07：我们可以通过“字体”和“样式”选项卡设置文案的效果，也可以直接选择“文字模板”选项卡，并从中选择合适的文字模板，如图 2-46 所示。

Step 08：使用这样的方式调整文字效果后，点击界面右侧的“确定”按钮。

Step 09：在“预览”窗口中，可以调整文字的位置。

Step 10：在“预览”窗口中选择文字后，还可以在“文字”选项卡中新建文本、修改文本、调整文本顺序，以及复制和删除文本，如图 2-47 所示。

图 2-46　选择文字模板

图 2-47　“文字”选项卡

2.6 贴纸的运用

在醒图 App 中可以添加一些小素材贴纸，使画面更加美观，那么在醒图 App 中怎么添加贴纸呢？

Step 01：打开醒图 App，点击“导入”按钮，选择图片素材，即可导入素材。选择“贴纸”选项卡，如图 2-48 所示。

Step 02：进入“贴纸”选项栏，里面包括非常多的贴纸，如图 2-49 所示。

图 2-48 选择“贴纸”选项卡

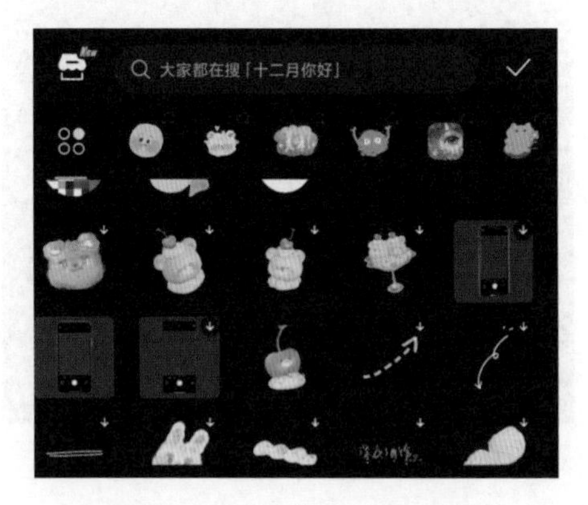

图 2-49 “贴纸”选项栏

Step 03：选择“手机框”贴纸，将其添加到“预览”窗口，如图 2-50 所示。通过单指移动位置，双指缩放大小，将选择的贴纸调整到合适的位置。

Step 04：点击右侧的“确定”按钮，完成贴纸的添加。在“贴纸”选项卡中有“加贴纸”“透明度”“擦除”“调节”“混合”“蒙版”“调整顺序”“复制”“翻转”“删除”10 个按钮，如图 2-51 所示。

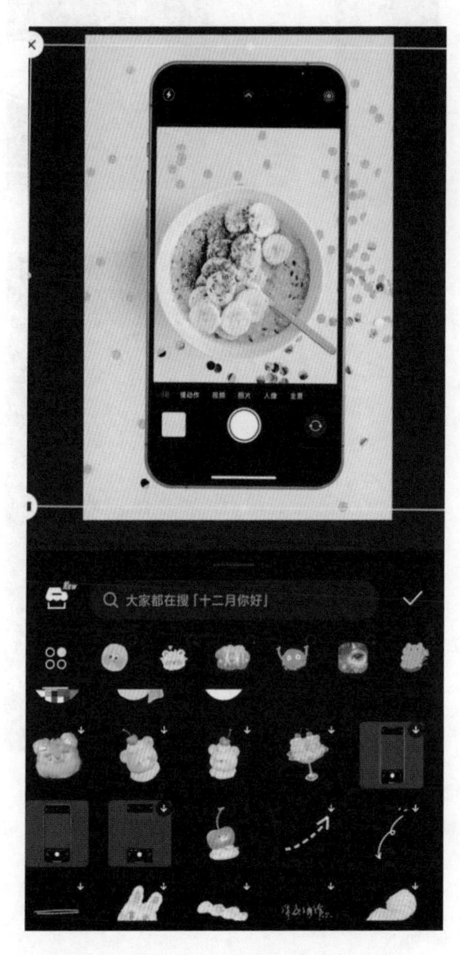

图 2-50　添加贴纸　　图 2-51　“贴纸”选项卡

Step 05：点击“加贴纸”按钮，选择贴纸并添加，将其移动到画面的左下角。点击“透明度”按钮，可以调整贴纸的透明度，如图 2-52 所示。

Step 06：点击“擦除”按钮，在“擦除”选项栏中包括“擦除笔”“恢复笔”“重置”3 个按钮，以及“画笔大小”“画笔硬度”2 个选项。这里点击“擦除笔”按钮，将贴纸和手机壳重叠的部分擦除，如图 2-53 所示。

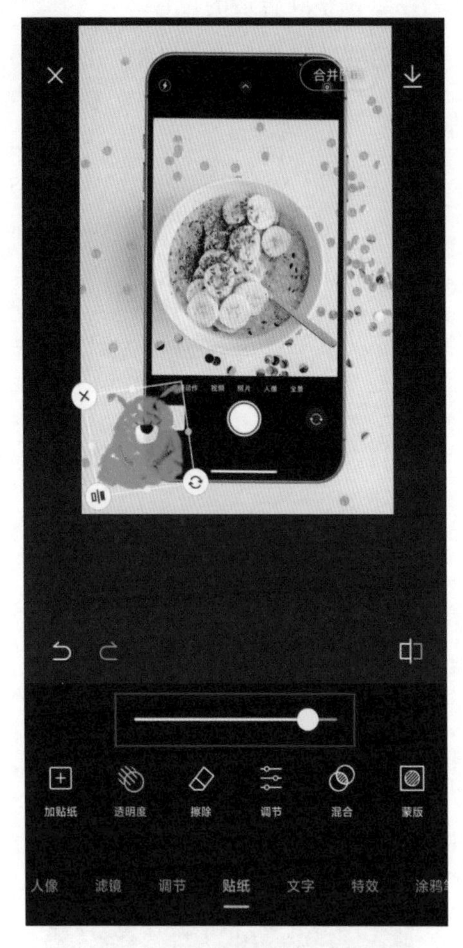

图 2–52　调整贴纸的透明度

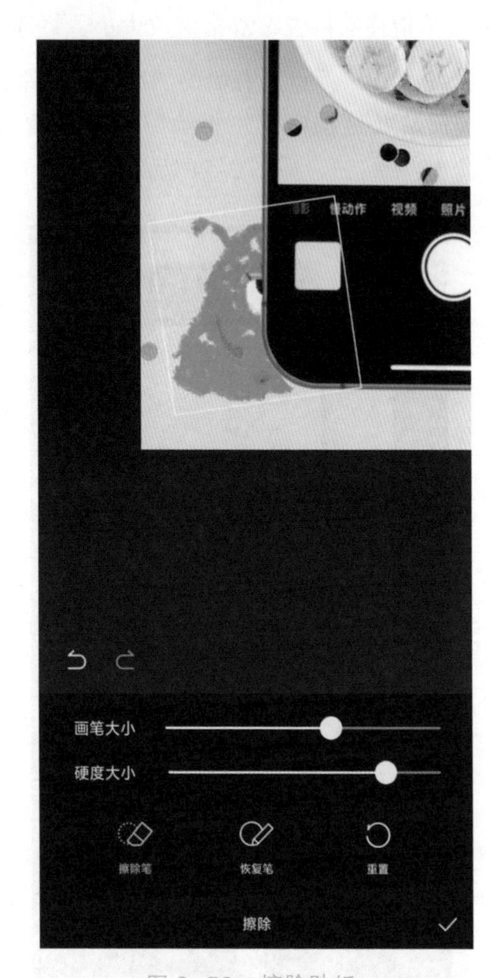

图 2–53　擦除贴纸

Step 07：点击“调节”按钮，进入“调节”选项栏。该选项栏包括“亮度”“对比度”“饱和度”“结构”“光感”“色调”“色温”7 个按钮。点击“饱和度”按钮，移动上方滑块可以调整贴纸的饱和度，如图 2-54 所示。

Step 08：使用同样的方法可以对贴纸进行混合、蒙版、调整顺序、复制、翻转和删除操作，如图 2-55 所示。

在“贴纸”选项卡中可以调整的内容非常多，合理使用这些功能，可以调整出更加丰富的画面效果。

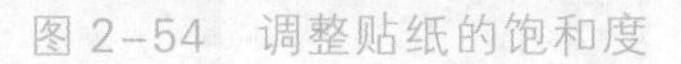
图 2-54　调整贴纸的饱和度

图 2-55　调整贴纸的其他属性

2.7　特效的运用

醒图 App 中的特效主要用于调整照片后期的一些特殊效果，可以模拟模糊、光、复古、材质、风格化、色差等效果。下面介绍醒图 App 中的特效运用。

Step 01：打开醒图 App，点击“导入”按钮，选择图片素材，即可导入素材。选择“特效”选项卡，如图 2-56 所示。

Step 02：在“特效”选项卡中，包含“热门”“基础”“模糊”“光”“复古”“材质”“风格化”“色差”“高级编辑”等类别，如图 2-57 所示。

图 2–56 选择“特效”选项卡

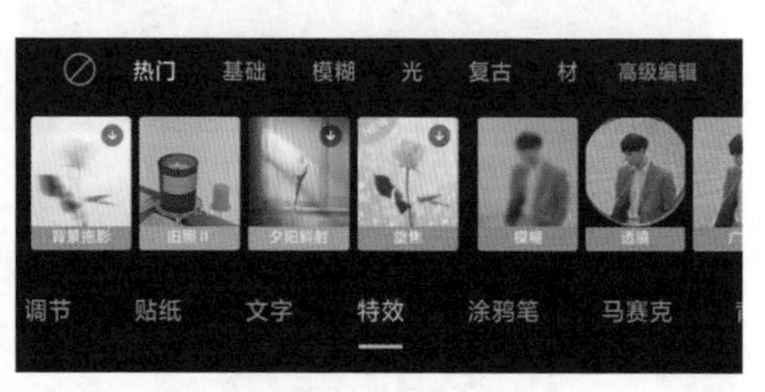

图 2–57 “特效”选项卡

Step 03：在“基础”类别中选择“透镜”特效，其效果如图 2-58 所示。

Step 04：在“高级编辑”类别中，包括“调节参数”“叠加特效”“删除”“调整顺序”4 个按钮，如图 2-59 所示。

图 2-58　“透镜”特效的效果

图 2-59　“高级编辑”类别

Step 05：点击“调节参数”按钮，弹出“调节参数”选项栏，可以对“透镜”特效的参数进行调整，如图 2-60 所示。

Step 06：点击“叠加特效”按钮，选择“材质”类别下的“玻璃Ⅲ”特效，其效果如图 2-61 所示。

图 2-60 “调节参数”选项栏

图 2-61 叠加“玻璃III”特效的效果

Step 07：在“高级编辑”类别中，点击“调节参数”按钮，如图 2-62 所示。

Step 08：在弹出的“调节参数”选项栏中可以调整“玻璃III”特效的强度和透明度，如图 2-63 所示。

在“特效”选项卡中，可以对图片素材添加多个特效，并且可以单独调整特效的参数，也可以改变特效的排列顺序。

图 2-62　点击“调节参数”按钮

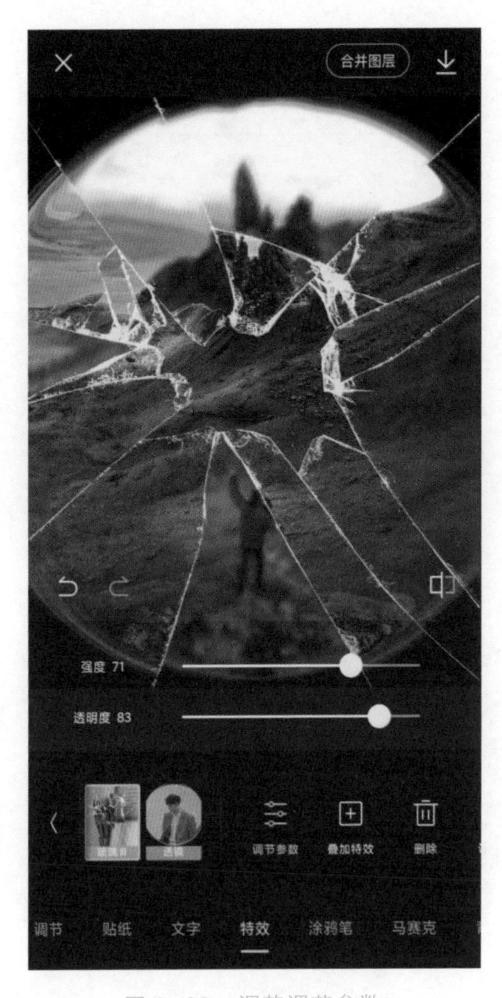

图 2-63　调整调节参数

2.8　涂鸦笔的运用

醒图 App 中的“涂鸦”相当于画笔效果，可以通过涂鸦笔在图片中绘制效果。下面介绍背景设置和涂鸦笔的使用。

Step 01：打开醒图 App，先点击“导入”按钮，再点击“添加画布”按钮，选择“9 ∶ 16”类别，如图 2-64 所示。

Step 02：选择“白色画布”，进入醒图 App 的剪辑界面。在“背景”选项卡中，可以设置背景的颜色和尺寸，如图 2-65 所示。

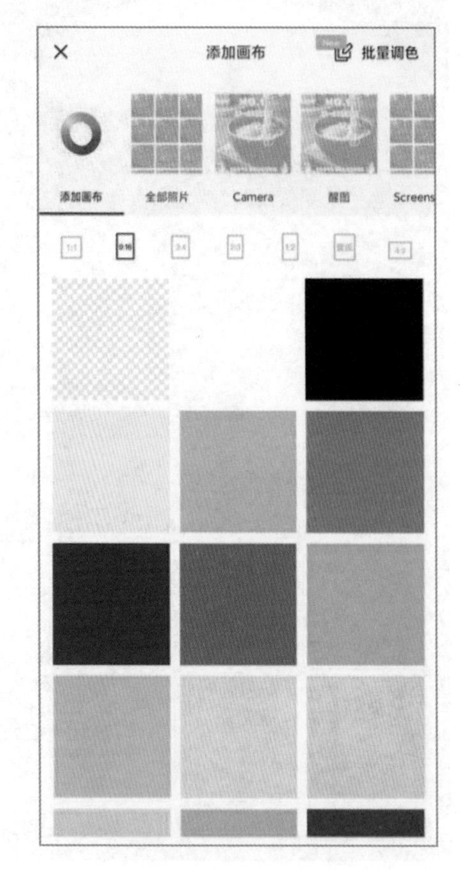

图 2-64　添加画布

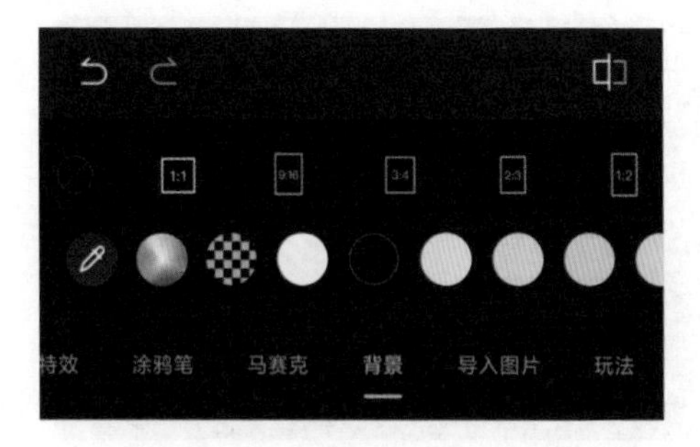

图 2-65　“背景”选项卡

Step 03：选择“涂鸦笔”选项卡，进入“涂鸦笔”选项栏。该选项栏包含“基础画笔”“素材笔”两个选项卡。在“基础画笔”选项卡中，右上角有“画笔”工具和“橡皮擦”工具，可以用其进行工作；“大小”选项可以调整画笔的大小或橡皮擦的大小；在中间位置的圆形色块用于设置画笔的颜色；其下面是画笔的类型，可以选择画笔的效果，如图 2-66 所示。

Step 04：选择“基础画笔”选项卡，使用“画笔”工具在白色的背景上进行绘制，如图 2-67 所示。

Step 05：选择“素材笔”选项卡，该选项卡中包括“热门”“可爱”“简约”“复古”4 个类别的素材笔，选择适合的素材笔，在画布上进行绘制，如图 2-68 所示。

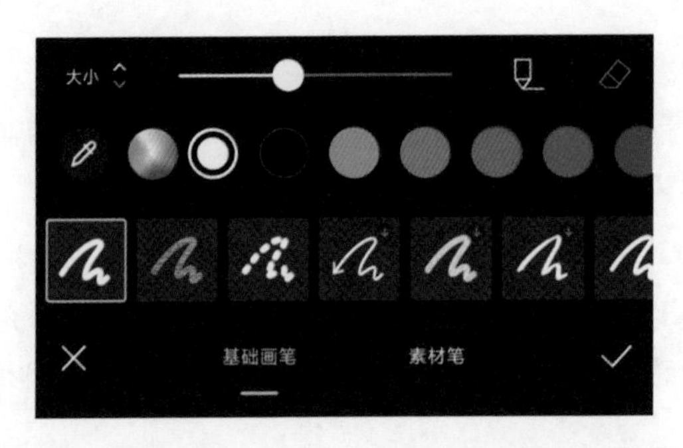

图 2-66　“基础画笔”选项卡

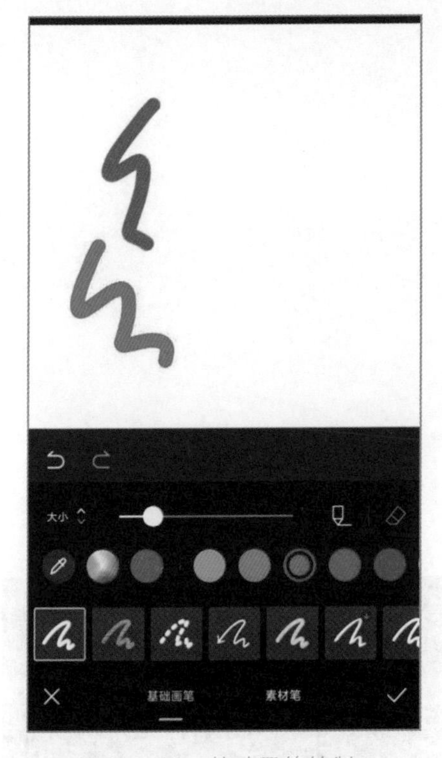

图 2-67　基础画笔绘制

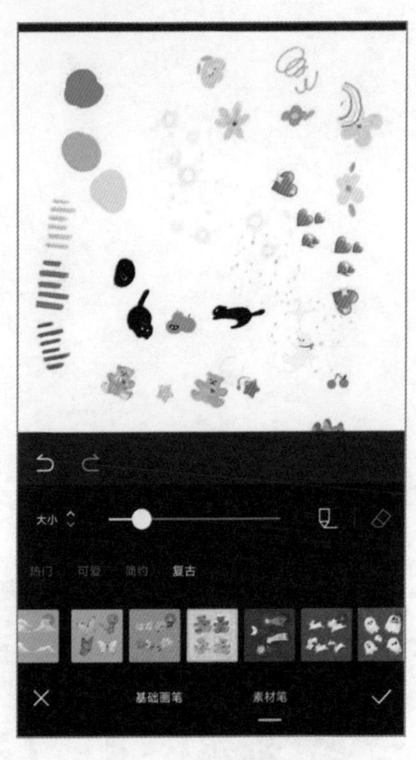

图 2-68　素材笔绘制

2.9　马赛克的运用

醒图 App 中的马赛克效果包含正方形马赛克、三角形马赛克、六边形马赛克，以及动感模糊、高斯模糊、蜡笔刷、油画刷和水彩画。下面介绍在醒图 App 中添加马赛克效果的步骤。

Step 01：打开醒图 App，点击“导入”按钮，选择图片素材，进入醒图 App 的剪辑界面，如图 2-69 所示。

Step 02：选择“马赛克”选项卡，进入“马赛克”选项栏，其中包括“画笔”工具、“橡皮擦”工具，以及调整画笔和橡皮擦大小的滑块。马赛克的类型包括正方形、三角形、六边形、动感模糊、高斯模糊、蜡笔刷、油画刷和水彩刷，如图 2-70 所示。

图 2-69　醒图 App 的剪辑界面

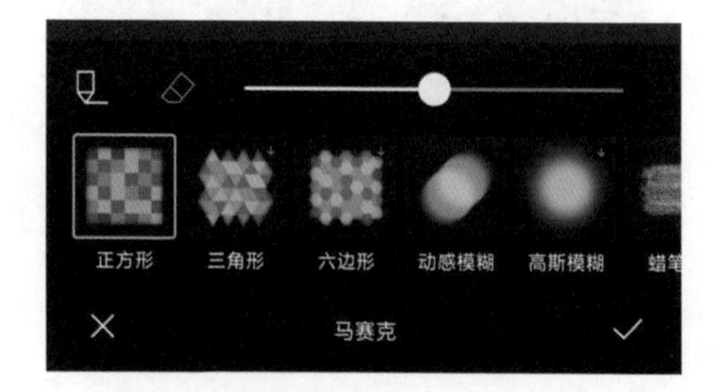

图 2-70　“马赛克”选项栏

Step 03：点击“正方形”按钮，使用“画笔”工具在图片上进行绘制，即可显示正方形的马赛克，如图 2-71 所示。

Step 04：使用这样的方法可以给图片添加马赛克效果。

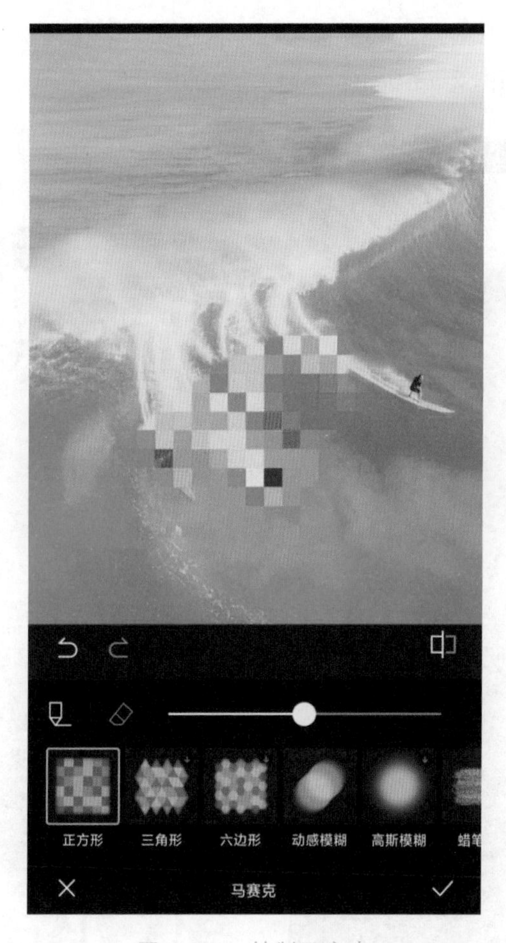

图 2-71　绘制马赛克

在“马赛克”选项栏中，同样可以给图片添加动感模糊、高斯模糊等效果。

2.10　玩法

玩法是醒图 App 的新功能，可以将图片上传到醒图 App 的云端进行处理。玩法效果包括暮云晚风、夏日晴空、黎明蓝调、星系银河、路人消除、游戏脸、美漫、日漫、卡通、潮漫、经典漫画和萌漫等。

Step 01：打开醒图 App，点击“导入”按钮，选择图片素材，完成导入。选择“玩法”选项卡，如图 2-72 所示。

Step 02：在打开的“玩法”选项栏中，选择“经典漫画”效果，即可将图片处理成漫画效果，如图 2-73 所示。

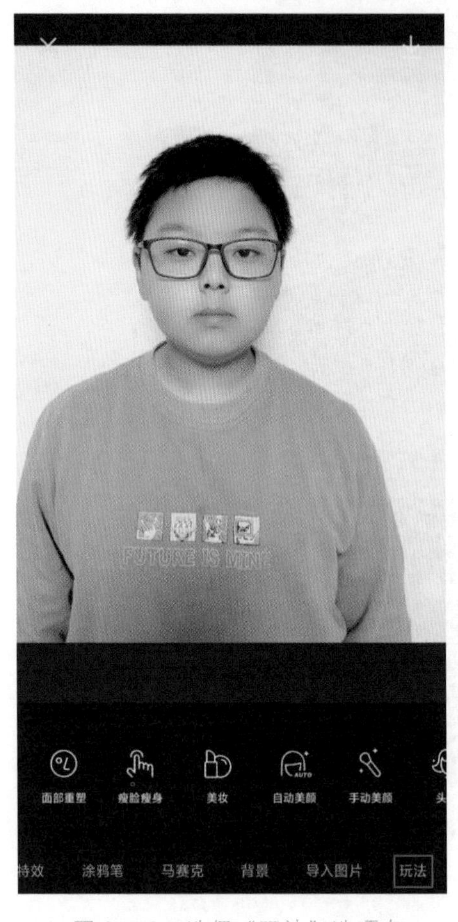

图 2-72　选择“玩法”选项卡

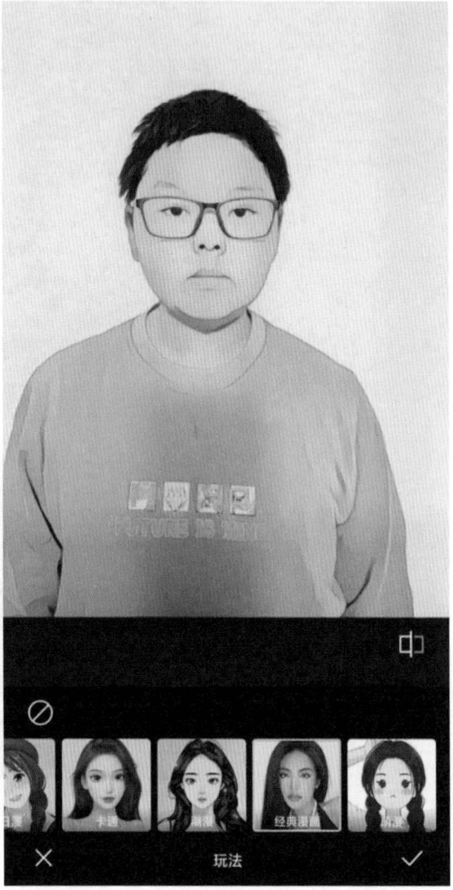

图 2-73　“经典漫画”效果

在“玩法”选项栏中，同样可以将图片修改为其他风格的效果。

第3章

剪映的短视频制作

剪映 App 是一款手机视频编辑工具，带有全面的剪辑功能，支持变速，具有多样滤镜和美颜的效果，拥有丰富的曲库资源。剪映既支持在移动端使用，也支持在 PC 端使用。本章主要介绍剪映 App 的使用方法和技巧。

3.1 剪映软件介绍

剪映 App 的主界面比较简洁，由于每个按钮都有文字说明，因此用户可以轻松地使用剪映 App 制作视频，如图 3-1 所示。

图 3-1 剪映 App 的主界面

该界面顶部有“视频投稿活动”按钮、“帮助”按钮和“设置”按钮。

下面是“开始创作”按钮，相当于对视频开始进行编辑。

该界面中部有“一键成片”按钮、“图文成片”按钮、“拍摄”按钮、“录屏”按钮、“创作脚本”按钮和“提词器”按钮。

该界面底部导航栏中的按钮分别是“剪辑”“剪同款”“创作课堂”“消息”“我的”。

3.1.1　认识剪映App的剪辑界面

打开剪映 App，进入剪映 App 的主界面。点击“开始创作”按钮，打开素材添加界面。选择“照片视频”选项卡，在“照片视频”选项卡中，选择需要的视频或图片，如图 3-2 所示。

图 3-2　选择素材

点击界面右下角的“添加”按钮，进入剪映 App 的剪辑界面，如图 3-3 所示。

图 3-3　剪映 App 的剪辑界面

“导出”按钮：在剪映 App 的剪辑界面的右上角，可以将制作的视频导出保存。

预览区域：用于预览视频素材，点击“播放”按钮，可以在预览区域播放视频、暂停视频。预览区域可以查看当前视频的播放时间和总时间。

“撤销 / 恢复”按钮：当视频编辑操作失误时进行撤销和恢复。

“全屏”按钮：点击该按钮即可进行全屏播放预览。

时间轴面板：时间轴面板可以添加视频、添加音频，还可以关闭原声和设置封面。时间轴面板可以添加文字轨道和贴纸轨道，双指在时间线上捏合移动可以缩放时间线的时间刻度。

工具栏区域：在时间线不选择视频的情况下，显示的是剪映 App 的一级工具栏，可以使用手指直接在工具栏区域左右滑动。一级工具栏包括剪辑、音频、文字、贴纸、画中画、特效、素材包、滤镜、比例、背景和调整。

在时间轴面板中选择视频，即可进入视频剪辑的二级工具栏，如图 3-4 所示。

视频剪辑的二级工具栏包括非常多的工具，在二级工具栏上左右滑动，即可看到全部工具，包括分割、变速、音量、动画、删除、智能抠像、玩法、音频分离、编辑、滤镜、调整、美颜美体、蒙版、色度抠图、画中画、替换、防抖、不透明度、降噪、变声、复制、倒放和定格。

同样，在时间轴面板中选择音频或文字按钮，在工具栏区域就会显示对应的二级音频工具栏或二级文字工具栏。

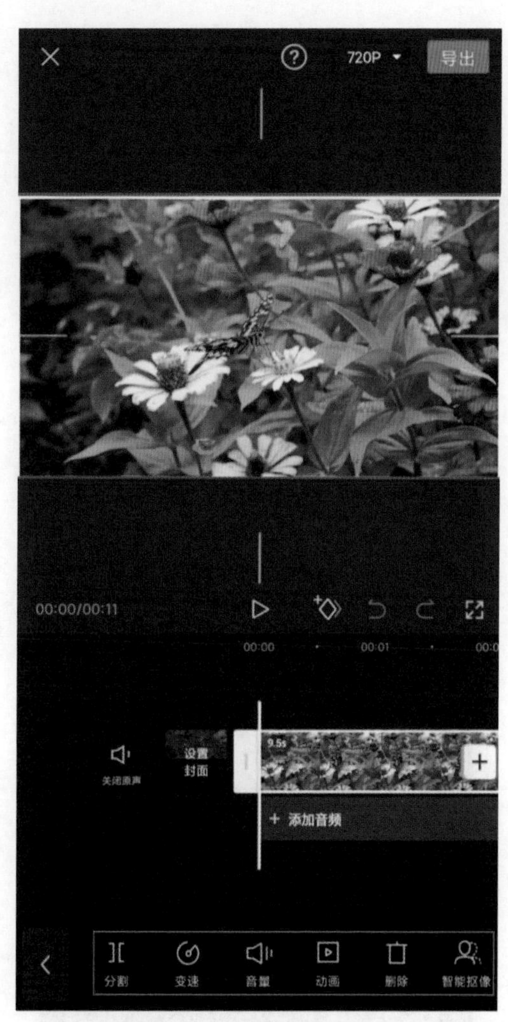

图 3-4　视频剪辑的二级工具栏

3.1.2 导入素材

如果一个短视频的制作涉及多个视频或多张图片，那么应该怎么导入素材，将素材添加到不同的轨道呢？

Step 01：打开剪映 App，在主界面点击“开始创作”按钮，打开素材添加界面，在这个界面中可以选择一个或多个视频素材，如图 3-5 所示。

Step 02：选择好之后，点击界面右下角的“添加”按钮，进入剪映 App 的剪辑界面。双指在时间线上捏合移动，缩放时间线的时间刻度，如图 3-6 所示。

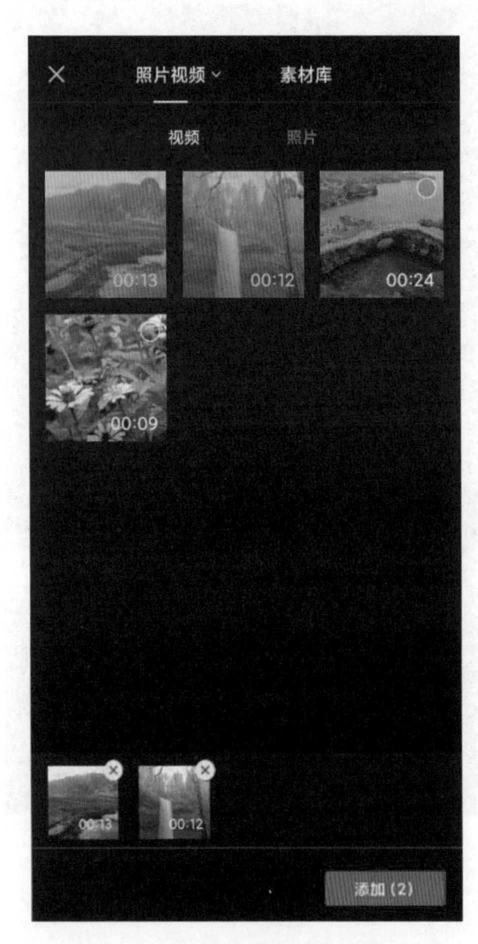

图 3-5 选择视频素材

图 3-6 缩放时间线的时间刻度

Step 03：在剪映 App 中，还可以选择“素材库”选项卡中的素材。点击“添加”按钮⊞，打开素材添加界面。选择“素材库”选项卡，在“素材库”选项卡中选择“空镜头”类别下的第一个天空素材。下载好之后，选中该素材，点击界面右下角的“添加”按钮，如图 3-7 所示。

Step 04：添加的素材和原视频将在同一轨道上显示，效果如图 3-8 所示。

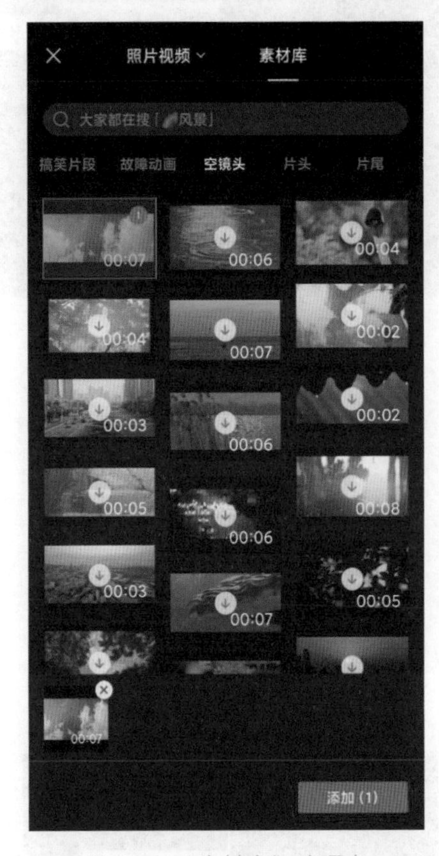

图 3-7 “素材库”选项卡

图 3-8 同一轨道上显示的效果

Step 05：要将素材添加到不同的轨道，可以先将时间线拖至添加素材的时间点，然后在未选中任何素材的状态下，在工具栏区域点击“画中画”按钮，如图 3-9 所示。

Step 06：点击“新增画中画”按钮，如图 3-10 所示。

Step 07：在“照片视频”选项卡中，选择需要添加的视频素材，点击“添加”按钮，如图 3-11 所示。

Step 08：所选的视频素材将自动添加到新的轨道上，并添加到时间线的后面，如图 3-12 所示。

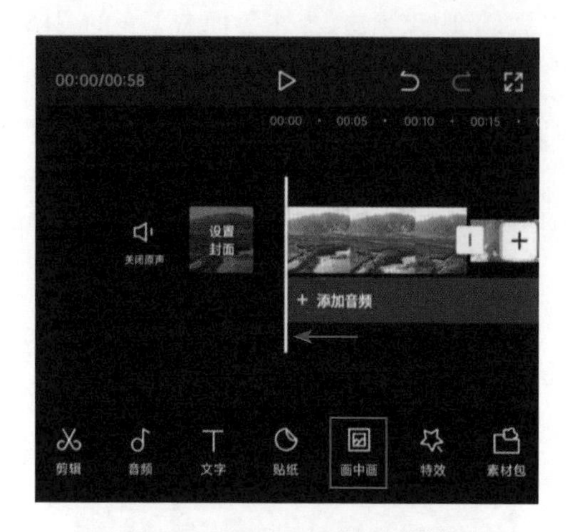

图 3-9　点击“画中画”按钮

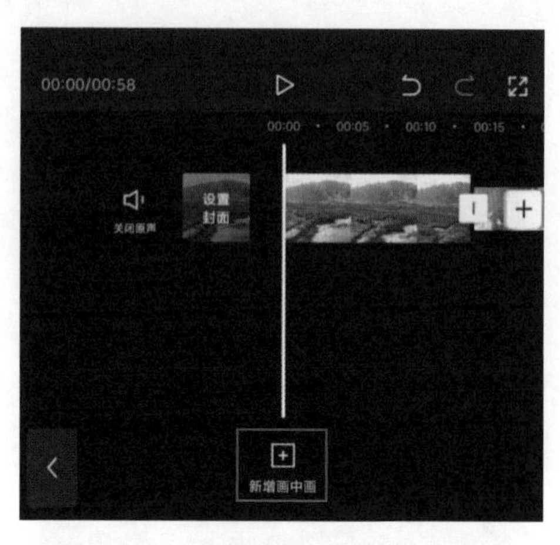

图 3-10　点击“新增画中画”按钮

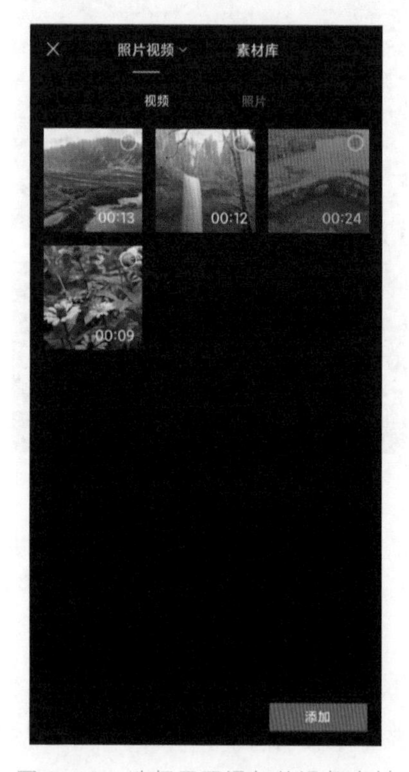

图 3-11　选择需要添加的视频素材

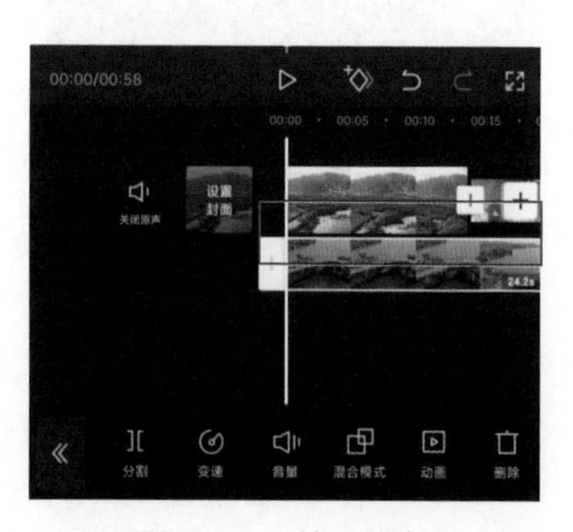

图 3-12　时间轴面板

Step 09：通过新增画中画的方式可以添加多个轨道素材，在时间轴面板不选择任何素材的情况下，点击左侧的“撤销 / 恢复”按钮，如图 3-13 所示。

Step 10：返回剪辑界面，添加的轨道素材将以气泡的形式显示在轨道上，如图 3-14 所示。

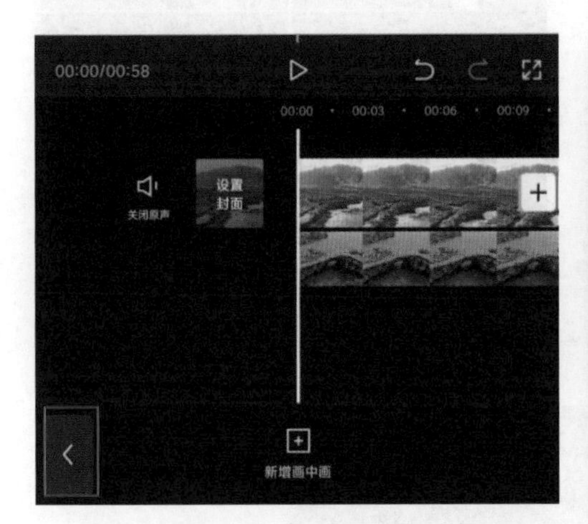

图 3-13　点击“撤销 / 恢复”按钮

图 3-14　剪辑界面

Step 11：当需要对轨道素材进行编辑时，点击气泡，即可展开素材轨道。

3.1.3　分割视频素材

在剪映 App 中，分割视频素材的方法非常简单、便捷，具体步骤如下。

Step 01：打开剪映 App，导入视频素材，将时间线定位到需要分割的位置，如图 3-15 所示。

Step 02：在时间轴面板中选择需要分割的视频素材，并在工具栏中点击“分割”按钮，如图 3-16 所示。

图 3-15　定位时间线

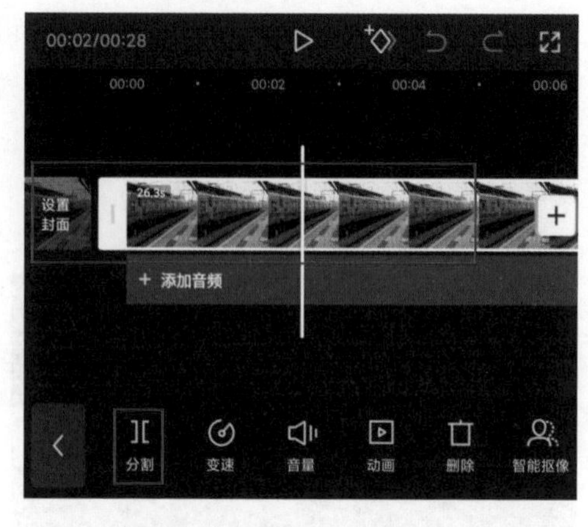

图 3-16　点击“分割”按钮

Step 03：在时间轴面板中，该视频素材被分成两段，如图 3-17 所示。

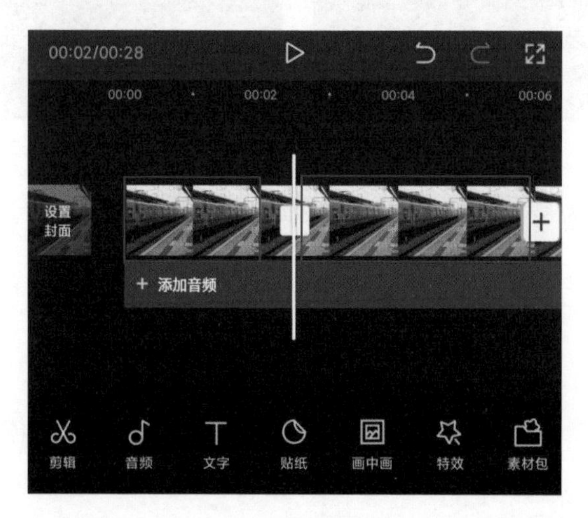

图 3-17　分割视频素材

使用分割工具可以对素材进行剪辑分割。

3.1.4　调整素材顺序

短视频在制作时，需要导入多个素材，并对素材片段进行重组，从而制作出一个完整的短视频。当用户在同一个轨道添加多个素材时，只要按住某一段素材，将其拖到另一段素材的前面或后面，即可改变素材的顺序。

Step 01：打开剪映 App，点击“开始创作”按钮，选择图片素材，点击“添加”按钮，即可导入图片素材，如图 3-18 所示。

Step 02：长按第 3 段素材，并将其拖到第 1 段素材的后面，如图 3-19 所示。

图 3-18　导入图片素材

图 3-19　拖动素材

使用这样的方法即可改变素材的前后顺序。

3.1.5　复制与删除素材

在短视频制作过程中，如果一个素材需要多次使用，则可以通过复制素材的方式实现。

Step 01：打开剪映 App，导入素材。在时间轴面板中选中素材，点击底部工具栏中的“复制”按钮，如图 3-20 所示。

Step 02：复制后即可得到一段相同的素材，如图 3-21 所示。

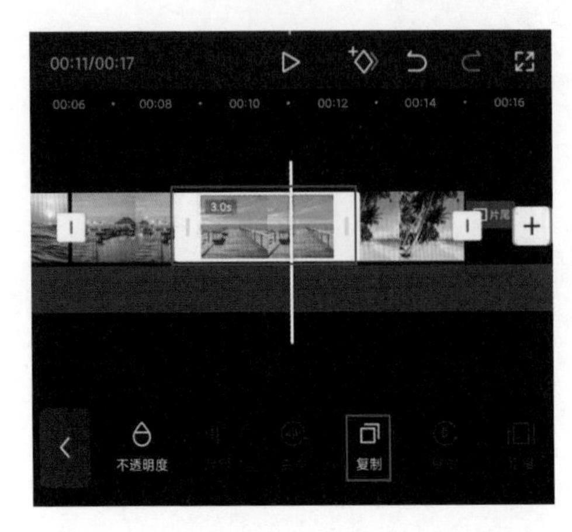

图 3-20 点击“复制”按钮

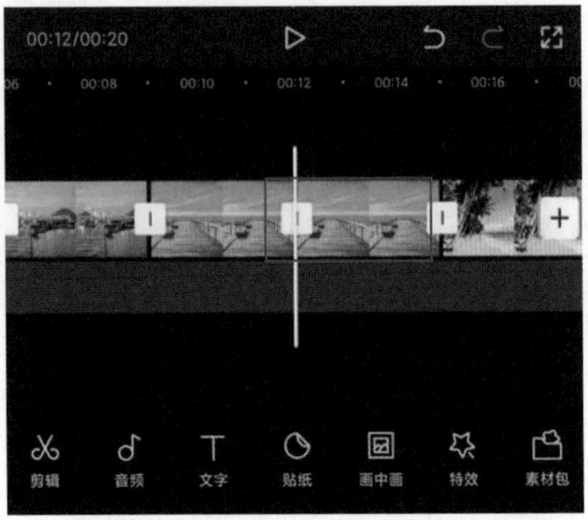

图 3-21 复制素材

Step 03：若在编辑过程中对某段素材不满意，首先可以通过分割工具，将素材进行分割；然后选中该素材，在底部工具栏点击“删除”按钮，如图 3-22 所示。

Step 04：最后选中的素材被删除，如图 3-23 所示。

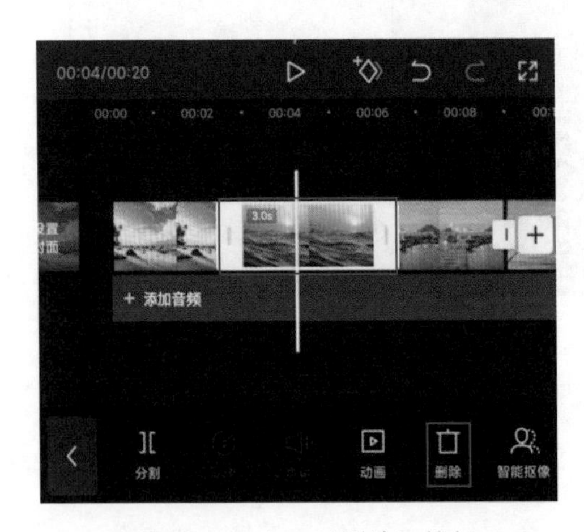

图 3-22 点击“删除”按钮

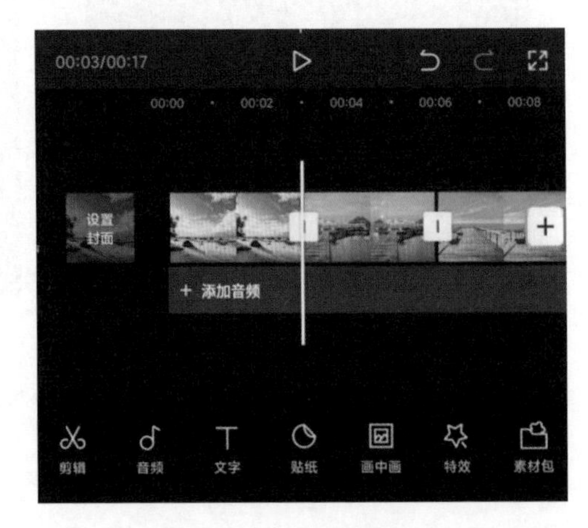

图 3-23 删除素材

3.1.6 设置视频分辨率和导出视频

在剪映 App 中完成短视频的制作后，需要导出视频，因此在导出视频前，需

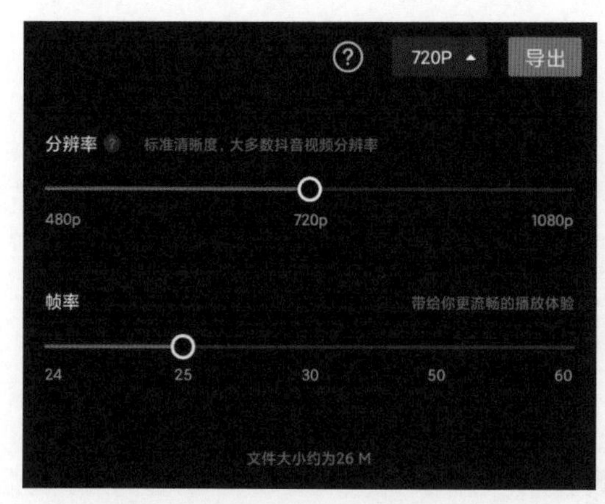

图 3-24　设置分辨率和帧率

要设置视频的分辨率和帧率。

Step 01：点击编辑界面右上角的"720P"下拉按钮 720P ，在下拉选项中，可以对输出视频的分辨率和帧率进行设置，其中，分辨率包括 480P、720P 和 1080P 这 3 种主流的分辨率；帧率为 24、25、30、50 和 60，如图 3-24 所示。

Step 02：一般分辨率可以设置为 720P 或 1080P，帧率设置为 25，点击右上角的"导出"按钮，进入导出界面，如图 3-25 所示。

Step 03：导出完成后，不仅可以将视频保存到相册，剪辑项目保存到草稿，还可以将导出的视频分享到抖音和西瓜视频，如图 3-26 所示。

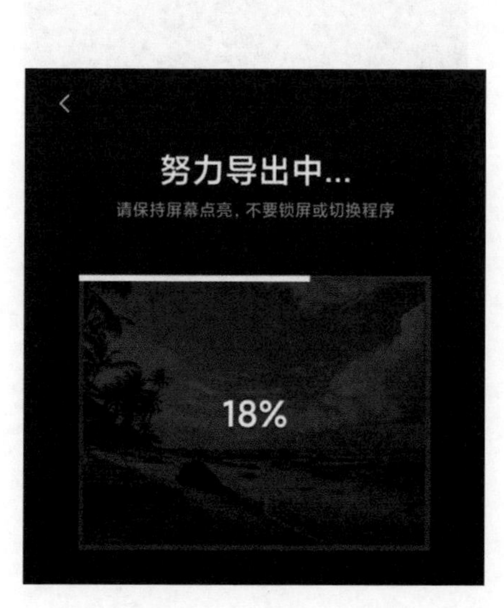

图 3-25　导出界面

图 3-26　分享视频

3.1.7 管理剪辑草稿

关闭剪辑项目后，在主界面中将显示剪辑的草稿，便于以后对其进行修改。

Step 01：打开剪映 App，在主界面上即可看到之前存储的草稿，如图 3-27 所示。

Step 02：点击草稿后的 ··· 按钮，即可对草稿进行重命名、复制和删除操作，如图 3-28 所示。

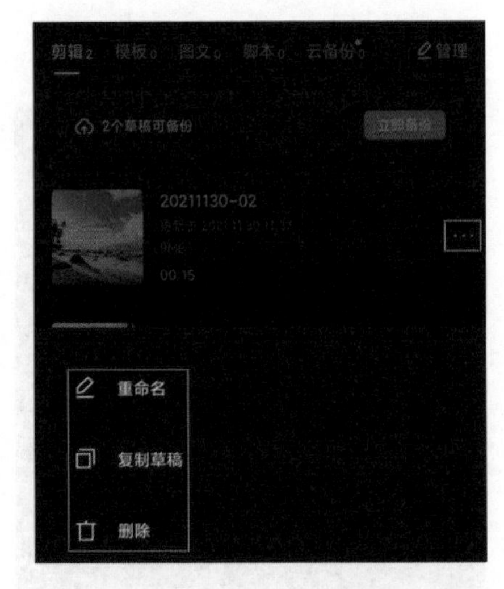

图 3-27　草稿管理

图 3-28　草稿编辑

Step 03：点击“管理”按钮，如图 3-29 所示。

Step 04：“管理”按钮用于将选中的模板删除。点击右侧的单选按钮选中模板，点击下方的“删除”按钮，即可对草稿进行批量删除，如图 3-30 所示。

图 3-29　点击“管理”按钮

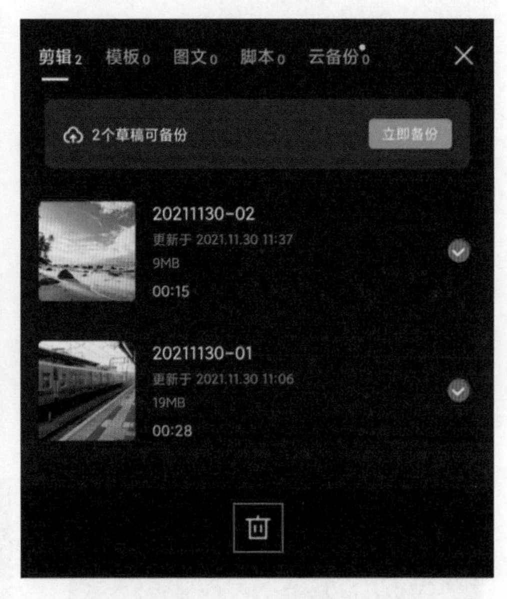

图 3-30　批量删除草稿

3.2　视频基础操作

本节介绍在剪映 App 中调整视频画面尺寸、设置视频背景、改变素材的持续时间、设置素材变速、裁剪视频尺寸、旋转视频画面、生成镜像画面、替换素材、调整画面的混合模式和添加动画效果。

3.2.1　调整视频画面尺寸

比例工具用来调整视频画面宽度和高度的尺寸比例，而合适的画幅比例给用户的体验不同。在剪映 App 中，可以将视频素材调整为多种画幅比例。

Step 01：打开剪映 App，点击“开始创作”按钮，选择视频素材，将素材添加到剪映 App 中。在底部的工具栏中，左右滑动找到“比例”按钮，如图 3-31 所示。

Step 02：在未选定素材的状态下，点击界面底部工具栏中的“比例”按钮，进入比例的二级工具栏，这里包括“原始”“9 ： 16”“16 ： 9”“1 ： 1”“4 ： 3”5种比例，如图 3-32 所示。

图 3–31 “比例”按钮

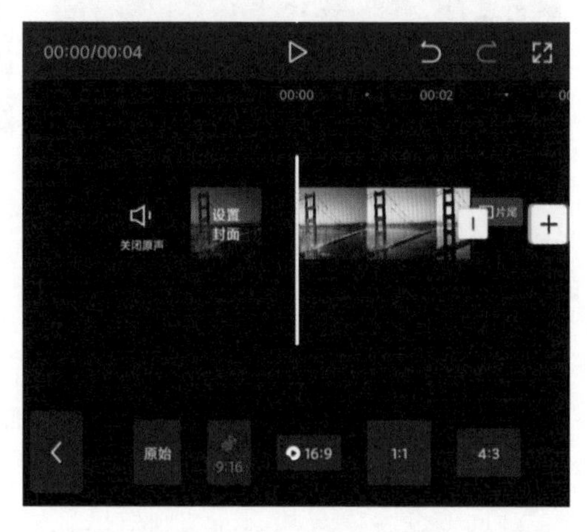

图 3–32 比例的二级工具栏

Step 03：设置画幅比例，这里选择“9 ： 16”比例。在预览区域中，画面上下部分是黑色，如图 3-33 所示。

Step 04：在时间轴面板中选中素材，在预览区域使用双指缩放素材，将素材铺满整个画面，如图 3-34 所示。

提示：在剪映 App 中调整视频素材的大小很容易，首先在轨道区域选中素材，然后在预览区域，通过双指开合来调整画面。双指背向滑动，可以放大画面；双指相向滑动，可以缩小画面。

图 3-33　调整后的效果

图 3-34　缩放素材

3.2.2　设置视频背景

在剪辑视频时，可能会出现视频没有铺满整个画面的情况，此时可以通过背景工具给项目添加背景。

Step 01：打开剪映 App，点击“开始创作”按钮，导入视频素材，如图 3-35 所示。

Step 02：点击工具栏中的“比例”按钮，进入比例的二级工具栏，选择“9 ： 16”比例，如图 3-36 所示。

图 3-35　导入视频素材

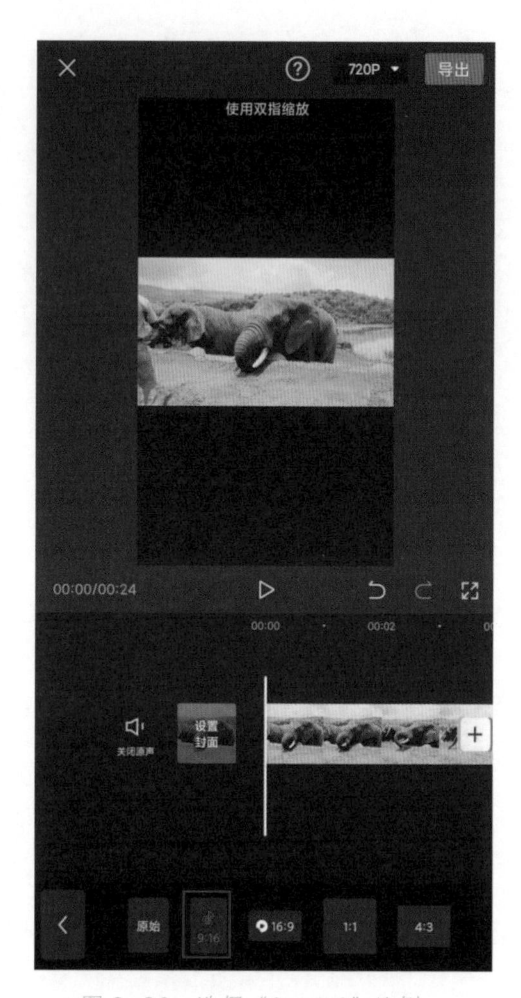

图 3-36　选择“9：16”比例

Step 03：在时间轴面板中不选中素材，点击界面底部工具栏中的“背景”按钮，如图 3-37 所示。

Step 04：进入背景的二级工具栏，里面包括“画布颜色”“画布样式”“画布模糊”3 个按钮，如图 3-38 所示。

图 3-37　点击“背景”按钮

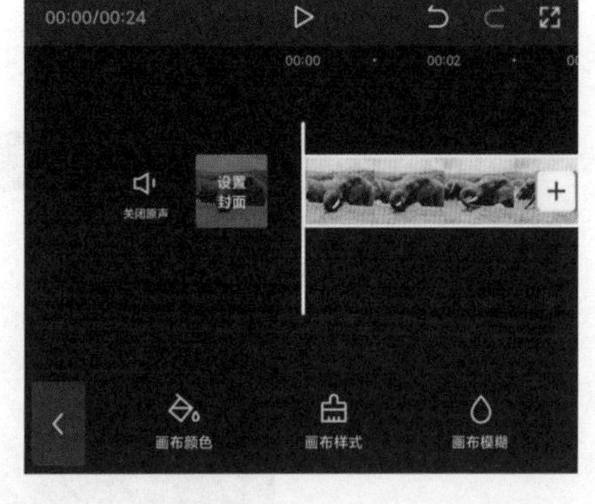

图 3-38　背景的二级工具栏

Step 05：点击“画布颜色”按钮，进入“画布颜色”选项栏。在“画布颜色”选项栏中，可以选择画布颜色作为视频背景，如图 3-39 所示。

Step 06：如果点击“画布样式”按钮，则进入“画布样式”选项栏。该选项栏中的画布样式是一些图案，也可以是作为背景的自定义图片，如图 3-40 所示。

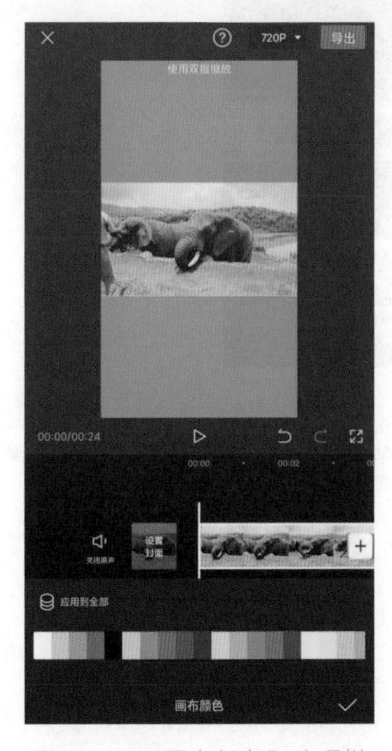

图 3-39　“画布颜色”选项栏

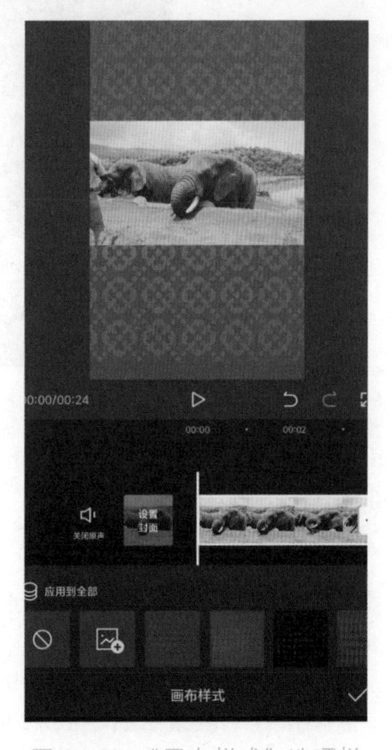

图 3-40　“画布样式”选项栏

Step 07：点击“画布模糊”按钮，进入“画布模糊”选项栏。该选项栏中提供了4种不同程度的模糊效果，如图3-41所示。

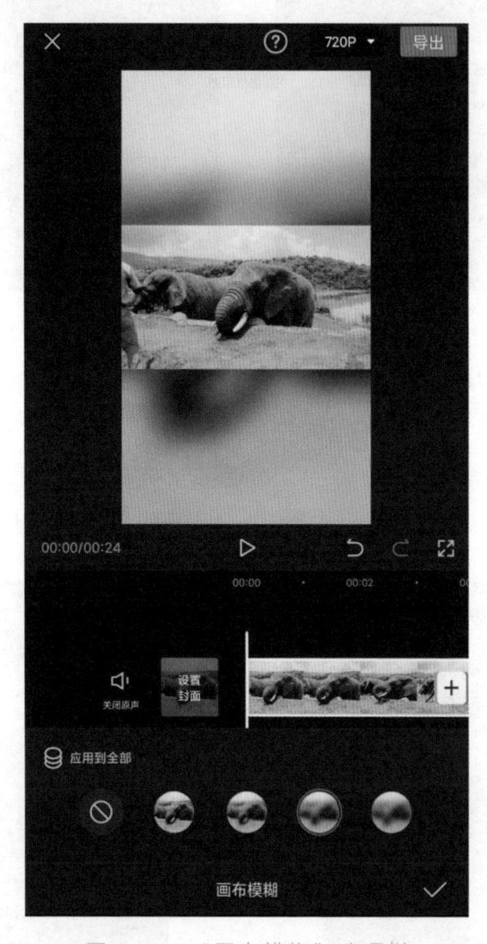

图 3-41 “画布模糊”选项栏

Step 08：设置好背景后，点击界面右下角的“确定”按钮，即可完成视频背景的设置。

3.2.3 改变素材的持续时间

一般拍摄好一段素材后，我们可以使用剪映App对素材的持续时间进行改变，只要在时间线轨道上拖动素材头部和尾部的图标，就可以改变素材的持续时间。

Step 01：打开剪映 App，点击“开始创作”按钮，选择需要的视频素材，即可在剪映 App 的剪辑界面导入素材，如图 3-42 所示。

Step 02：在轨道上选中素材后，可以在时间轴面板的左上角看到素材的时长，如图 3-43 所示。

图 3-42　导入素材

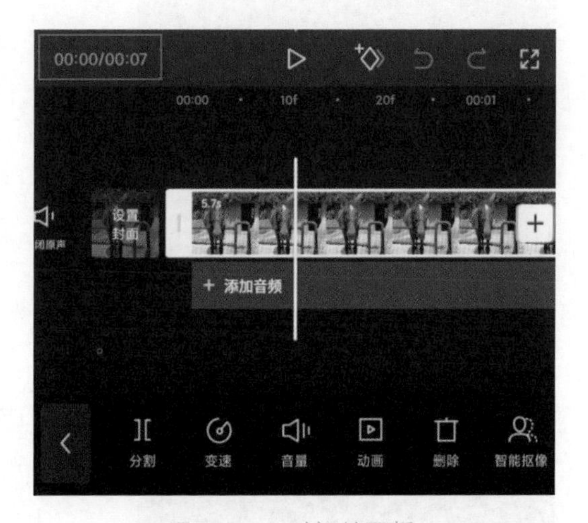

图 3-43　时间轴面板

Step 03：按住素材头部的图标，向右拖动，可以缩短素材的时长（素材的左上角将显示素材的时长），如图 3-44 所示。

Step 04：在选中素材的状态下，按住素材尾部的图标，向左拖动，也可以缩短素材的时长，如图 3-45 所示。

图 3-44　拖动素材头部的图标

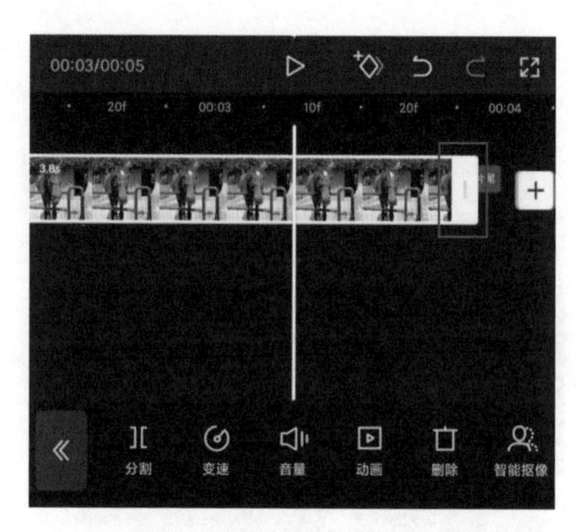

图 3-45　拖动素材尾部的图标

通过这样的方式可以对素材的开头或结尾进行剪辑，改变素材的持续时间。

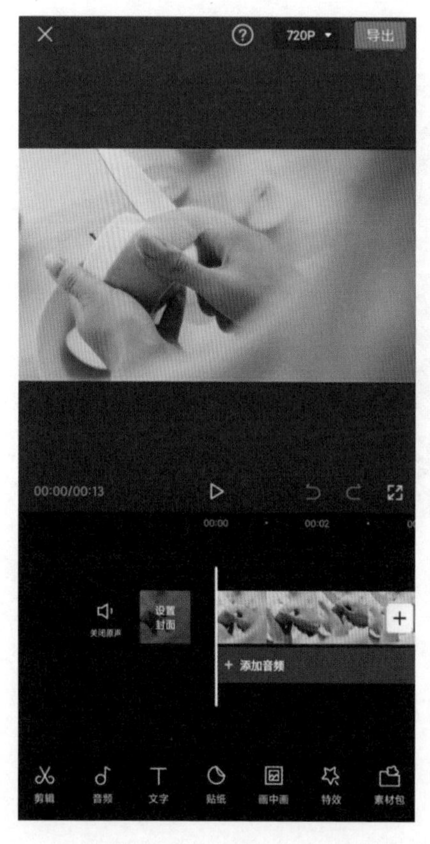

图 3-46　导入素材

3.2.4　设置素材变速

制作短视频一般都需要对素材进行变速处理，有的镜头需要快速，有的镜头需要慢速，因此可以根据脚本或音乐节奏的需求进行调整。当对素材进行变速处理时，素材的时间长度也会发生变化。

Step 01：打开剪映 App，点击“开始创作”按钮，选择需要的素材，即可在剪映 App 的剪辑界面导入素材，如图 3-46 所示。

Step 02：剪映 App 可以将视频片段进行加快或减慢播放。在时间轴面板的轨道中，选中素材，点击底部工具栏中的“变速”按钮，如图 3-47 所示。

Step 03：进入变速的二级工具栏，这里包括“常规变速”“曲线变速”两个按钮，如图 3-48 所示。

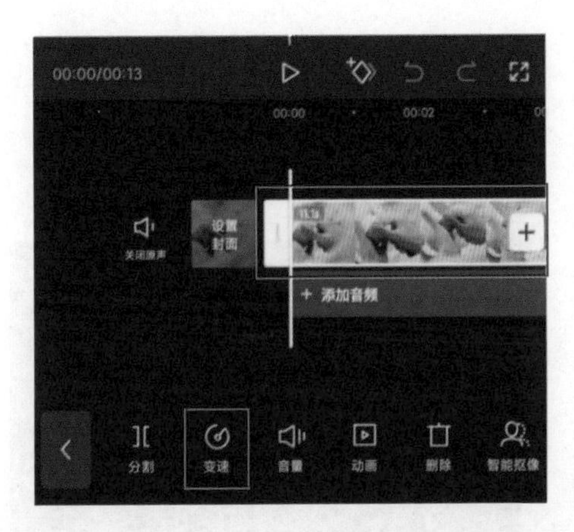

图 3-47　点击“变速”按钮

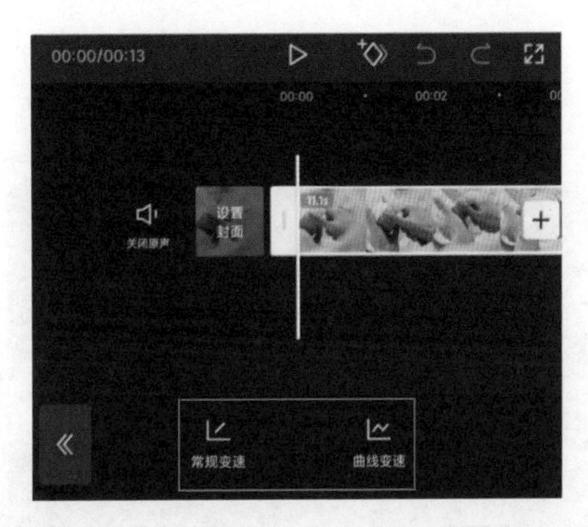

图 3-48　变速的二级工具栏

1. 常规变速

视频的原始倍速为 1×，拖动变速的按钮，可以调整播放速度，当倍速大于 1× 时，视频播放速度加快；当倍速小于 1× 时，视频播放速度变慢。

Step 01：点击“常规变速”按钮，进入“变速”选项栏，如图 3-49 所示。

Step 02：点击界面右下角的“确定”按钮☑，即可完成变速设置。

2. 曲线变速

在“曲线变速”选项栏中，包括自定、蒙太奇、英雄时刻、子弹时间、跳接、闪进和闪出等类型的变速。

Step 01：点击“曲线变速”按钮，进入“曲线变速”选项栏，如图 3-50 所示。

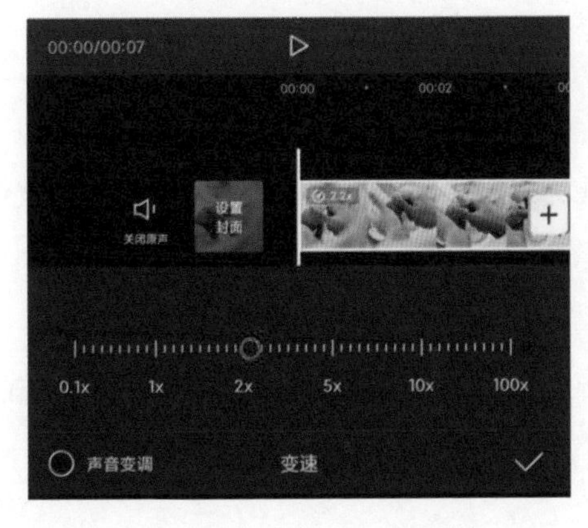

图 3-49　“变速”选项栏

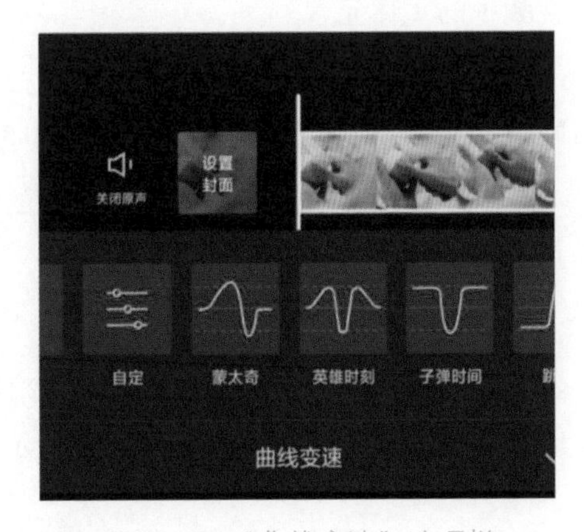

图 3-50　“曲线变速”选项栏

Step 02：选择“蒙太奇”变速，如图 3-51 所示。

Step 03：点击编辑，打开“蒙太奇”变速曲线，如图 3-52 所示。

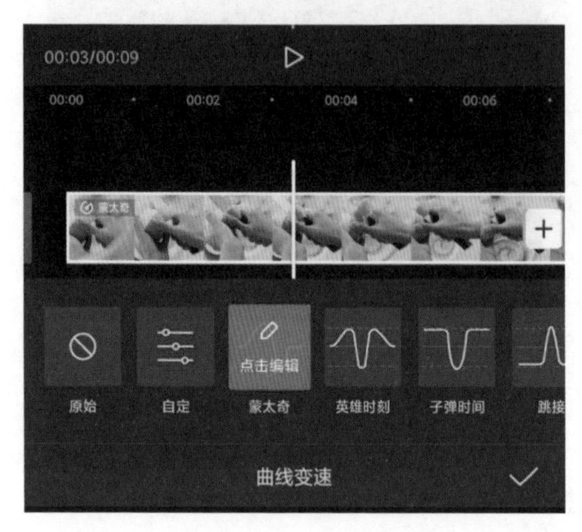

图 3-51　选择“蒙太奇”变速

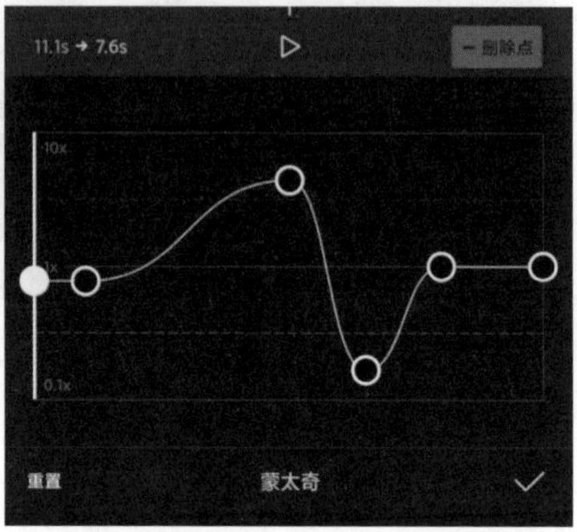

图 3-52　“蒙太奇”变速曲线

Step 04：可以调整曲线点，点击界面右下角的“确定”按钮，即可应用“蒙太奇”变速。

3.2.5　裁剪视频尺寸

当拍摄的视频中包含的元素太多时，可以通过裁剪工具对视频进行裁剪，保留视频中的主体元素。

Step 01：打开剪映 App，点击“开始创作”按钮，选择需要的素材，即可在剪映 App 的剪辑界面导入素材，如图 3-53 所示。

Step 02：选中素材，在界面底部的工具栏中，左右滑动，找到“编辑”按钮并点击，如图 3-54 所示。

Step 03：在编辑的二级工具栏中，点击“裁剪”按钮，如图 3-55 所示。

Step 04：进入“裁剪”选项栏，该选项栏包含了多种模式（选择不同的模式，可以裁剪出不同的画面），如图 3-56 所示。

图 3-53　导入素材

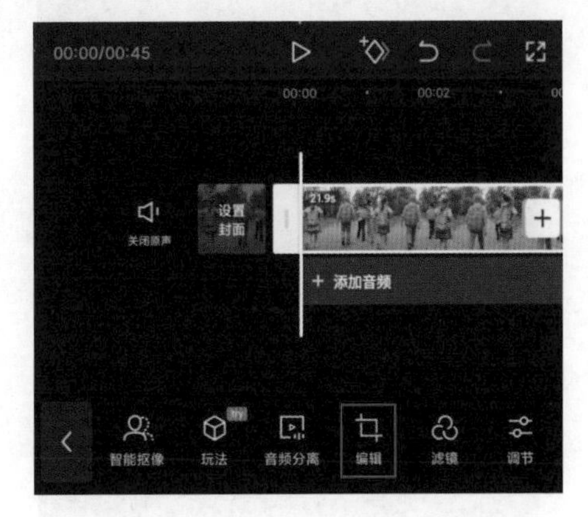

图 3-54　点击“编辑”按钮

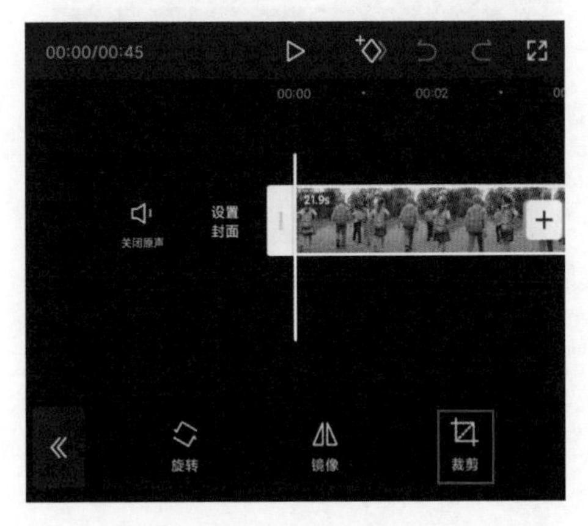

图 3-55　点击“裁剪”按钮

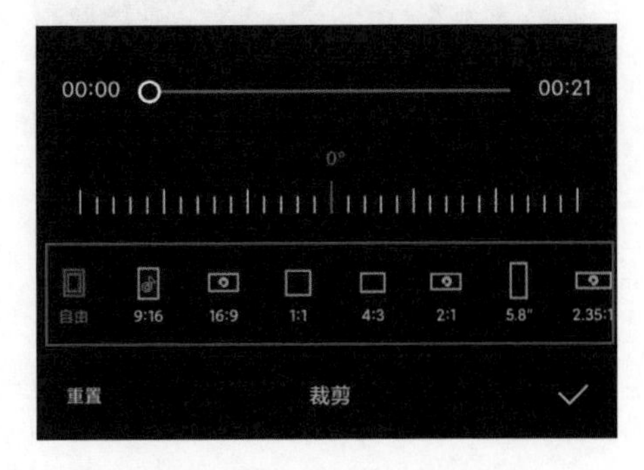

图 3-56　“裁剪”选项栏

Step 05：在“自由”模式下，可以拖动裁剪框的一角，将画面裁剪成任意比例，如图 3-57 所示。

Step 06：在其他模式下，也可以通过裁剪框改变裁剪区域的大小。裁剪模式上方的刻度用来调整画面的角度，只需在刻度上左右滑动，就可以顺时针或逆时针选择画面的角度。调整完成后，点击界面右下角的“确定”按钮，完成裁剪。裁剪效果如图 3-58 所示。

图 3-57　裁剪视频比例

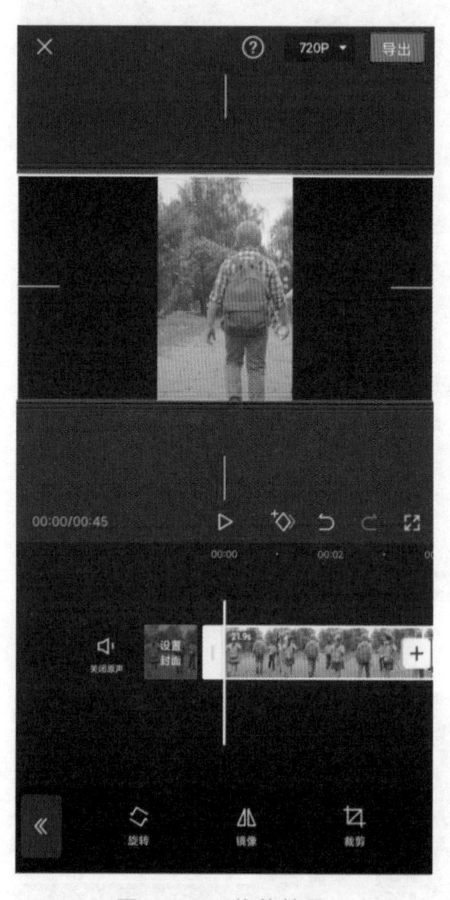

图 3-58　裁剪效果

3.2.6　旋转视频画面

在剪映 App 中，旋转视频画面的方法有两种，一种是通过双指旋转视频素材，另外一种是通过旋转工具进行旋转。

Step 01：打开剪映 App，点击“开始创作”按钮，选择视频素材，即可在剪映 App 的剪辑界面导入视频素材，如图 3-59 所示。

Step 02：在剪映 App 中，选中时间轴面板中的视频素材。在预览区域中，通过双指旋转完成视频画面的旋转，且双指旋转的方向和视频画面的方向对应，如图 3-60 所示。

图 3-59　导入视频素材

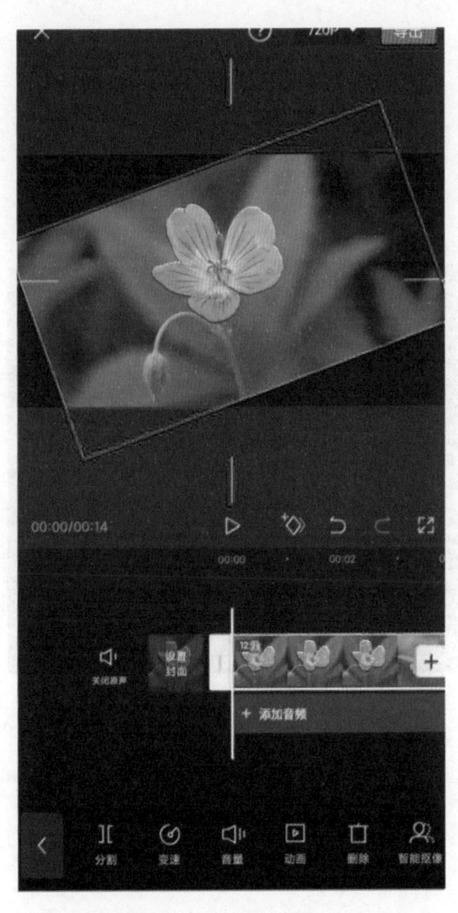

图 3-60　旋转视频画面

Step 03：如果觉得旋转的角度不满意，则可以点击“撤销 / 恢复”按钮，恢复设置。在时间轴面板中，选中视频素材，点击“编辑”按钮，进入编辑的二级工具栏，如图 3-61 所示。

Step 04：点击“旋转”按钮，即可对视频进行旋转，且该按钮只能对视频进行顺时针方向的 90°旋转，如图 3-62 所示。

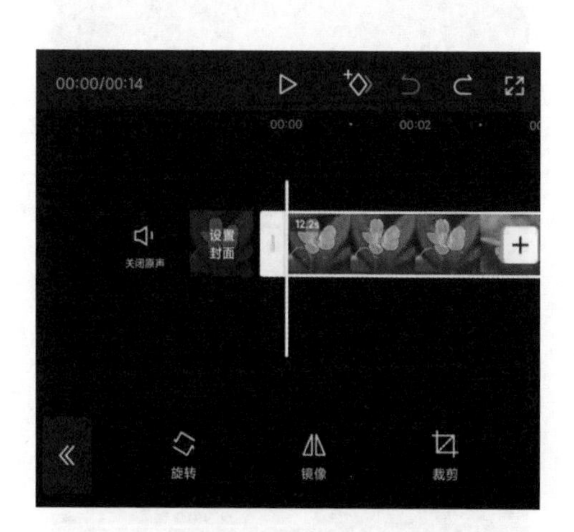

图 3-61　编辑的二级工具栏

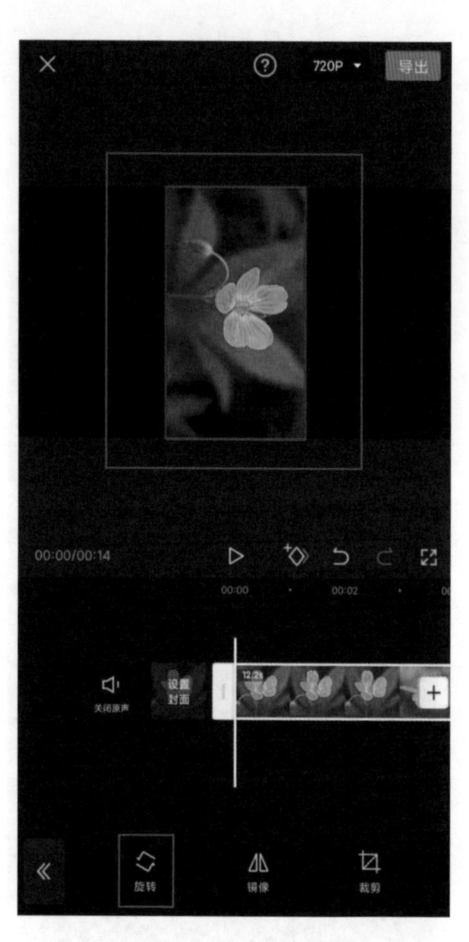

图 3-62　点击“旋转”按钮

3.2.7　生成镜像画面

通过剪映 App 的镜像工具可以对画面进行翻转。下面介绍镜像工具的使用方法。

Step 01：在轨道中选中素材，并在底部工具栏中点击“编辑”按钮，如图 3-63 所示。

Step 02：在编辑的二级工具栏中点击“镜像”按钮，即可对画面进行镜像翻转，如图 3-64 所示。

图 3-63 点击“编辑”按钮

图 3-64 点击“镜像”按钮

3.2.8 替换素材

在视频剪辑过程中，如果对某个视频不满意，则可以使用替换素材功能，进行素材替换。

Step 01：在剪映 App 中选中需要替换素材的片段，并在底部工具栏中点击“替换”按钮，如图 3-65 所示。

Step 02：进入素材添加界面，选择要替换的素材，点击“添加”按钮，即可完成替换，如图 3-66 所示。

图 3-65　点击“替换”按钮

图 3-66　替换素材

3.2.9　调整画面的混合模式

如果在同一时间点的不同轨道上添加了两组视频或图像素材，则可以通过调整画面的混合模式来调整混合模式效果。

Step 01：打开剪映 App，点击“开始创作”按钮，选择一个素材，进入剪映 App 的剪辑界面。点击界面底部工具栏中的“画中画”按钮，如图 3-67 所示。

Step 02：点击“新增画中画”按钮，如图 3-68 所示。

图 3-67　点击“画中画”按钮

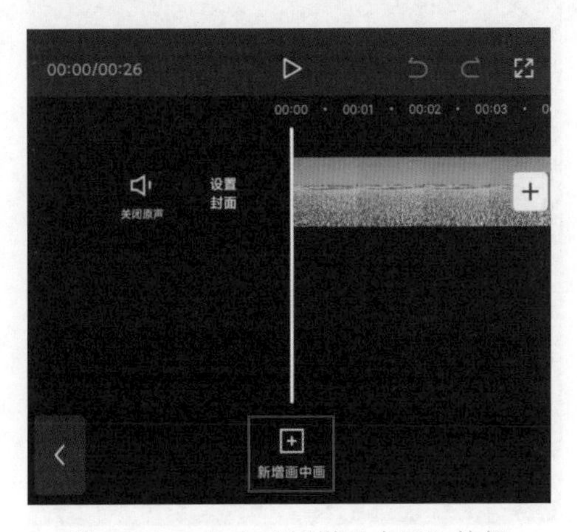

图 3-68　点击“新增画中画”按钮

Step 03：选择另外一个素材，并将其添加到新的轨道上。在选中新素材的状态下，可以通过双指缩放在预览区域中调整素材大小，如图 3-69 所示。

Step 04：选中素材，点击界面底部工具栏中的“混合模式”按钮，如图 3-70 所示。

Step 05：在混合模式的二级工具栏中，包括正常、变暗、滤色、叠加、正片叠底、变亮、强光、柔光、线性加深和颜色减淡，如图 3-71 所示。

图 3-69　调整素材大小

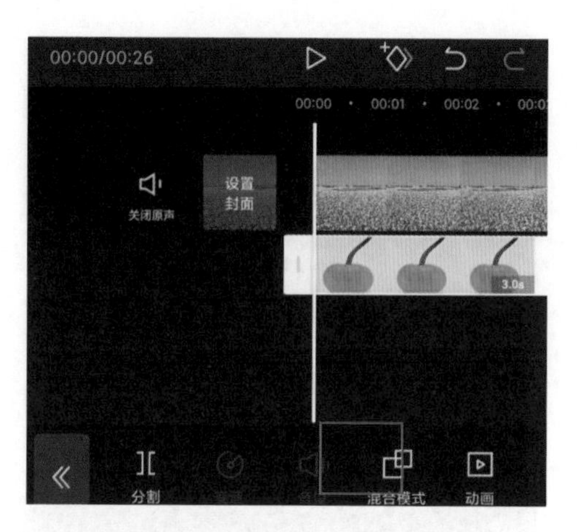

图 3-70　点击“混合模式”按钮

图 3-71　混合模式的二级工具栏

Step 06：选择“叠加”模式，可以调整不透明度，如图 3-72 所示。

Step 07：点击“确定”按钮☑，完成混合模式的设置。用户还可以在混合模式的二级工具栏中选择任意模式，并将其应用到画面中。

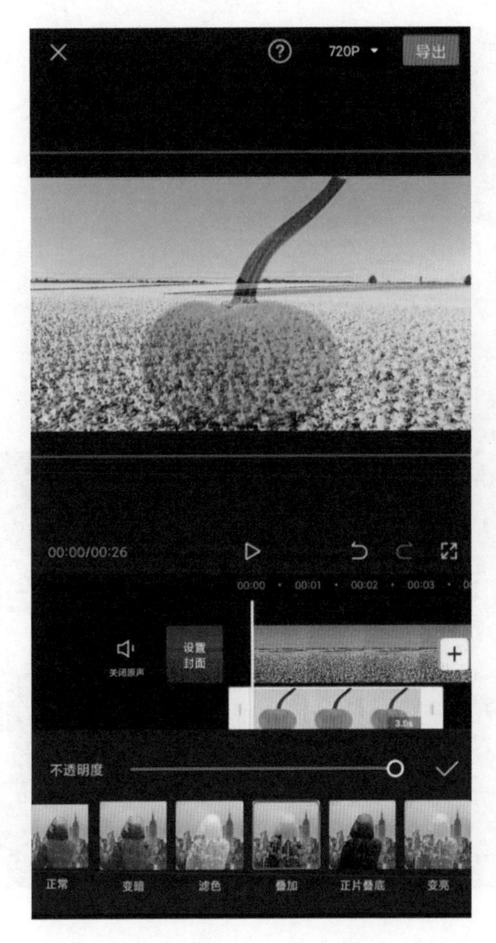

图 3-72　“叠加”模式

3.2.10　添加动画效果

剪映 App 提供了旋转、伸缩、回弹、形变、拉近、抖动等动画效果，用户在完成画面调整后，可以为素材添加动画效果来丰富画面。

Step 01：打开剪映 App，点击“开始创作”按钮，选择素材，并将其添加到剪映 App 的剪辑界面，如图 3-73所示。

Step 02：在轨道区域中选中一段素材，并在底部工具栏中点击“动画”按钮，如图 3-74 所示。

图 3–73　导入素材

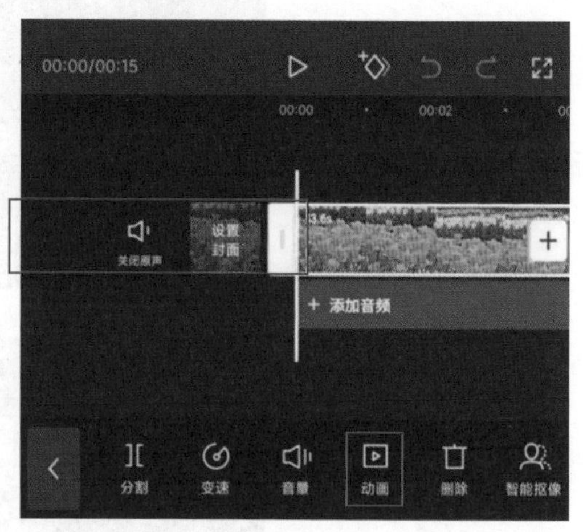

图 3–74　点击“动画”按钮

Step 03：在动画的二级工具栏中，包括“入场动画”“出场动画”“组合动画”3个按钮，如图 3-75 所示。

Step 04：点击“入场动画”按钮，进入“入场动画”选项栏，其中包括渐显、轻微放大、放大、缩小等动画效果，如图 3-76 所示。

Step 05：选择“渐显”动画，将其应用到画面上，并设置动画时长，如图 3-77 所示。

Step 06：点击右侧的“确定”按钮☑，即可将动画效果应用到视频的开始位置。

Step 07：点击“出场动画”按钮，进入“出场动画”选项栏，其中包括渐隐、轻微放大、放大等动画效果，如图 3-78 所示。

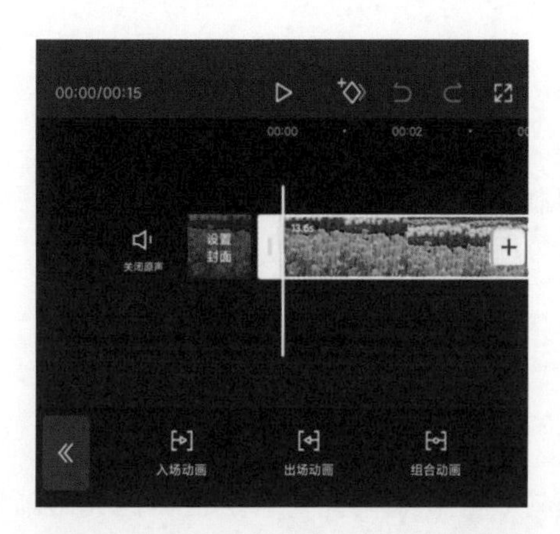

图 3-75 动画的二级工具栏

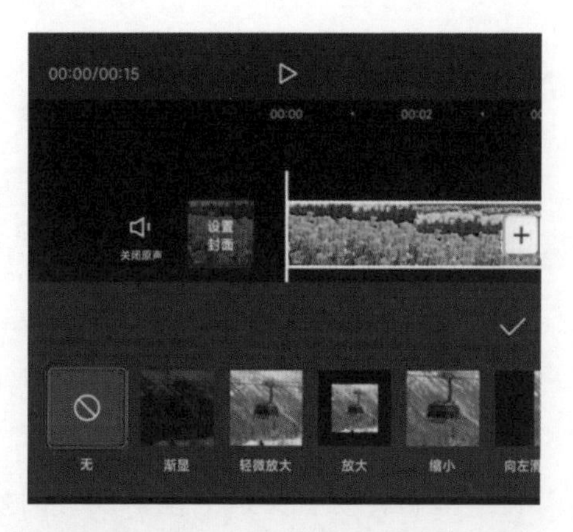

图 3-76 "入场动画"选项栏

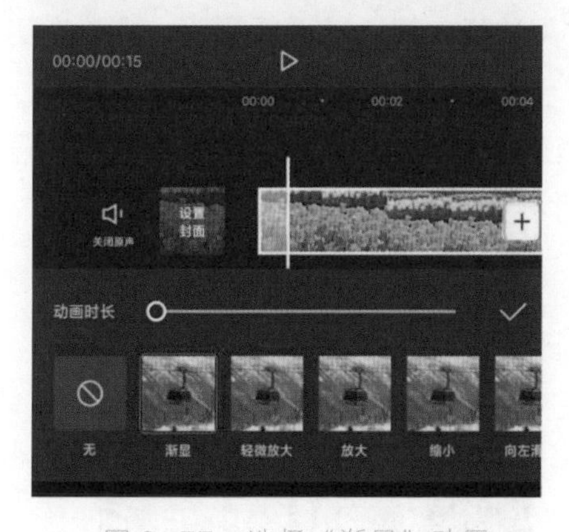

图 3-77 选择"渐显"动画

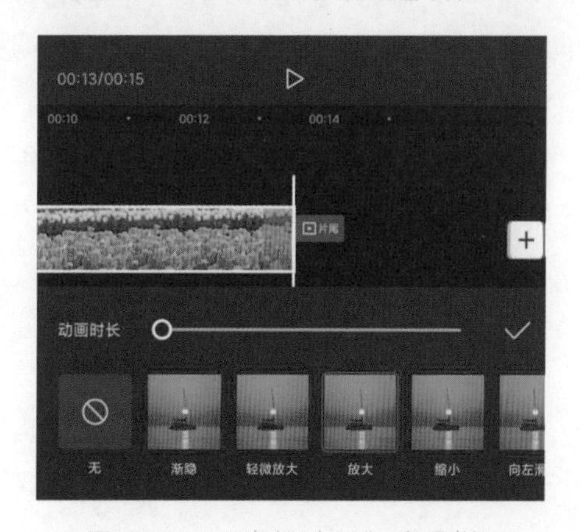

图 3-78 "出场动画"选项栏

Step 08：选择"放大"动画，设置动画时长，点击右侧的"确定"按钮☑，即可将动画效果应用到视频的结束位置。

Step 09：点击"组合动画"按钮，即可进入"组合动画"选项栏，其中包括拉伸扭曲、扭曲拉伸、缩小弹动、放大弹动等动画效果，如图 3-79 所示。

在一般情况下，可以对视频或文字制作动画效果。

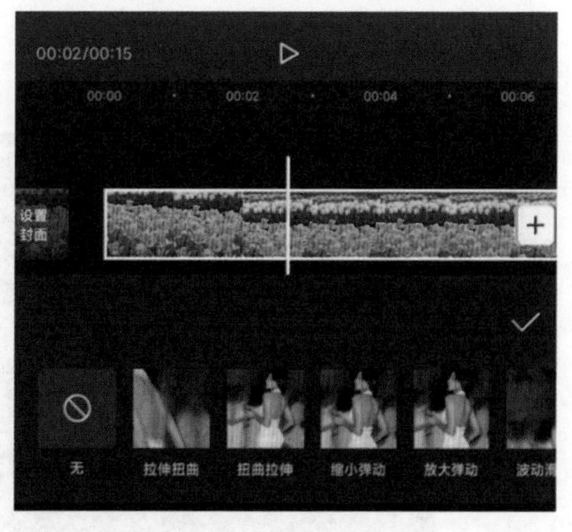

图 3-79 "组合动画"选项栏

3.3 视频转场

视频过渡也被称为视频转场。在视频制作时，可以使用视频转场将一个视频平缓过渡到下一个视频。

3.3.1 基础转场

在“基础转场”类别中包括岁月的痕迹、叠化、闪光灯、泛白、泛光、渐变擦除、模糊、叠加、闪黑、闪白、色彩溶解、滑动、眨眼、上移、下移、左移、右移、横向拉幕和镜像翻转，如图 3-80 所示。这类转场主要通过平缓叠化、推移来实现两个视频的切换。

Step 01：打开剪映 App，点击“开始创作”按钮，选择两个视频素材，点击“添加”按钮，即可导入素材，如图 3-81 所示。

图 3-80 “基础转场”类别

图 3-81 导入素材

Step 02：在未选中素材的状态下，点击两个视频素材之间的“转场”按钮，如图 3-82 所示。

Step 03：在“转场”选项栏中，包括基础转场、综艺转场、运镜转场、特效转场、MG 转场等类别，如图 3-83 所示。

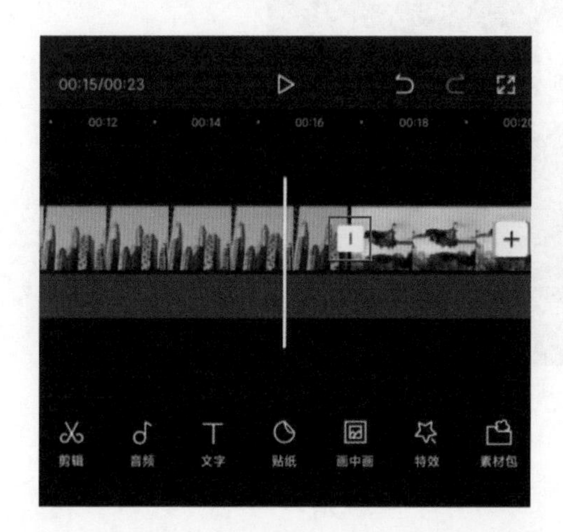

图 3-82　点击“转场”按钮

图 3-83　“转场”选项栏

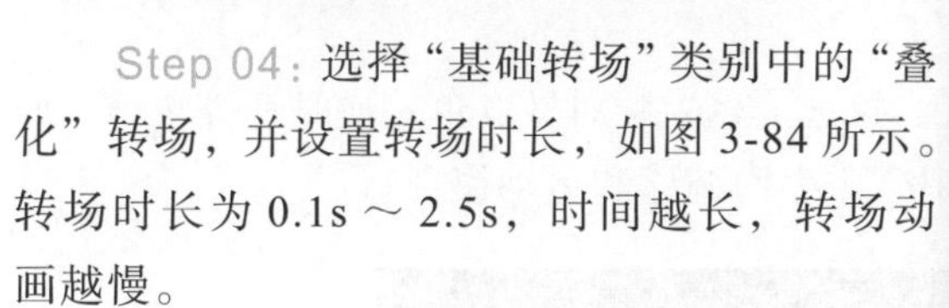

Step 04：选择“基础转场”类别中的“叠化”转场，并设置转场时长，如图 3-84 所示。转场时长为 0.1s ～ 2.5s，时间越长，转场动画越慢。

Step 05：点击界面左下角的“应用到全部”按钮，即可将该转场应用到整个视频的所有转场中。点击界面右下角的“确定”按钮，即可将转场应用到该视频上。

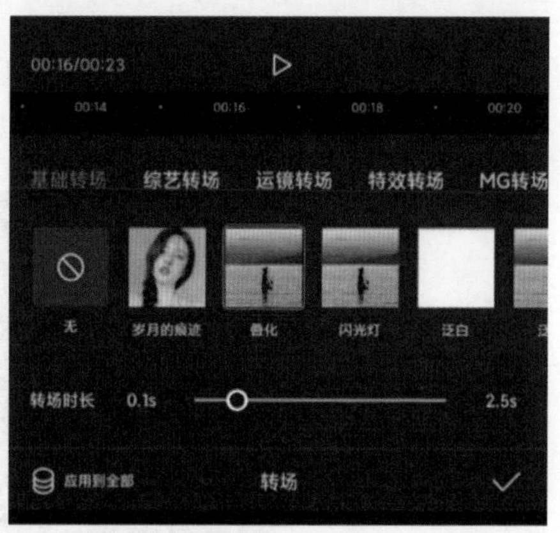

图 3-84　选择“叠化”转场

3.3.2　综艺转场

在“综艺转场”类别中包括打板转场Ⅰ、打板转场Ⅱ、弹幕转场、气泡转场和冲鸭，如图 3-85 所示。这类转场用于表现综艺节目中的打板镜头等效果。

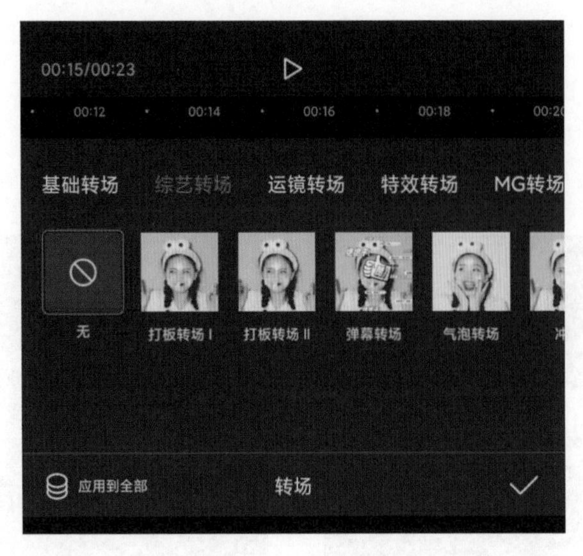

图 3-85 “综艺转场”类别

3.3.3 运镜转场

在“运镜转场”类别中包括推近、拉远、色差顺时针、色差逆时针等转场，如图 3-86 所示。这类转场在切换过程中会产生回调感和运动模糊感。

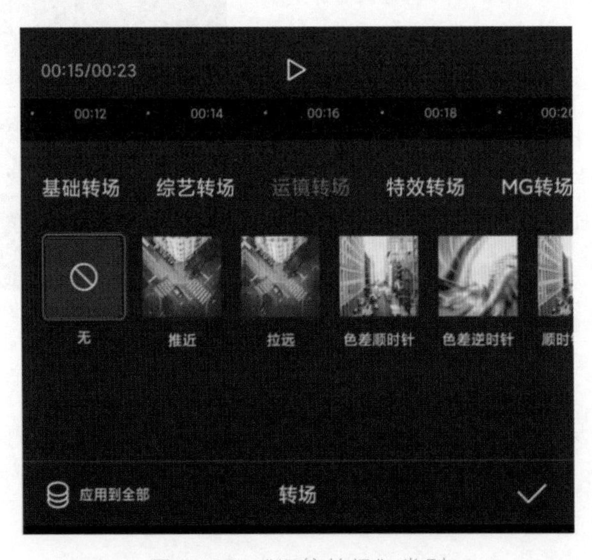

图 3-86 “运镜转场”类别

3.3.4　特效转场

在“特效转场”类别中包括光束、分割、向左拉伸、向右拉伸、粒子、炫光、冰雪结晶、故障、色差故障、放射、漩涡、快门、横线、白色烟雾、黑色烟雾、闪动光斑、动漫火焰、动漫云朵和黑色块，如图 3-87 所示。

图 3-87 “特效转场”类别

3.3.5　MG转场

在“MG 转场”类别中包括水波卷动、水波向右、水波向左、白色墨花、动漫旋涡、中心旋转等转场，如图 3-88 所示。

图 3-88 “MG 转场”类别

3.3.6　幻灯片转场

在“幻灯片转场”类别中包括翻页、立方体、倒影、百叶窗、风车、万花筒等转场，如图 3-89 所示。这类转场效果主要通过简单的画面运动和图像变化来实现两个画面切换。

图 3-89 “幻灯片转场”类别

3.3.7 遮罩转场

在“遮罩转场”类别中包括云朵、圆形遮罩、星星、爱心、水墨、画笔擦除等转场，如图 3-90 所示。这类转场可以生成不同的图形遮罩，从而实现画面的直接切换。

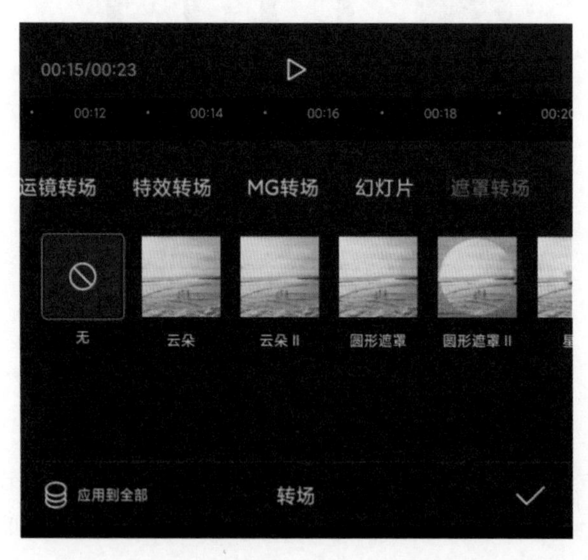

图 3-90 “遮罩转场”类别

3.4　剪映App的蒙版

使用蒙版可以轻松地遮挡或显示部分画面，这是在学习视频剪辑时需要掌握的一项功能。剪映 App 为用户提供了线性、镜面、圆形、矩形和爱心 5 种不同的蒙版，这些蒙版可以在画面中显示蒙版效果。

3.4.1　添加蒙版

下面介绍在剪映 App 中添加蒙版的步骤。

Step 01：打开剪映 App，点击“开始创作”按钮，选择素材，点击“添加”按钮，即可在剪映 App 的剪辑界面导入，素材如图 3-91 所示。

Step 02：选中轨道上的素材，点击“蒙版”按钮，进入“蒙版”选项栏。在“蒙版”选项栏中，可以看到不同形状的蒙版，如图 3-92 所示。

图 3-91　导入素材

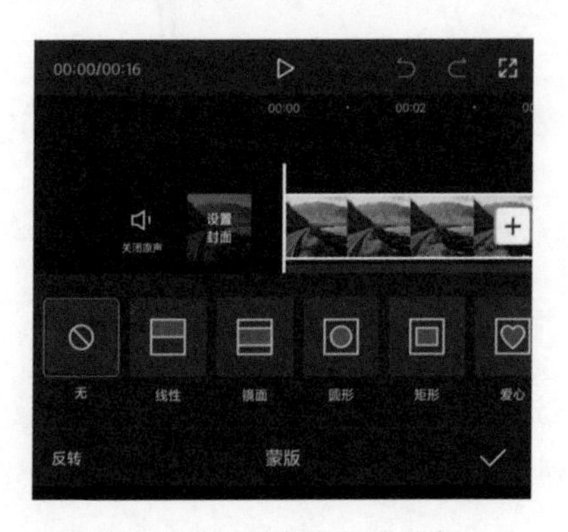

图 3-92　“蒙版”选项栏

Step 03：选择“圆形”蒙版，即可在预览区域显示圆形的蒙版，如图 3-93 所示。

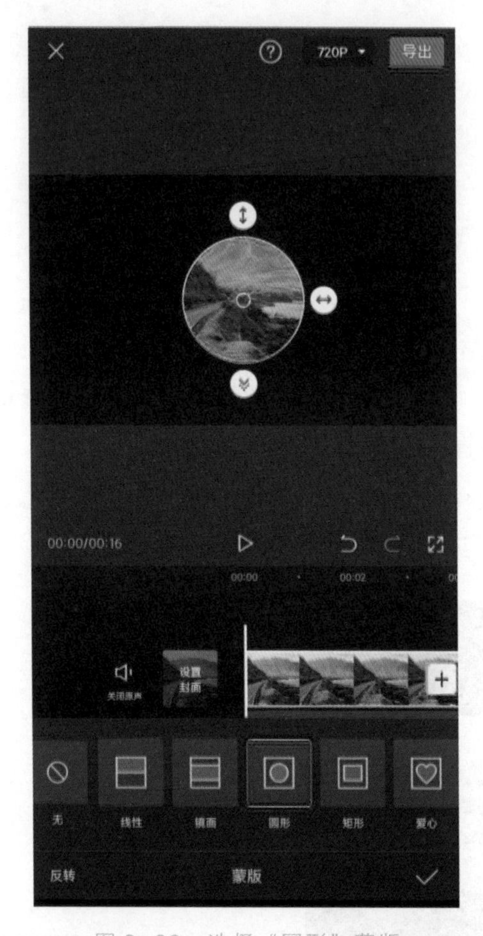

图 3-93　选择“圆形”蒙版

Step 04：点击界面右下角的“确定”按钮，即可将蒙版应用到素材中。

3.4.2　调整蒙版

在选择蒙版后，可以对蒙版进行位移、缩放和旋转等基本操作。需要注意的是，不同形状的蒙版所对应的属性有些区别。

Step 01：在预览区域中，两指朝相反方向滑动，可以放大蒙版；两指朝同一方向聚拢，可以缩小蒙版，如图 3-94 所示。

Step 02：矩形蒙版和圆形蒙版可以在垂直或水平方向上，对蒙版进行大小调整。在预览区域中，如果按住蒙版旁的“上下箭头”按钮 ↕，则可以对蒙版进行上下方向的缩放；如果按住蒙版右侧的“左右箭头”按钮 ↔，则可以对蒙版进行水平方向的缩放，如图 3-95 所示。

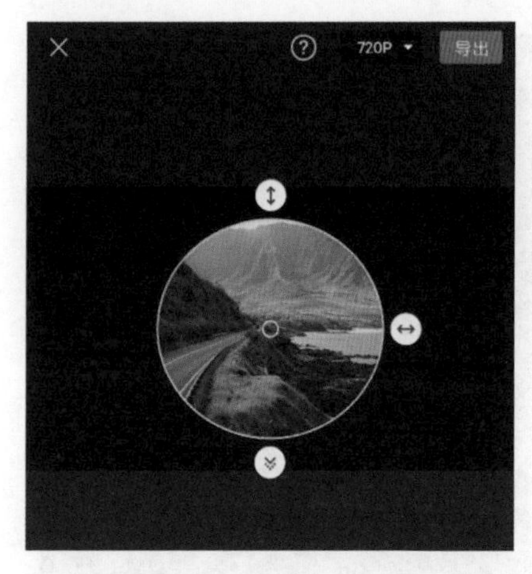

图 3–94　蒙版缩放（1）

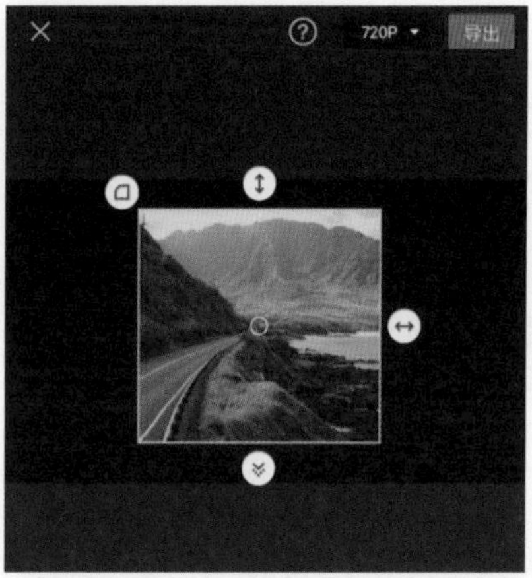

图 3–95　蒙版缩放（2）

Step 03：在为对象添加了矩形蒙版后，在预览区域中按住 ◻ 按钮并拖动，可以对蒙版进行圆角化处理，如图 3-96 所示。

Step 04：在预览区域中按住 ≫ 按钮进行拖动，可以对蒙版的边缘进行羽化处理，使蒙版的边缘变得更加柔和，如图 3-97 所示。

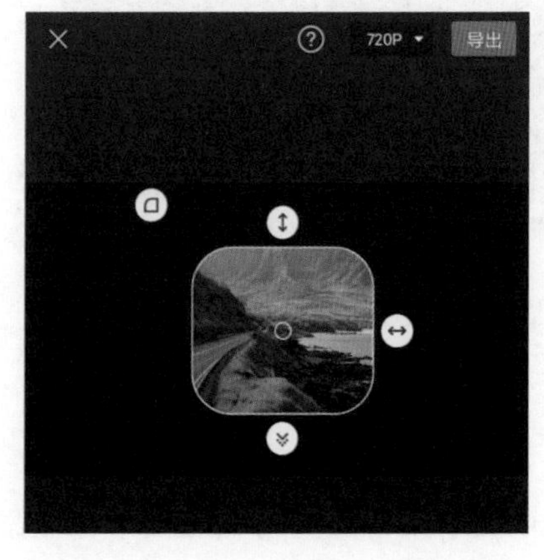

图 3–96　蒙版圆角化

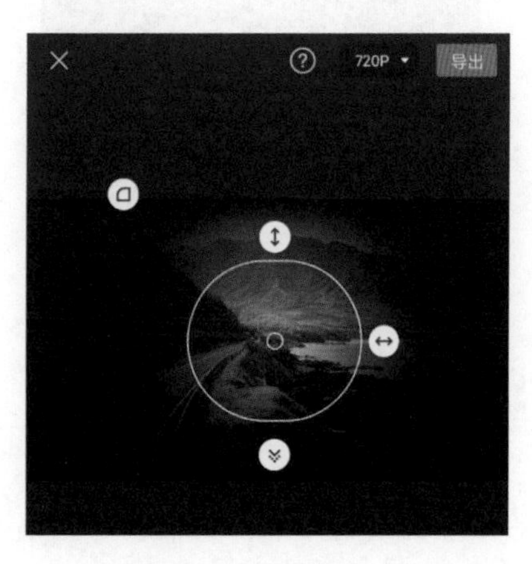

图 3–97　蒙版羽化

Step 05：在预览区域中，通过双指的旋转操作，可以对蒙版进行旋转，如图 3-98 所示。

Step 06：选择“爱心”蒙版后，可以对蒙版进行反向操作，改变蒙版的区域。只要在“蒙版”选项栏中，点击左下角的“反转”按钮，蒙版的作用区域就会发生改变，如图 3-99 所示。

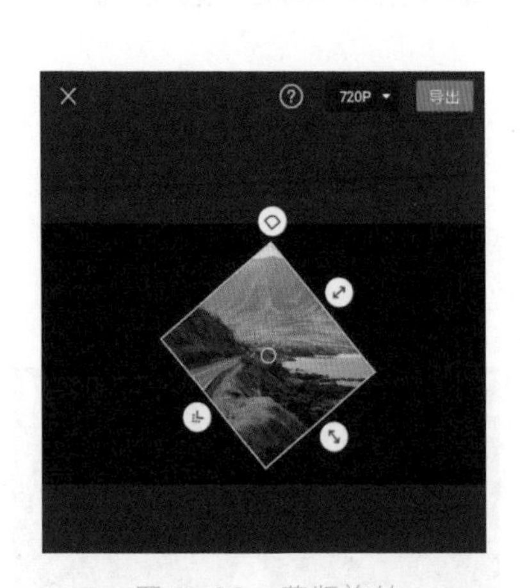

图 3-98　蒙版旋转

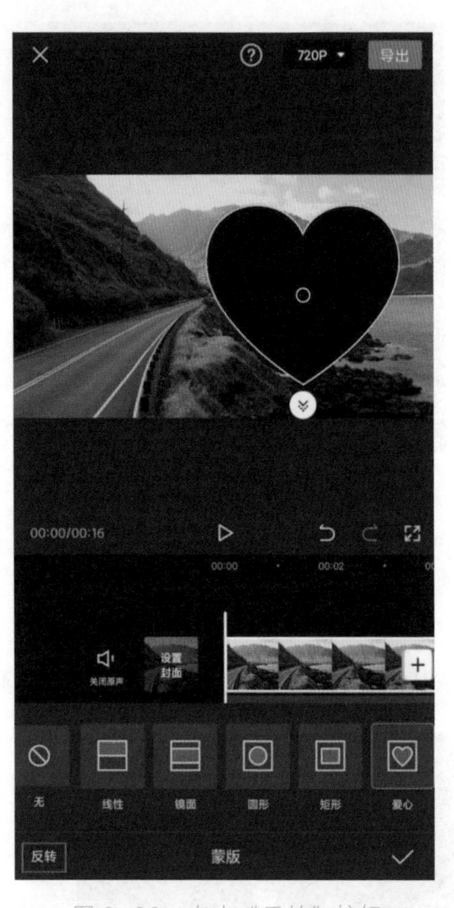

图 3-99　点击“反转”按钮

3.5　添加字幕

在短视频制作中，字幕就是将语音内容用文字来说并显示在画面中，而添加字幕就是让观众更好地理解视频的内容。

3.5.1　创建基本字幕

本节介绍剪映 App 创建字幕的步骤。

Step 01：打开剪映 App，点击“开始创作”按钮，选择素材，点击“添加”按钮，即可导入素材，如图 3-100 所示。

Step 02：在未选中素材的状态下，点击界面底部工具栏的“文字”按钮，如图 3-101 所示。

Step 03：在文字的二级工具栏中包括“新建文本”“文字模板”“识别字幕”“识别歌词”“添加贴纸”5 个按钮，点击“新建文本”按钮，如图 3-102 所示。

图 3-100　导入素材

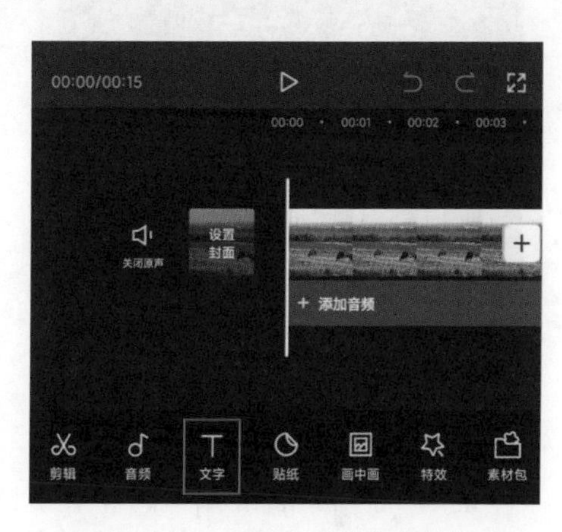

图 3-101　点击“文字”按钮

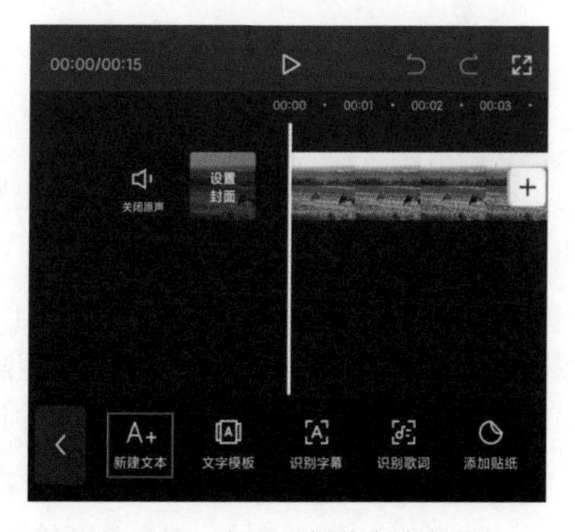

图 3-102　点击“新建文本”按钮

Step 04：弹出键盘，用户可以根据需求输入文字，使文字显示在预览区域中，如图 3-103 所示。

Step 05：输入文字“剪映短视频制作”，即可在预览区域显示该文字，如图 3-104 所示。

图 3-103　输入文字

图 3-104　输入文字后的效果

Step 06：点击界面右下角的“确定”按钮，即可在轨道区域中生成文字轨道，如图 3-105 所示。

Step 07：在选中文字素材的状态下，可以点击界面底部工具栏中相应的工具按钮，对文字素材进行分割、复制和删除等基本操作，也可以左右拖动文字素材头部和尾部的图标，对文字素材的持续时间进行调整，如图 3-106 所示。

Step 08：在预览区域中，点击文字素材右上角的“编辑”按钮，如图 3-107 所示，或者双击文字素材，就会打开输入键盘，并且可以对文字内容进行修改。

Step 09：在预览区域中，点击文字素材右下角的“变换”按钮，即可对文字进行缩放或旋转，如图 3-108 所示。

图 3-105　文字轨道

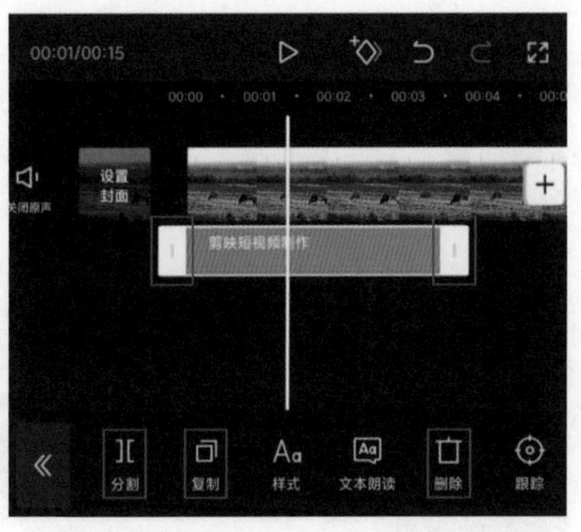

图 3-106　文字素材的调整

图 3-107　点击“编辑”按钮

图 3-108　点击“变换”按钮

3.5.2 字幕样式

本节介绍文字字幕样式。

Step 01：创建文字字幕后，可以对文字字幕的字体、颜色、描边和阴影等效果进行设置。选中文字素材，点击界面底部工具栏中的“样式”按钮，如图 3-109 所示。

Step 02：切换至“剪映短视频制作”界面的“样式”选项卡中，这里可以设置文字的样式、颜色、描边、标签、阴影、排列和粗斜体，如图 3-110 所示。

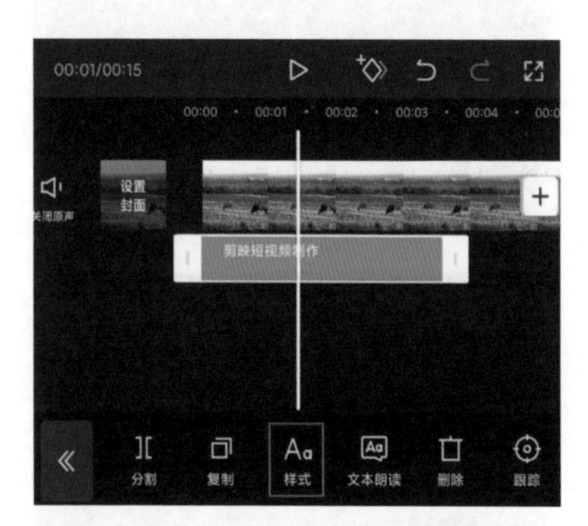

图 3–109 点击“样式”按钮

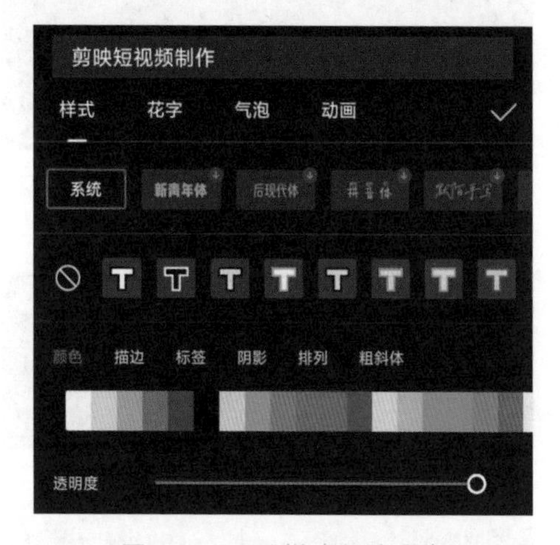

图 3–110 “样式”选项卡

图 3–111 “花字”选项卡

Step 03：选择“花字”选项卡，在“花字”选项卡中，选择花字样式即可将其应用到文字上，如图 3-111 所示。

Step 04：选择“气泡”选项卡，在“气泡”选项卡中，可以将文字设置为气泡样式，如图 3-112 所示。

剪映 App 提供了非常丰富的文字效果，因此用户可以通过样式工具的属性调整文字效果和动画效果。

Step 05：选择“动画”选项卡，在“动画”选项卡中，可以设置文字的入场动画、出场动画和循环动画，如图 3-113 所示。

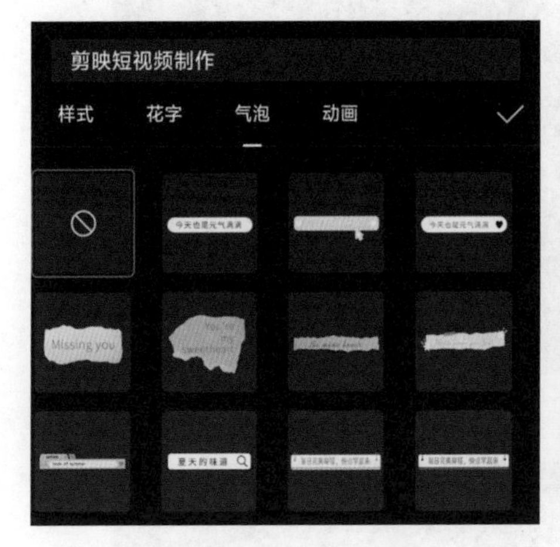

图 3-112 “气泡”选项卡

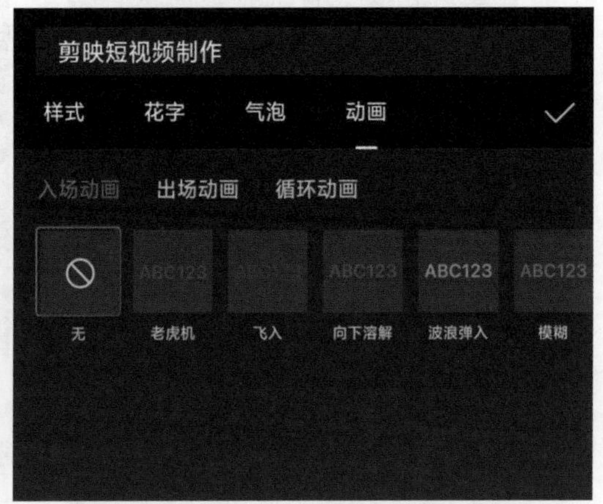

图 3-113 “动画”选项卡

3.5.3 语音转字幕

在制作短视频时，会有大量的语音解说，我们可以通过剪映 App 的语音转字幕功能，将声音转换成文字字幕。

Step 01：打开剪映 App，点击“开始创作”按钮，选择素材，即可导入素材，如图 3-114 所示。

Step 02：在剪映 App 的剪辑界面，将时间线定位至视频开始的位置。在未选中素材的状态下，点击界面底部工具栏中的“音频”按钮，并在音频的二级工具栏中，点击“录音”按钮，如图 3-115 所示。

Step 03：进入“按住录音”选项栏，如图 3-116 所示。

Step 04：长按“录音”按钮，进行录音。录音完成后，时间轴面板中多了一条音频轨道，如图 3-117 所示。

Step 05：点击界面右下角的“确定”按钮，返回剪辑界面。点击“文字”按钮，如图 3-118 所示。

图 3-114　导入素材

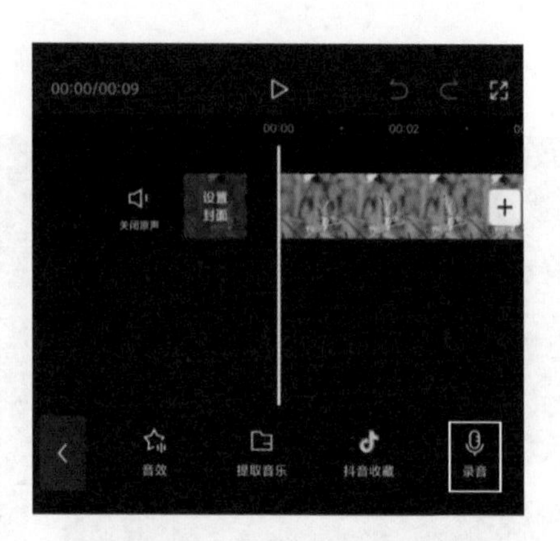

图 3-115　点击“录音”按钮

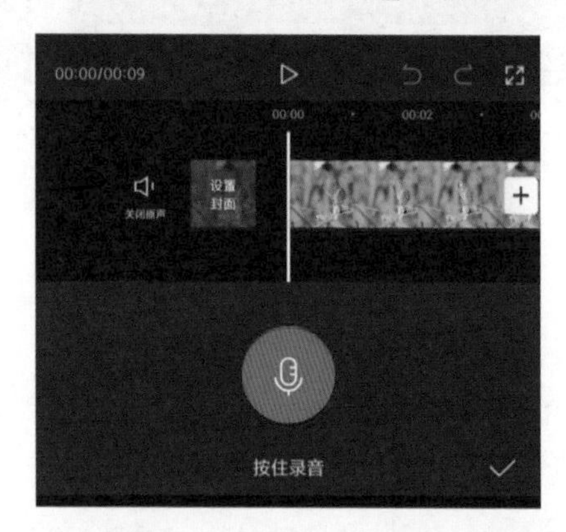

图 3-116　“按住录音”选项栏

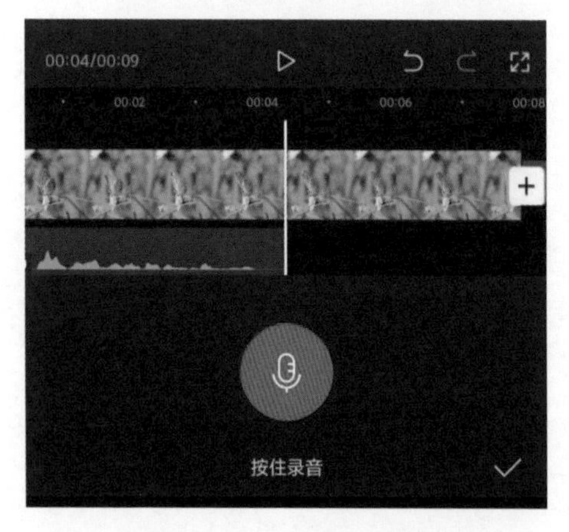

图 3-117　录音完成后

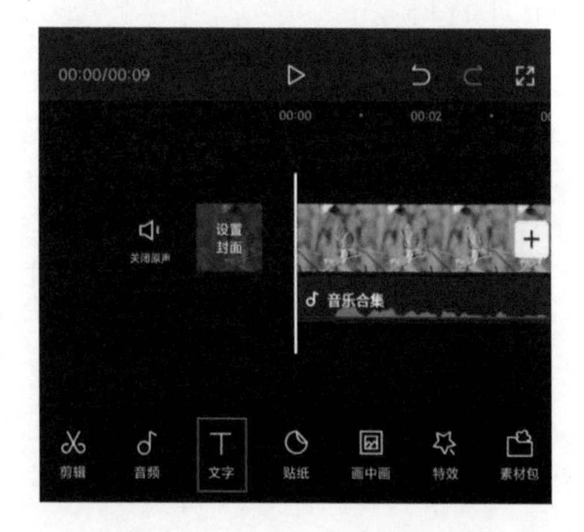

图 3-118　点击“文字”按钮

Step 06：在文字的二级工具栏中，点击“识别字幕”按钮，如图 3-119 所示。

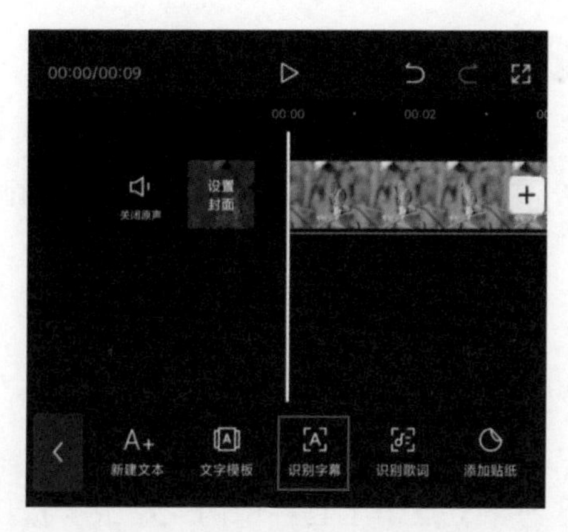

图 3-119　点击“识别字幕”按钮

Step 07：在弹出的“自动识别字幕”提示框中，选中“仅录音”单选按钮，点击“开始识别”按钮，如图 3-120 所示。

Step 08：等待完成即可在轨道上生成文字素材，并且可以对文字素材进行样式编辑，如图 3-121 所示。

图 3-120　“自动识别字幕”提示框

图 3-121　生成文字素材

3.6 动画贴纸

动画贴纸是剪映 App 中自带的功能。在视频上添加动画贴纸，可以丰富画面效果。

3.6.1 添加普通贴纸

在未选中素材的状态下，点击工具栏中的“贴纸”按钮。在“贴纸”选项栏中可以看到非常多的动画贴纸，并且这些贴纸还在不断更新，如图 3-122 所示。

图 3-122 “贴纸”选项栏

3.6.2 添加特效贴纸

特效贴纸是贴纸中自带动态效果的素材，如烟花、粒子等。相对于普通贴纸，特效贴纸自带动画效果，可以让视频画面更丰富。

Step 01：打开剪映 App，点击“开始创作”按钮，选择素材，点击“添加”按钮，即可在剪映 App 的剪辑界面中导入素材，如图 3-123 所示。

Step 02：点击“贴纸”按钮，进入“贴纸”选项栏，其中包括非常多的贴纸类别，如图 3-124 所示。在贴纸类别上左右滑动，可以查看更多的贴纸类别。

图 3–123　导入素材　　　　图 3–124　“贴纸”选项栏

Step 03：选择“冬日”类别中的“雪花”贴纸，即可将该贴纸添加到预览区域中。在预览区域中，点击贴纸右下角的“变换”按钮，即可调整贴纸大小，如图 3-125 所示。

Step 04：选择“下雪”贴纸，即可将其也添加到预览区域中，如图 3-126 所示。

Step 05：点击右侧的“确定”按钮，完成贴纸的添加。在时间轴面板中，增加了两个贴纸轨道，如图 3-127 所示。

图 3–125　添加并调整贴纸

图 3–126　添加“下雪”贴纸

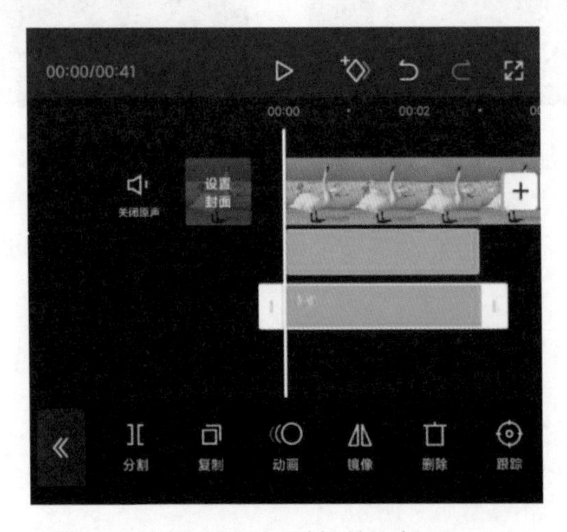

图 3–127　时间轴面板

3.6.3　自定义贴纸

有些用户自己擅长使用 PS 软件或 AI 软件绘制贴纸素材，只需将其保存为 PNG 格式，就可以在剪映 App 中自定义添加这些贴纸素材。

Step 01：将时间线拖到开始的位置，并在未选中素材的状态下，点击界面底部工具栏中的“贴纸”按钮，如图 3-128 所示。

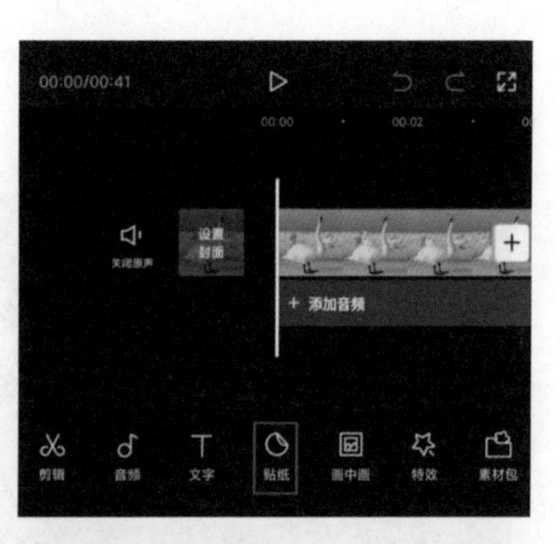

图 3-128　点击“贴纸”按钮

Step 02：在“贴纸”选项栏中，向右滑动贴纸类别，点击最左侧的“图片”按钮，如图 3-129 所示。

图 3-129　点击“图片”按钮

Step 03：进入素材添加界面，选择自定义的素材文件，将其导入。在预览区域中，调整贴纸的位置并缩放到合适的大小，如图 3-130 所示。

Step 04：点击工具栏中的“动画”按钮，可以给贴纸添加动画效果，如图 3-131 所示。

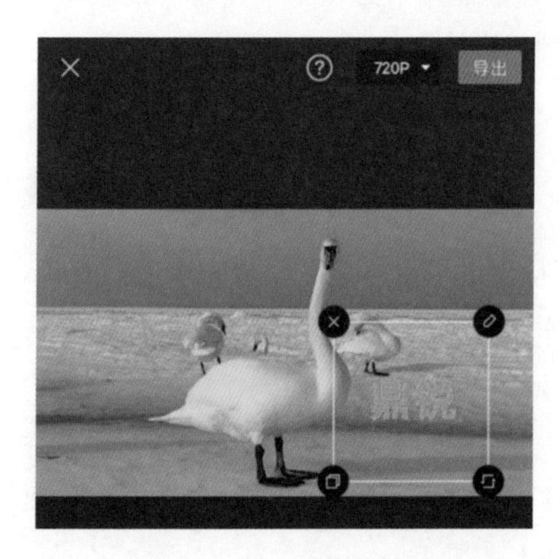

图 3-130　预览区域

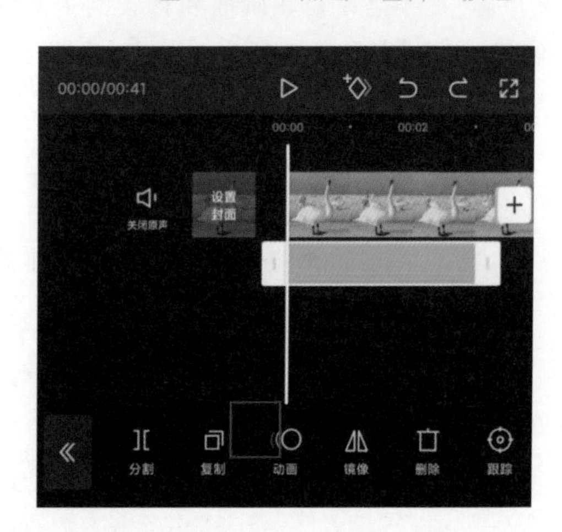

图 3-131　点击“动画”按钮

Step 05：在“贴纸动画”选项栏中，选择“循环动画”选项卡中的“闪烁”动画，调整动画时间，如图 3-132 所示。

Step 06：点击界面右下角的“确定”按钮，完成动画效果的添加，如图 3-133 所示。

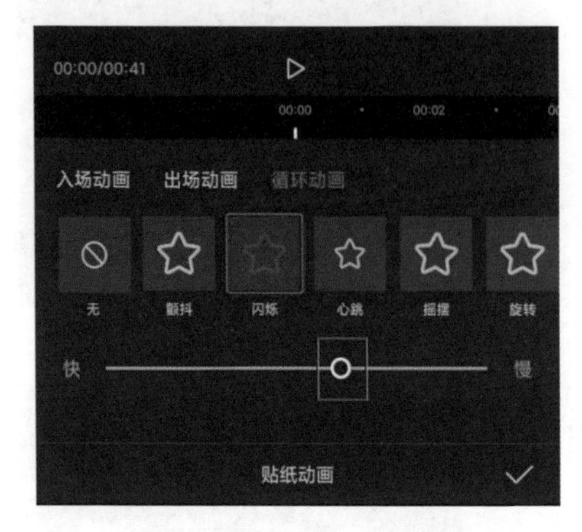

图 3–132 “贴纸动画”选项栏

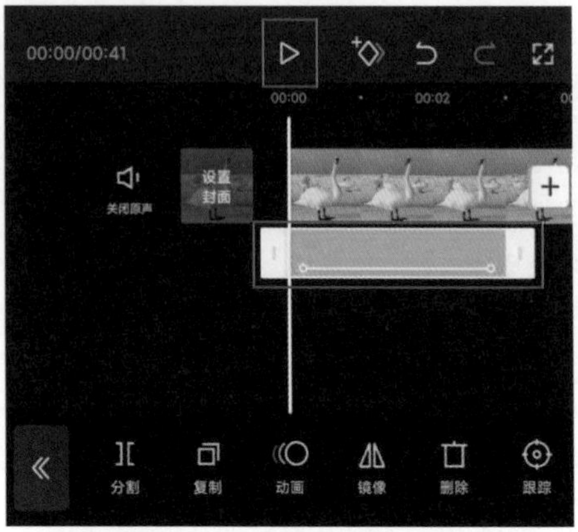

图 3–133 动画效果

Step 07：贴纸素材上多了关键帧，还可以进一步调整贴纸的关键帧动画。

3.7 音频处理

短视频是由视频画面和音频两个部分组成，视频中的音频可以是后期录制的解说，也可以是背景音乐。本节介绍音频处理的方法和技巧。

3.7.1 录制声音

剪映 App 提供录音功能，可以在剪辑项目中进行声音的录制和编辑。

Step 01：打开剪映 App，点击“开始创作”按钮，选择素材，点击“添加”按钮，即可在剪辑界面导入素材，如图 3-134 所示。

Step 02：将时间线拖到开始位置，点击底部工具栏中的“音频”按钮，进入音频的二级工具栏。在音频的二级工具栏中包括“音乐”“版权校验”“音效”“提取音乐”“抖音收藏”“录音”6 个按钮，如图 3-135 所示。

Step 03：点击“录音”按钮，进入“按住录音”选项栏，如图 3-136 所示。

Step 04：在按住“录音”按钮的同时，时间轴面板将生成音频素材，此时根据短视频的要求录制声音。录制完成后，松开“录音”按钮，即可停止录音，如图 3-137 所示。

Step 05：点击右下角的“确定”按钮，完成录音，如图 3-138 所示。

图 3-134　导入素材

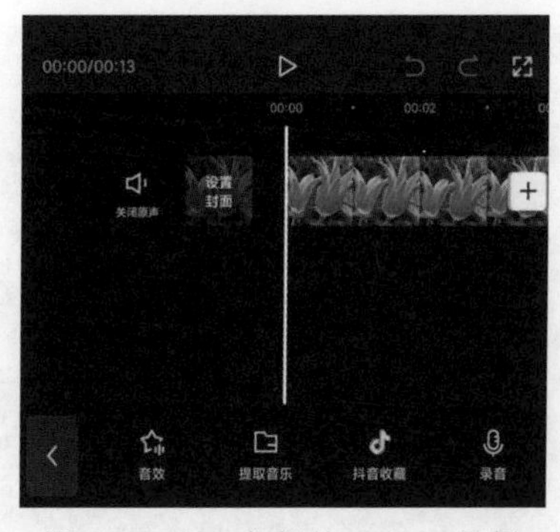

图 3-135　音频的二级工具栏

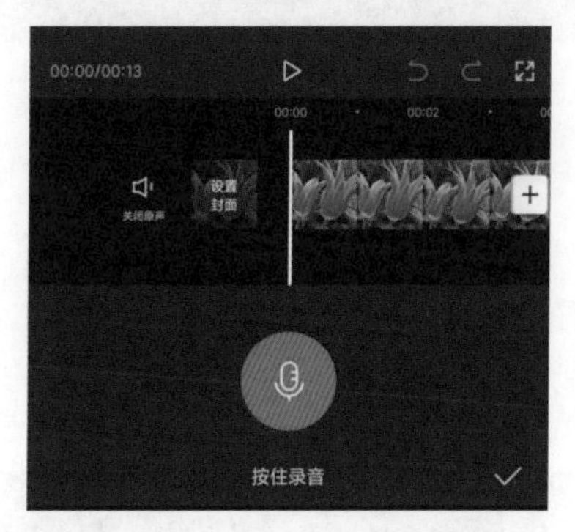

图 3-136　“按住录音”选项栏

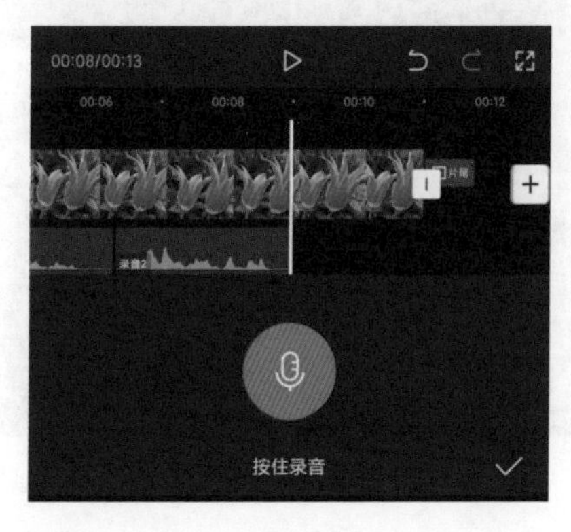

图 3-137　松开“录音”按钮

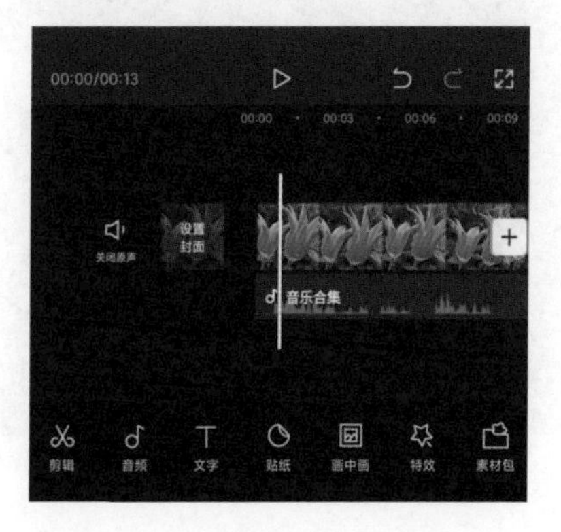

图 3-138　完成录音

Step 06：选中音频轨道中的音频素材，即可对其进行音量的调整，以及淡化、分割、变声、删除等操作，如图 3-139 所示。

Step 07：点击“音量”按钮，拖动滑块，调整声音的大小，如图 3-140 所示。

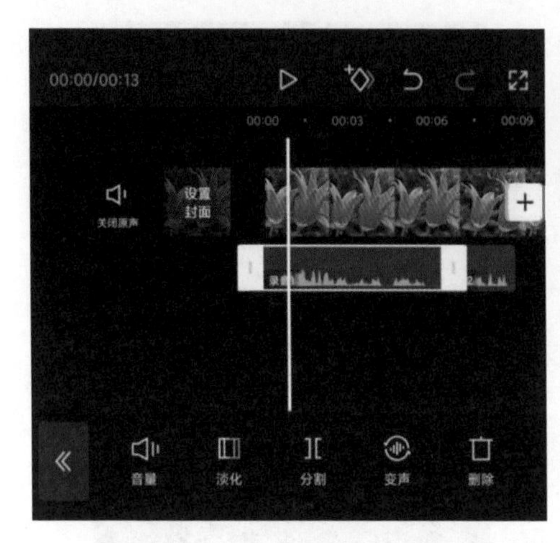

图 3-139 选中音频素材

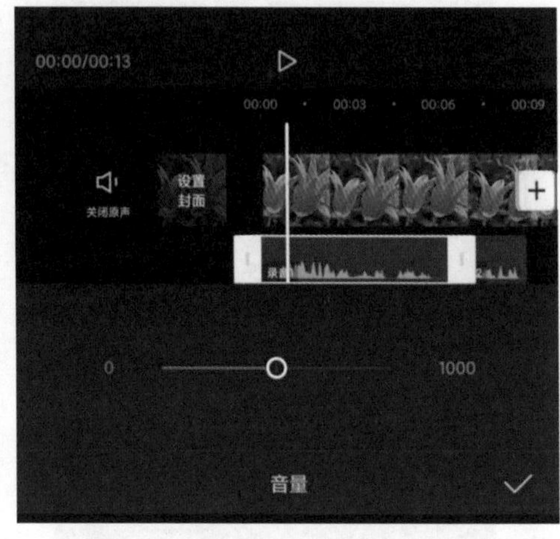

图 3-140 调整声音的大小

Step 08：点击界面右下角的“确定”按钮，完成音量的调整。

Step 09：点击“淡化”按钮，只需在“淡化”选项栏中拖动滑块，即可调整音频的淡入时长和淡出时长，如图 3-141 所示。

Step 10：点击“分割”按钮，可以将音频分割成两段音频，如图 3-142 所示。

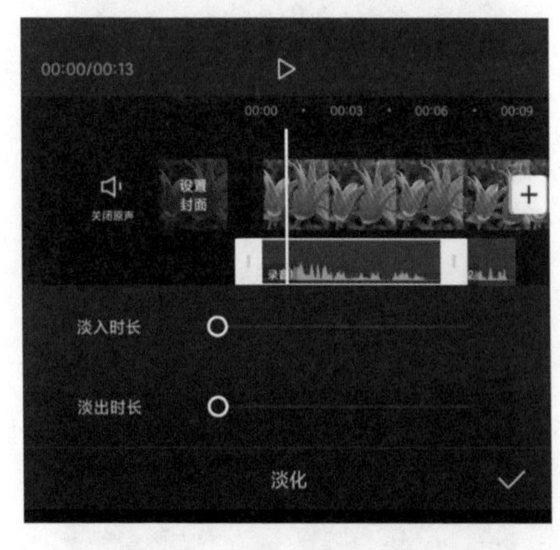

图 3-141 “淡化”选项栏

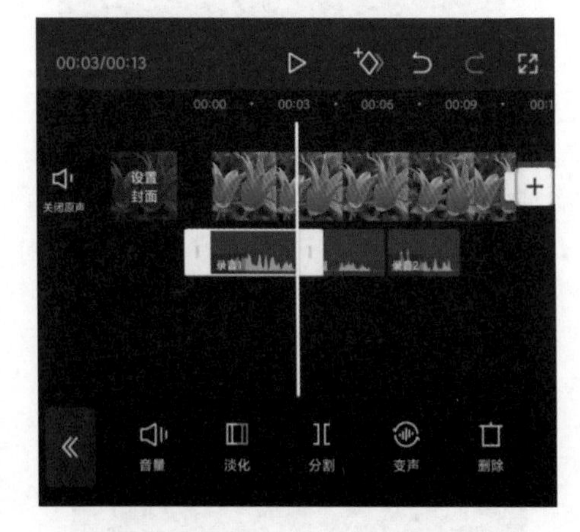

图 3-142 分割音频

熟悉掌握音频的处理方法，如音量大小、淡化声音、分割声音等工具。

3.7.2　使用变声功能

剪映 App 中的变声功能，可以对录制的声音进行变声处理。

Step 01：在时间轴面板中，选中录制的音频素材，点击工具栏中的“变声”按钮，如图 3-143 所示。

Step 02：在“变声”选项栏中，包括“基础”“搞笑”“合成器”“复古”4个选项卡。用户可以根据实际需求选择变声工具。例如，“基础”选项卡中包括萝莉、大叔、女生、男生、麦霸和回音 6 种变声，如图 3-144 所示。

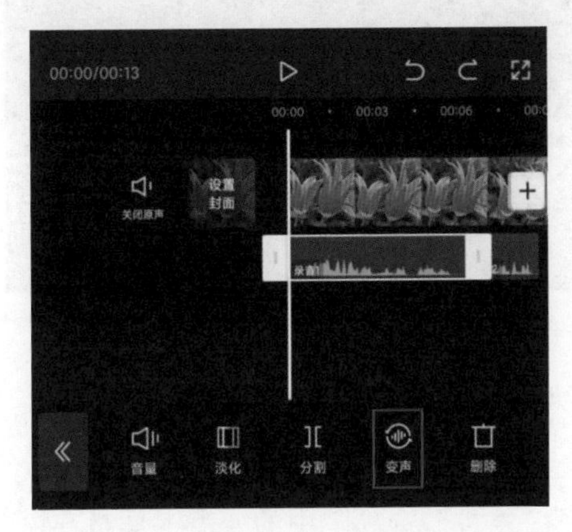

图 3-143　点击“变声”按钮

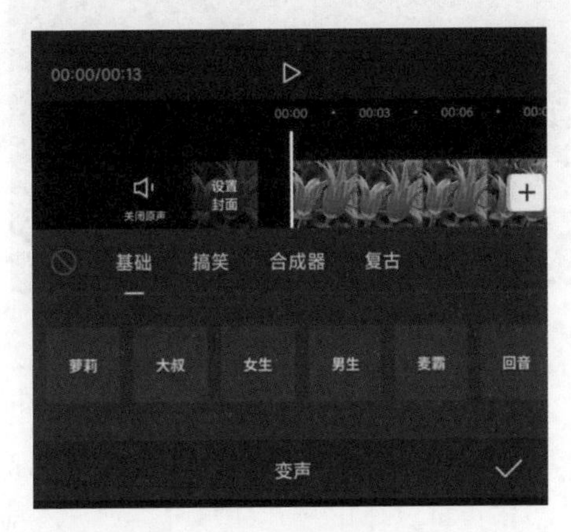

图 3-144　“基础”选项卡

Step 03：“搞笑”选项卡中包括怪物、没电了、花栗鼠和机器人 4 种变声，如图 3-145 所示。

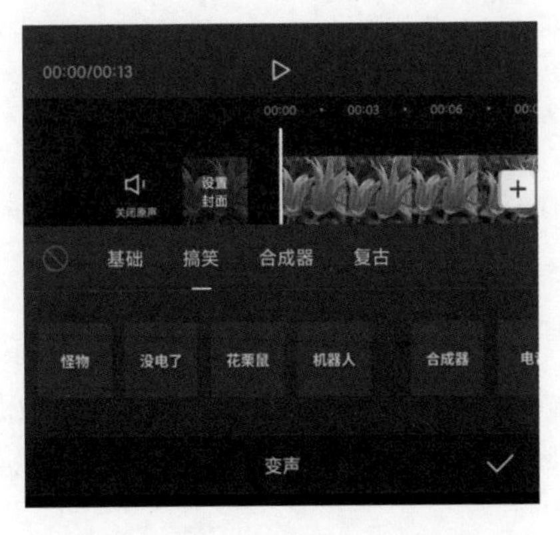

图 3-145　“搞笑”选项卡

Step 04：“合成器”选项卡中包括合成器、电音和颤音 3 种变声，如图 3-146 所示。

Step 05：“复古”选项卡中包括扩音器、低保真和黑胶 3 种变声，如图 3-147 所示。

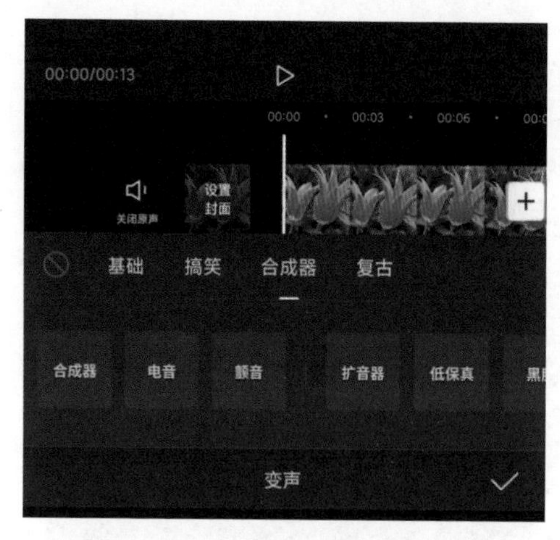

图 3-146 “合成器”选项卡

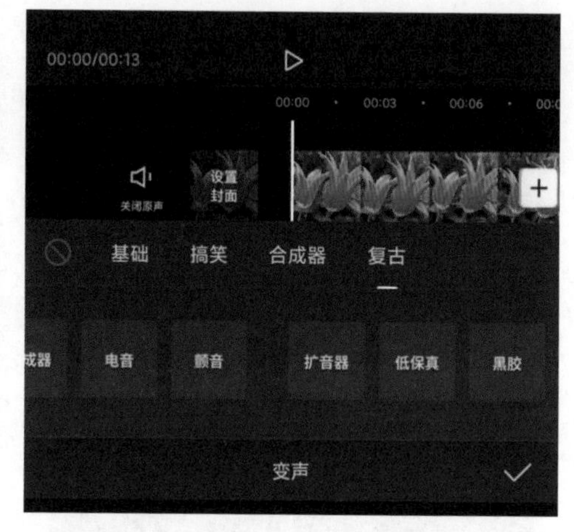

图 3-147 “复古”选项卡

Step 06：选择“基础”选项卡中的“大叔”变声，点击界面右下角的“确定”按钮，即可对声音进行变声处理。

用户可以使用“基础”“搞笑”“合成器”“复古”选项卡中的变声工具对音频进行变声处理。

3.7.3 使用变速功能

本节介绍声音变速功能的使用方法。

Step 01：在时间轴面板中，选中音频素材，点击界面底部工具栏中的“变速”按钮，如图 3-148 所示。

Step 02：在“变速”选项栏中，可以调整音频素材的播放速度，如图 3-149 所示。

Step 03：选中左下角的“声音变调”单选按钮，可以对音频素材进行变调处理。点击界面右下角的“确定”按钮，完成音频素材的变速调整。

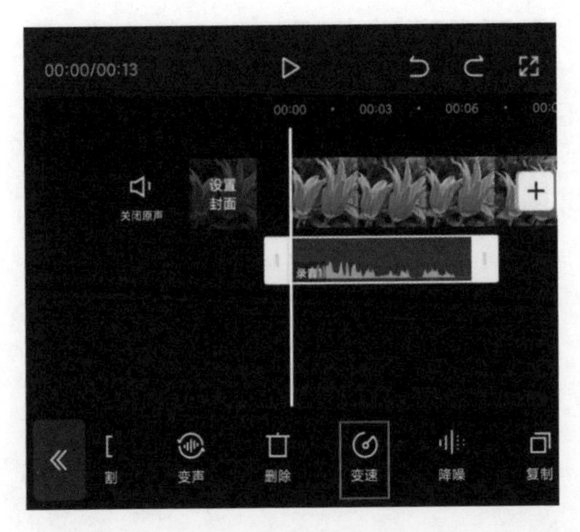

图 3-148 点击“变速”按钮

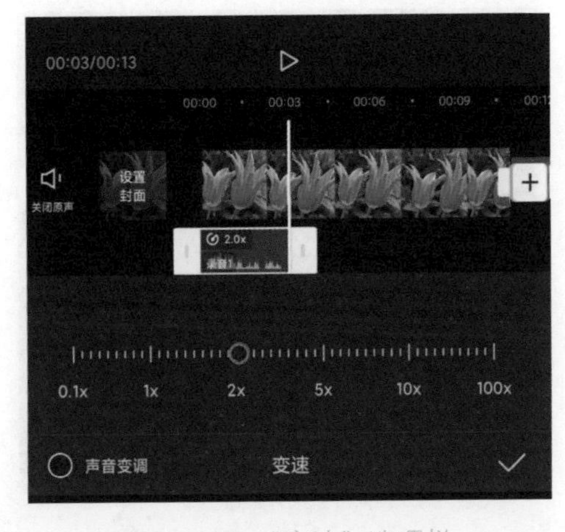

图 3-149 “变速”选项栏

提示：在“变速”选项栏中，左右拖动变速滑块，可以对音频进行加速或减速处理。变速滑块在默认状态下为 1×，表示正常速度；当用户向左拖动滑块时，音频素材将被减速，音频素材的持续时间将变长；当用户向右滑动滑块时，音频素材将被加速，音频素材的持续时间将变短。

3.7.4 音效处理

剪映 App 可以对音效进行音量调整、音效淡化处理。

Step 01：在时间轴面板中，将时间线定位到需要添加音效的时间点，并且在未选中素材的状态下，点击“音频”按钮，如图 3-150 所示。

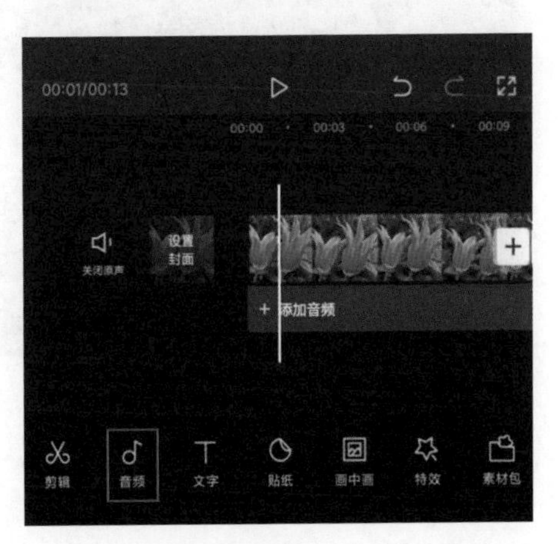

图 3-150 点击“音频”按钮

Step 02：点击界面底部工具栏中的“音频”按钮，进入音频的二级工具栏。点击“音效”按钮，如图 3-151 所示。

Step 03：在“音效”选项栏中，可以看到综艺、笑声、机械、BGM 和人声等不同类型的音效，如图 3-152 所示。

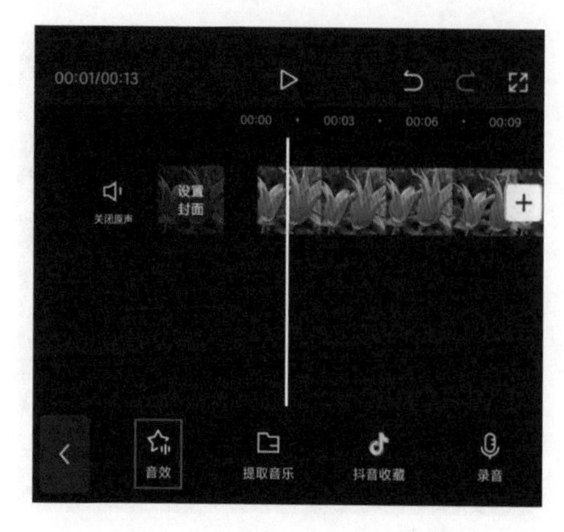

图 3-151　点击“音效”按钮

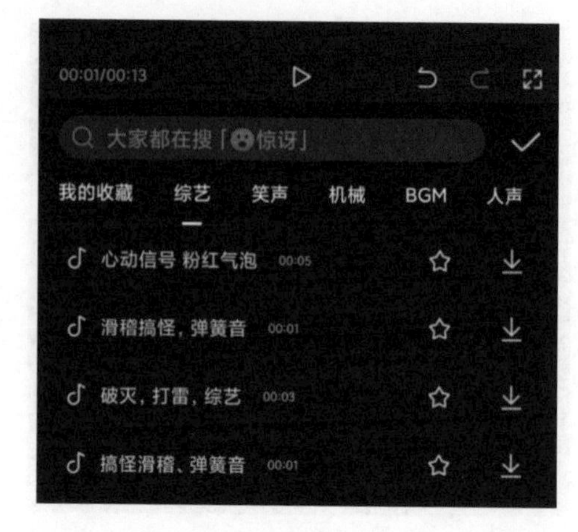

图 3-152　“音效”选项栏

Step 04：选择一个音效并下载，下载完成后，如图 3-153 所示。

Step 05：点击“使用”按钮，即可将音效素材添加到音频轨道中，如图 3-154 所示。

图 3-153　下载音效

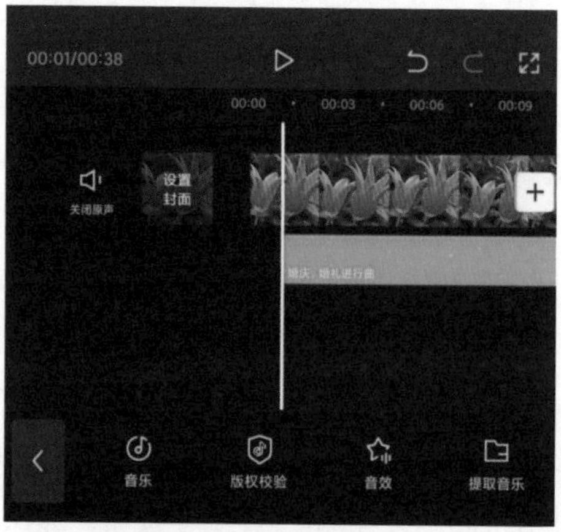

图 3-154　添加音效

Step 06：如果添加多个音效，音频的音量可能不统一，有的声音大，有的声音小，这时就需要对音频的音量进行调整，使声音大小统一。在时间轴面板中，选中音频素材，点击界面底部的“音量”按钮，如图 3-155 所示。

Step 07：在“音量”选项栏中，左右滑动滑块即可改变素材的声音大小，如图 3-156 所示。

Step 08：如果将音量调整到 0，音频就会静音。确定调整好的音量，点击界面右下角的“确定”按钮，即可完成音效处理。

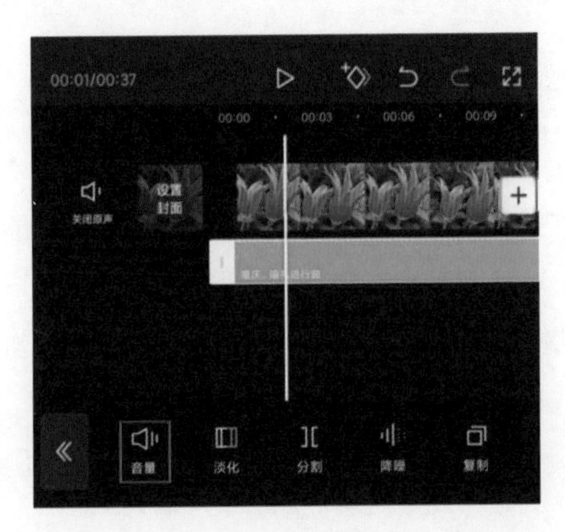

图 3-155　点击“音量”按钮

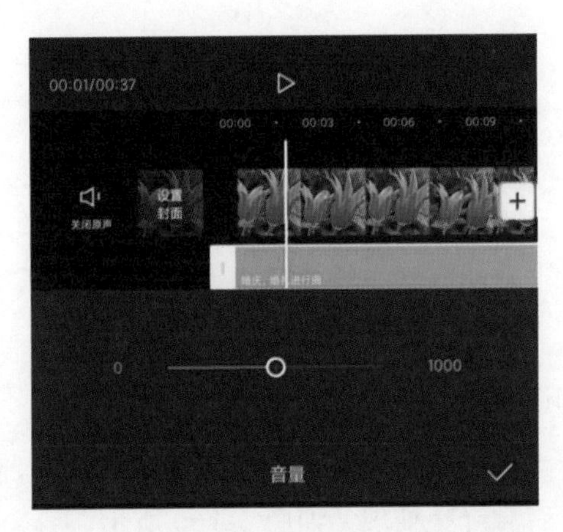

图 3-156　调整声音的大小

3.7.5　音频的淡化处理

对于剪辑过的音频素材，可以将音频素材的前后添加淡化效果，从而有效地降低音频进出场时的音量，也可以在两个音频衔接位置添加淡化效果，让音频之间的过渡效果更好。

Step 01：在时间轴面板中，选中音频素材，点击工具栏中的“淡化”按钮，如图 3-157 所示。

Step 02：在“淡化”选项栏中，可以设置淡入和淡出的时长，如图 3-158 所示。

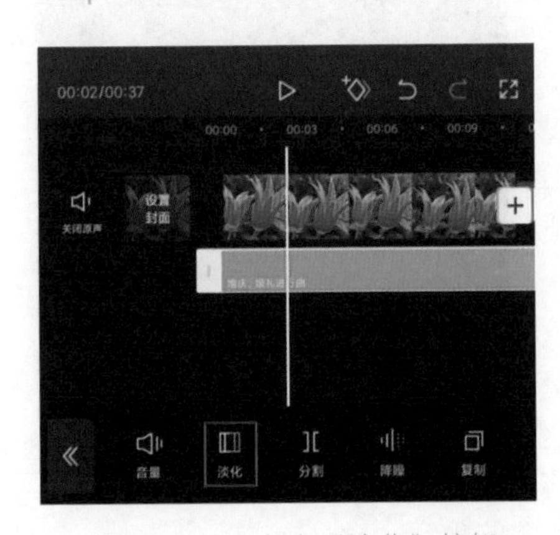

图 3-157　点击“淡化”按钮

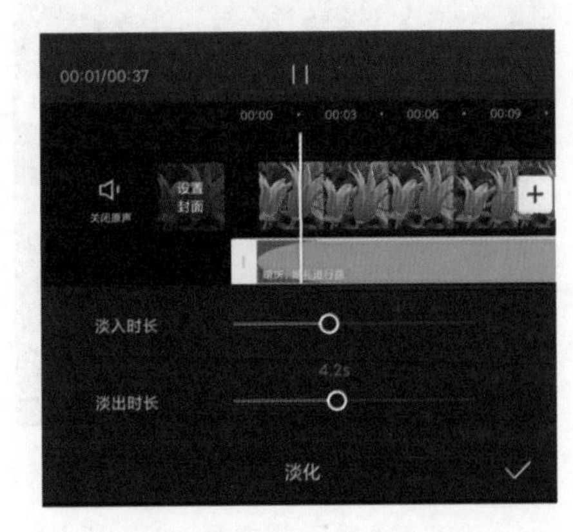

图 3-158　“淡化”选项栏

Step 03：点击界面右下角的“确定”按钮，完成音频淡化调整。

3.7.6 音频降噪

在声音的录制过程中，可能会存在一些杂音或噪音，剪映 App 提供了降噪功能。本节介绍音频降噪的处理方法。

Step 01：在时间轴面板中，选中音频素材，点击工具栏中的“降噪”按钮，如图 3-159 所示。

Step 02：在“降噪”选项栏中，将“降噪开关”打开，剪映 App 将自动进行音频降噪处理，如图 3-160 所示。

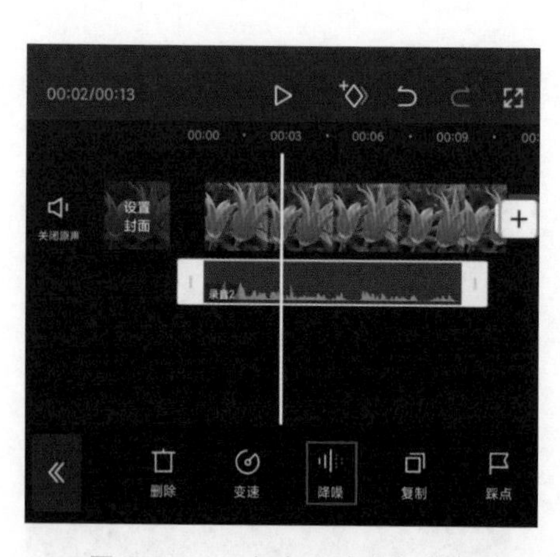

图 3-159 点击“降噪”按钮

图 3-160 “降噪”选项栏

Step 03：通过降噪功能，可以去除音频的噪音。

3.8　视频调色

剪映 App 还包括了视频调色的功能，可以通过滤镜，对视频画面进行美化，也可以通过调节工具，对视频画面进行调色。

3.8.1　使用滤镜调色

剪映 App 提供了十几种滤镜特效，合理地选择并运用这些特效，可以对视频素材进行效果美化。在剪映 App 中，可以将滤镜应用到一段素材上，也可以运用到整个视频上。

图 3-161　导入素材

Step 01：打开剪映 App，点击“开始创作”按钮，选择素材，点击“添加”按钮，即可在剪映 App 的剪辑界面中导入素材，如图 3-161 所示。

Step 02：在时间轴面板中，选中素材，点击底部的“滤镜”按钮，进入“滤镜”选项栏，其中包括“精选”“高清”“影视级”“Vlog”“风景”“复古”“黑白”“胶片”“美食”“风格化”10 个选项卡，如图 3-162 所示。

图 3-162　“滤镜”选项栏

Step 03：选择一个滤镜效果。这里选择“京都”滤镜，即可将其应用到所选的素材上，并且可以通过滑块调整滤镜的强度，效果如图 3-163 所示。

Step 04：在未选中素材的状态下，点击界面底部工具栏中的“滤镜”按钮，进入“滤镜”选项栏，选择一个滤镜效果，调整滤镜的强度，点击界面右下角的“确定”按钮，即可在时间轴面板中新增一个滤镜轨道，如图 3-164 所示。

图 3-163　应用“京都”滤镜的效果

图 3-164　新增滤镜轨道

Step 05：调整素材轨道的时间，即可改变滤镜应用到的时间段。

3.8.2　调色设置

在剪映 App 中，还可以使用调节工具调整画面的颜色，其中包括对亮度、对比度、饱和度等进行设置。

Step 01：在选中素材的状态下，点击工具栏中的“调节”按钮，如图 3-165 所示。

Step 02：打开“调节”选项栏，该选项栏包括“亮度”“对比度”“饱和度”“光感”“锐化”“高光”“阴影”“色温”“色调”“褪色”“暗角”“颗粒”12 个按钮，如图 3-166 所示。

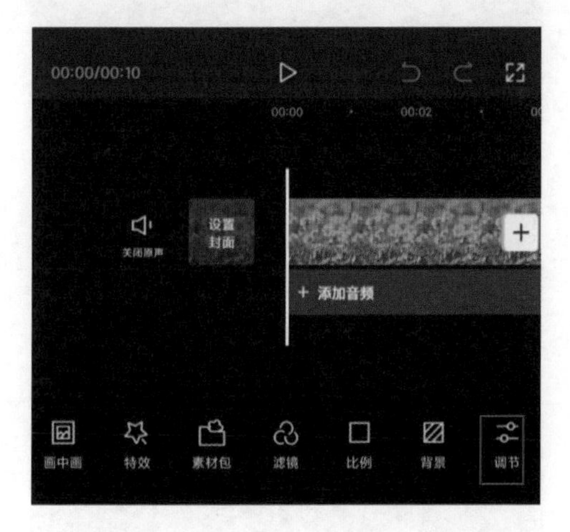

图 3-165　点击“调节”按钮

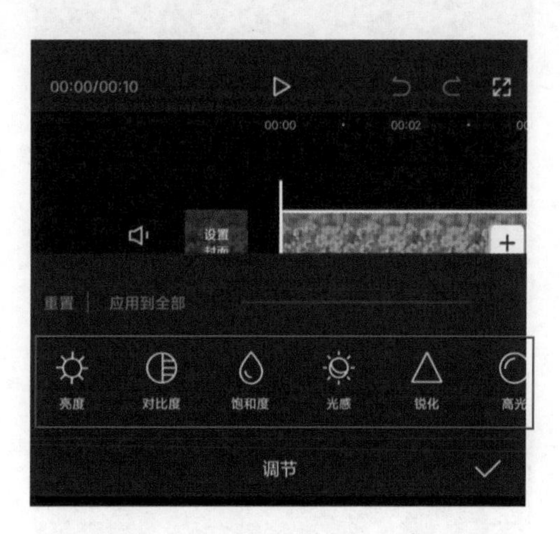

图 3-166　“调节”选项栏

“亮度”按钮：用于调整画面的明亮程度，数值越大，画面越亮。

“对比度”按钮：用于调整画面的对比强度。

“饱和度”按钮：用于调整画面的鲜艳程度，数值越大，画面越鲜艳。

“锐化”按钮：用于调整画面的锐化清晰程度，数值越大，画面细节越清晰。

“光感”按钮：用于调整画面中的亮度效果。

“高光”按钮：用于调整画面中的高光部分。

“阴影”按钮：用于调整画面中的阴影部分。

“色温”按钮：用于调整画面的冷暖色调的倾向，数值越大，画面越偏向暖色；

数值越小，画面越偏向冷色。

“色调”按钮：用于调整画面的颜色倾向。

“褪色”按钮：用于调整画面颜色的褪色程度。

“暗角”按钮：用于调整画面四周的明暗效果。

“颗粒”按钮：用于加强画面的颗粒感。

Step 03：点击“亮度”按钮，调整亮度参数，如图 3-167 所示。

Step 04：点击“饱和度”按钮，调整饱和度参数，如图 3-168 所示。

图 3-167　调整亮度

图 3-168　调整饱和度

Step 05：点击“对比度”按钮，调整对比度参数，如图 3-169 所示。

Step 06：点击“色调”按钮，调整色调参数，如图 3-170 所示。

图 3-169　调整对比度

图 3-170　调整色调

Step 07：点击“色温”按钮，调整色温参数，如图 3-171 所示。

在一般情况下，可以通过对比度、饱和度、色温等工具调整画面的颜色，这样可以调整成自己想要的色彩风格。

图 3-171 调整色温

3.9 视频特效

剪映 App 提供了很多视频特效，这些视频特效主要分为画面特效和人物特效。一般在制作短视频时，选择合适的特效，并灵活运用这些视频特效，可以为短视频制作锦上添花。

3.9.1 画面特效

本节介绍在剪映 App 中添加画面特效的步骤。

Step 01：打开剪映 App，点击“开始创作”按钮，选择需要的视频素材，点击“添加”按钮，即可导入视频素材，如图 3-172 所示。

Step 02：将时间线定位到需要出现特效的时间点，在未选中素材的状态下，点击工具栏中的“特效”按钮，即可进入特效的二级工具栏。特效的二级工具栏包括“画面特效”“人物特效”两个按钮，如图 3-173 所示。

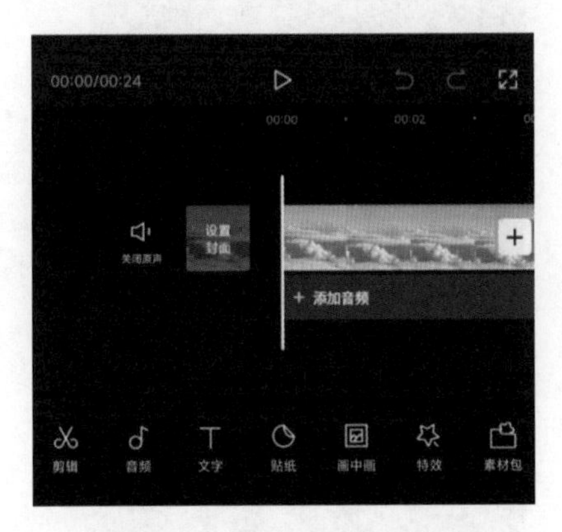

图 3-172　导入视频素材

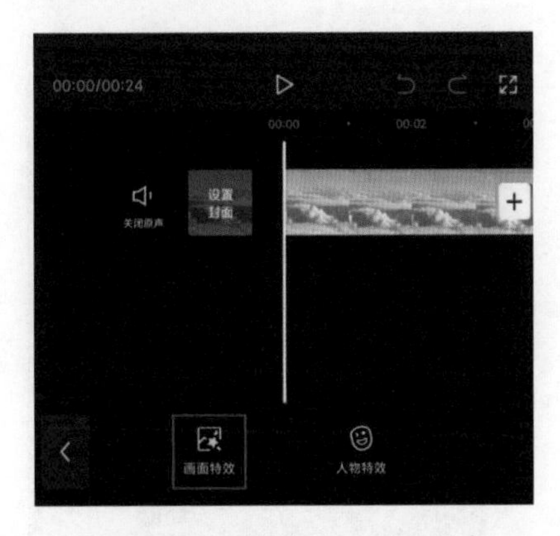

图 3-173　特效的二级工具栏

Step 03：点击“画面特效”按钮，即可打开“画面特效”选项栏。在该选项栏中，通过滑动操作可以查看特效的分类，特效分为热门、基础、氛围、动感、Bling、复古、爱心、综艺、边框、自然、分屏、暗黑、光影、纹理和漫画，如图 3-174 所示。

图 3-174　“画面特效”选项栏

Step 04：选择“热门”选项卡中的“飘雪Ⅱ”特效，即可将该特效应用到素材上，如图 3-175 所示。

Step 05：点击“调整参数”按钮，在弹出的“调整参数”选项栏中，可以调整画面特效的速度和不透明度，如图 3-176 所示。

Step 06：在“氛围”选项卡中，可以选择发光、金粉、梦蝶、星火炸开等特效，因为这类视频特效多以绚丽光影和粒子构成，所以可以营造出梦幻的氛围，如图 3-177 所示。

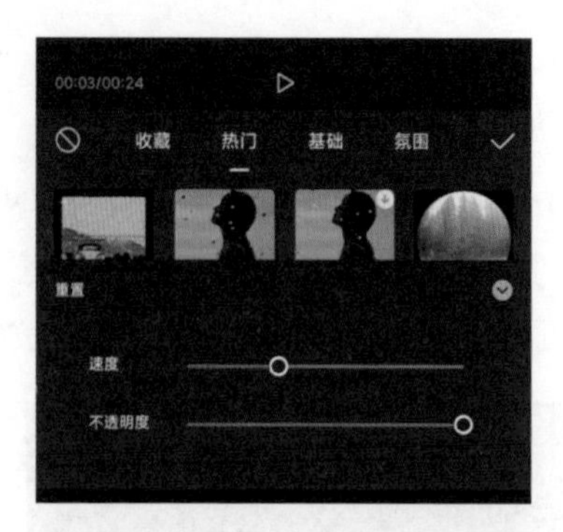

图 3-176 “调整参数”选项栏

图 3-175 应用特效

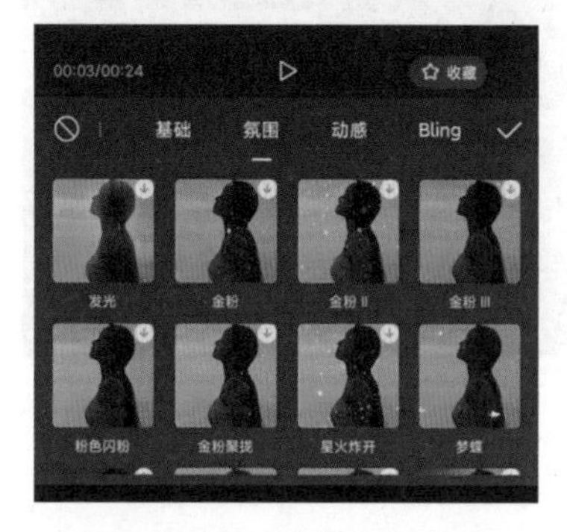

图 3-177 “氛围”选项卡

Step 07：在“动感”选项卡中，可以选择幻影、冲击波、彩色火焰等特效，并且这些特效由绚丽动感的光线构成，如图 3-178 所示。

Step 08：在“分屏”选项卡中，可以选择两屏、三屏、四屏、黑白三格、六屏、九屏和九屏跑马灯特效，用来制作素材的分屏效果，如图 3-179 所示。

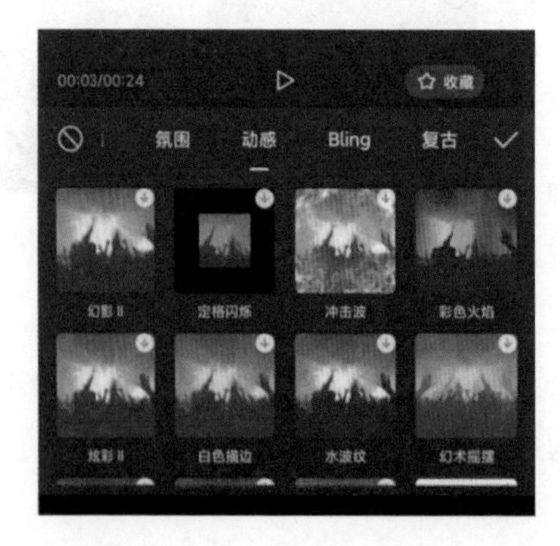

图 3-178 “动感”选项卡

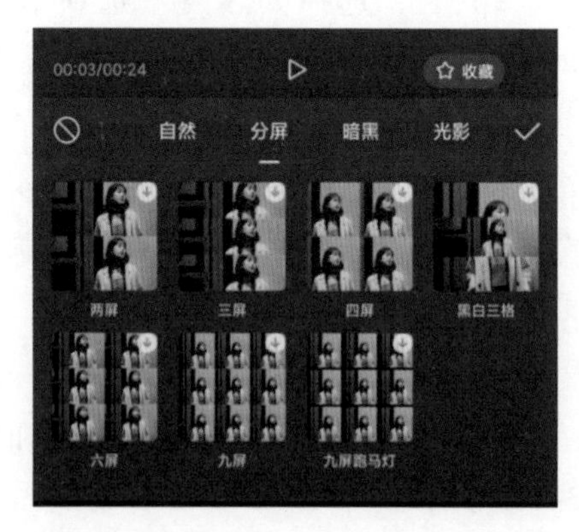

图 3-179 “分屏”选项卡

Step 09：在“漫画”选项卡中，可以选择黑白漫画、复古漫画、黑白线描、三格漫画、必杀技等特效，用来制作素材的漫画效果，如图 3-180 所示。

用户可以从这些分类中，选择需要的特效进行下载，并将其应用到视频中。

图 3-180　“漫画”选项卡

3.9.2　人物特效

本节介绍人物特效的使用方法。

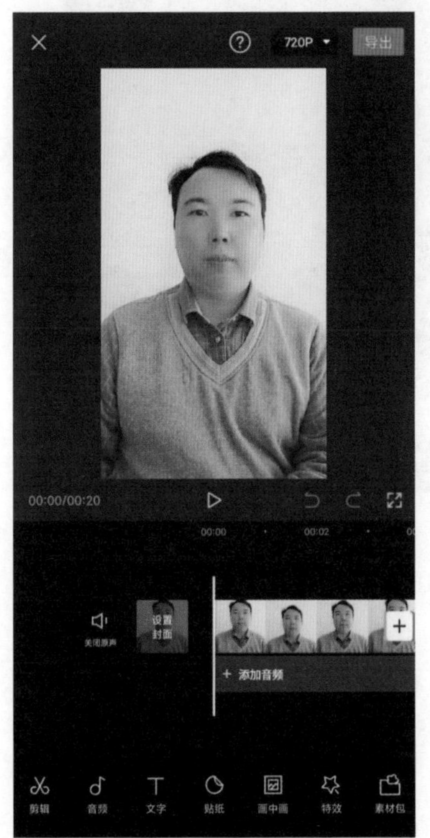

图 3-181　剪映 App 的剪辑界面

Step 01：打开剪映 App，点击“开始创作”按钮，选择人物素材，点击“添加”按钮，进入剪映 App 的剪辑界面，如图 3-181 所示。

Step 02：将时间线定位到需要出现特效的时间点，在未选中素材的状态下，点击工具栏中的“特效”按钮，即可进入特效的二级工具栏。点击“人物特效”按钮，如图 3-182 所示。

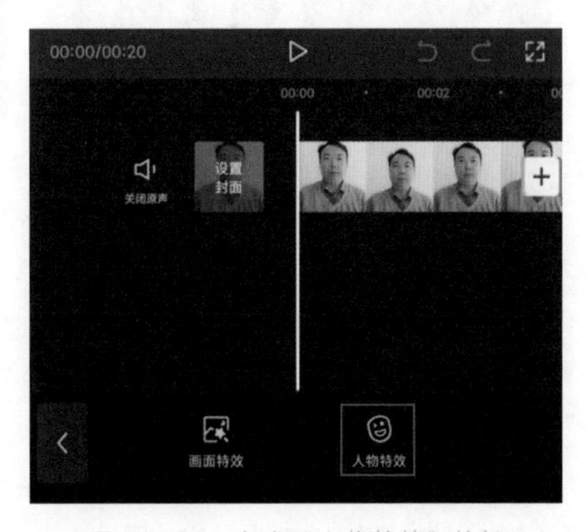

图 3-182　点击“人物特效”按钮

Step 03：在“人物特效”选项栏中，包括热门、情绪、头饰、身体、装饰、环绕、手部和形象等分类，如图 3-183 所示。

Step 04：选择“热门”选项卡中的“机械姬Ⅱ”特效，即可将该特效应用到素材上，如图 3-184 所示。

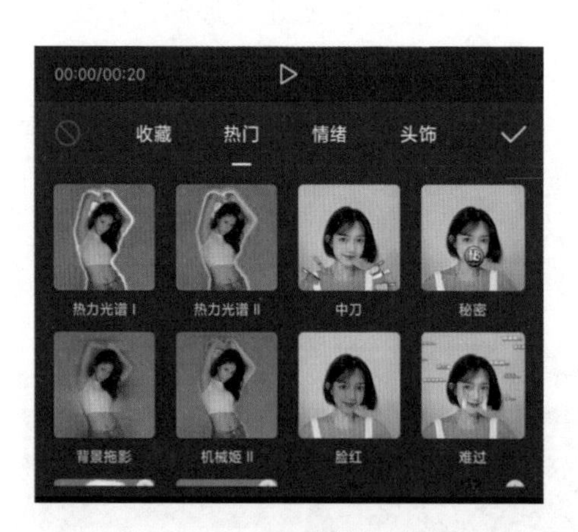

图 3-183 “人物特效”选项栏

图 3-184 应用特效

Step 05：点击“调整参数”按钮，在弹出的“调整参数”选项栏中，可以调整人物特效的速度和颜色，如图 3-185 所示。

Step 06：点击右侧的“确定”按钮，即可将特效应用到视频的轨道上。选中特效素材，在底部工具栏中会显示“调整参数”“替换特效”“复制”“作用对象”“删除”5 个按钮，如图 3-186 所示。

Step 07：点击“替换特效”按钮，选择“情绪”选项卡中的“气炸了”特效，即可实现特效的替换，如图 3-187 所示。

Step 08：在“头饰”选项卡中，特效包括恶魔角、天使环、恶魔印记、阴暗面、恶灵骑士、嘻哈眼镜、飞翔的帽子、电光耳机等，如图 3-188 所示。选择“电光耳机”特效，即可将其应用到人物素材上。

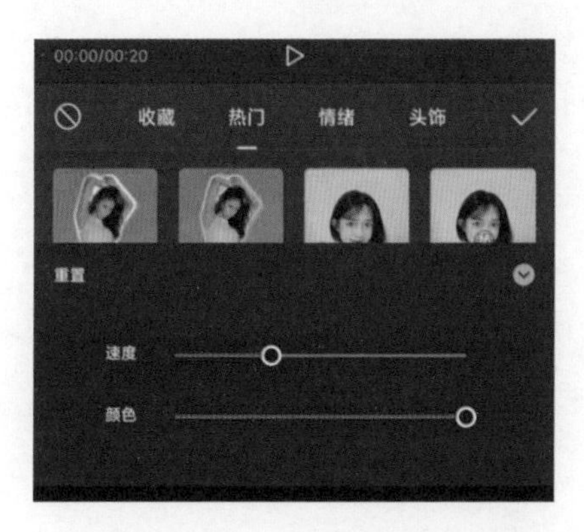

图 3-185 “调整参数”选项栏

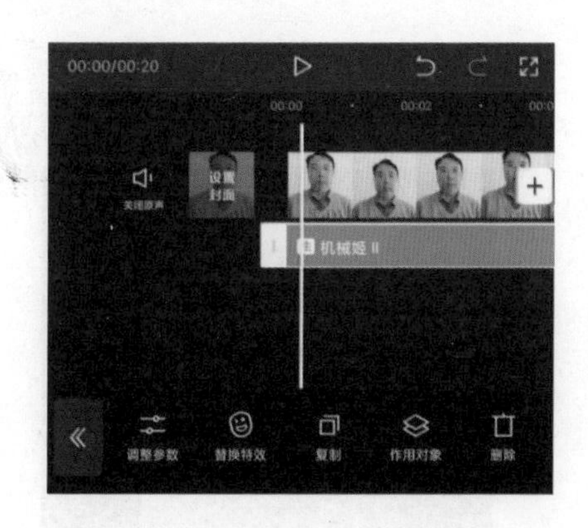

图 3-186 选中特效素材

图 3-187 替换特效

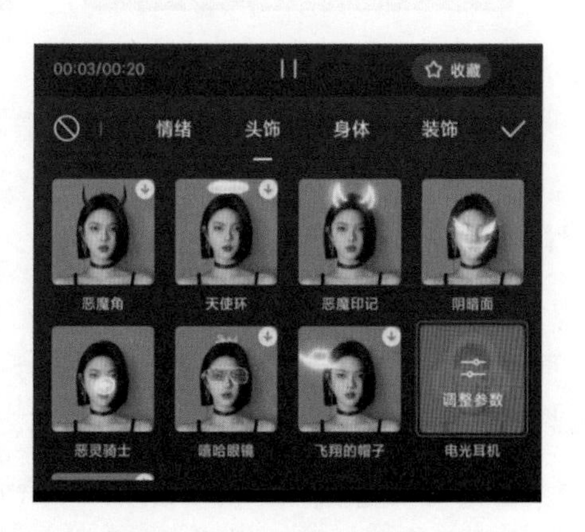

图 3-188 “头饰”选项卡

Step 09：在“形象”选项卡中，特效包括可爱女生、潮酷男孩、可爱猪、粉色便便、潮酷女孩、帅气男生、猫耳女孩、巴哥犬、欧美女性、欧美男性、黑人女孩、黑人男孩等。选择“帅气男生”特效，即可将帅气男生头像添加到头部，如图 3-189 所示。

Step 10：点击“调整参数”按钮，即可调整头像的大小，如图 3-190 所示。

图 3-189　应用特效

图 3-190　调整大小

剪映 App 中的特效，可以为短视频增添丰富的效果。

3.10　抠像

剪映 App 中的抠像功能分为色度抠图和智能抠像，其中，色度抠图用于对绿幕或蓝幕进行抠图。本节介绍色度抠图的方法。

Step 01：打开剪映 App，点击“开始创作”按钮，进入素材添加界面。在“素材库”选项卡中，选择“绿幕素材”类别中的“恐龙”素材，点击“添加”按钮，如图 3-191 所示。

Step 02：在时间轴面板中，选中素材，点击底部工具栏中的“色度抠图”按钮，如图 3-192 所示。

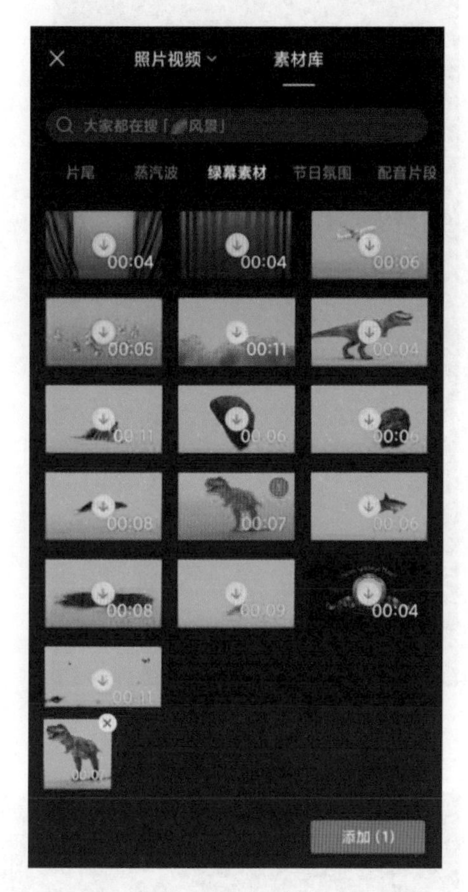

图 3-191 “素材库”选项卡

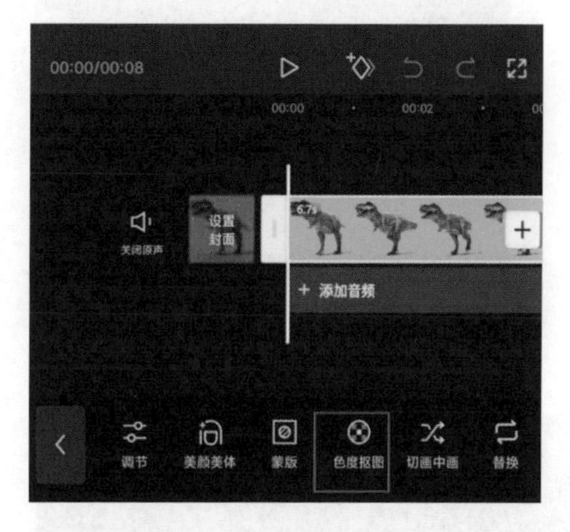

图 3-192 点击“色度抠图”按钮

Step 03：在“色度抠图”选项栏中，点击“取色器”按钮，选取画面中的绿色，如图 3-193 所示。

Step 04：点击“强度”按钮，调整强度参数，将背景绿色抠除，如图 3-194 所示。

Step 05：点击界面右下角的“确定”按钮，完成抠像。在时间轴面板中取消素材选择，点击“背景”按钮，如图 3-195 所示。

Step 06：在背景的二级工具栏中，点击“画布样式”按钮，如图 3-196 所示。

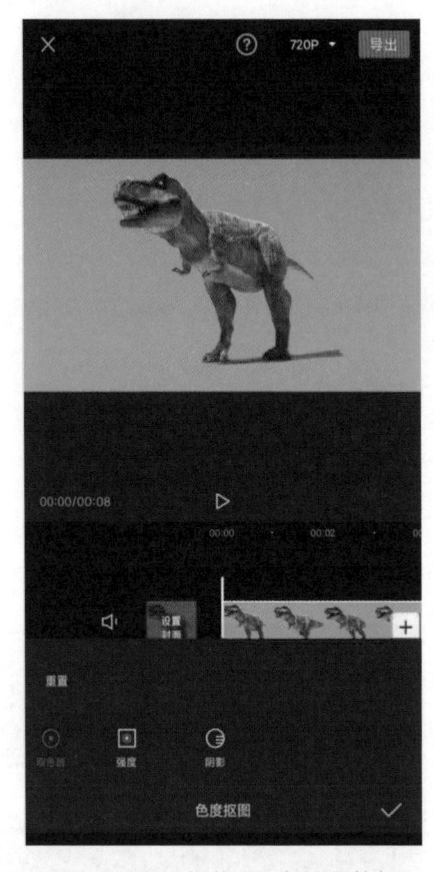

图 3-193　点击“取色器”按钮

图 3-194　调整强度

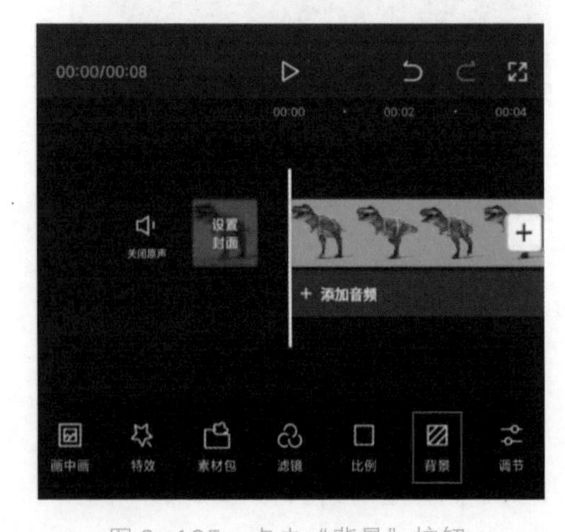

图 3-195　点击“背景”按钮

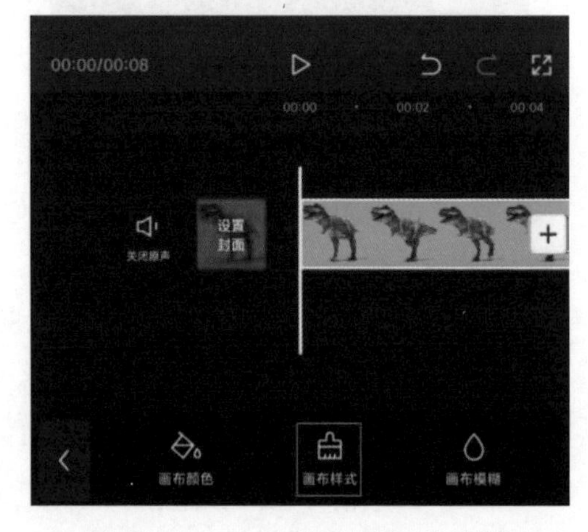

图 3-196　点击“画布样式”按钮

Step 07：在“画布样式”选项栏中，点击“添加图片”按钮，如图 3-197 所示。

Step 08：选择背景素材，并将其添加到剪映的项目中，如图 3-198 所示。

图 3-197 点击“添加图片”按钮

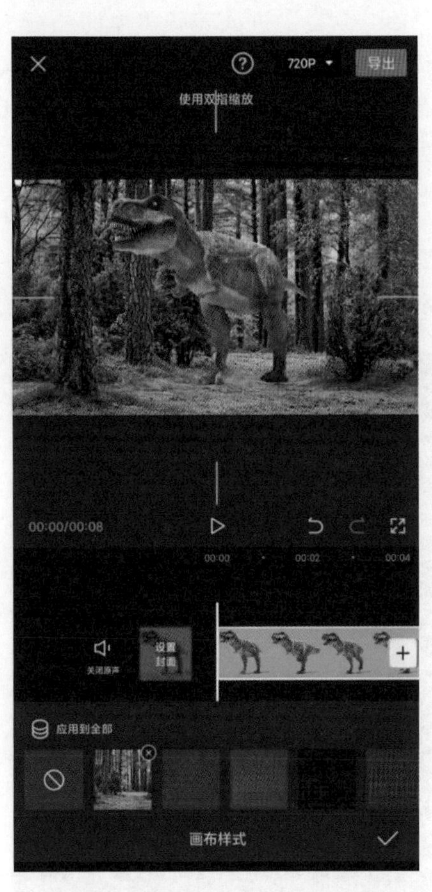

图 3-198 添加背景

Step 09：点击界面右下角的“确定”按钮，完成色度抠图项目的制作。

3.11 美颜美体

一般在短视频的人像处理上，都需要对人像进行磨皮和瘦脸，这样可以让人物更加好看。剪映 App 的美颜美体功能比较多，包括智能美颜、智能美体和手动美体。

Step 01：在剪映 App 中，点击“开始创作”按钮，选择素材，点击“添加”按钮。即可导入素材。点击“美颜美体”按钮，如图 3-199 所示。

Step 02：进入美颜美体的二级工具栏，该工具栏中包括“智能美颜”“智能美体”“手动美体”3 个按钮，如图 3-200 所示。智能美颜可以针对人像面部进行美化处理，而智能美体和手动美体可以针对人物瘦身、长腿、瘦腰和小头进行美化处理。

Step 03：点击“智能美颜”按钮，在进入“智能美颜”选项栏后，可以看到“磨皮”“瘦脸”“大眼”“瘦鼻”“美白”“白牙”6 个按钮。点击“磨皮”按钮，调整滑块，可以调整皮肤磨皮程度，使人像看起来美观自然，如图 3-201 所示。

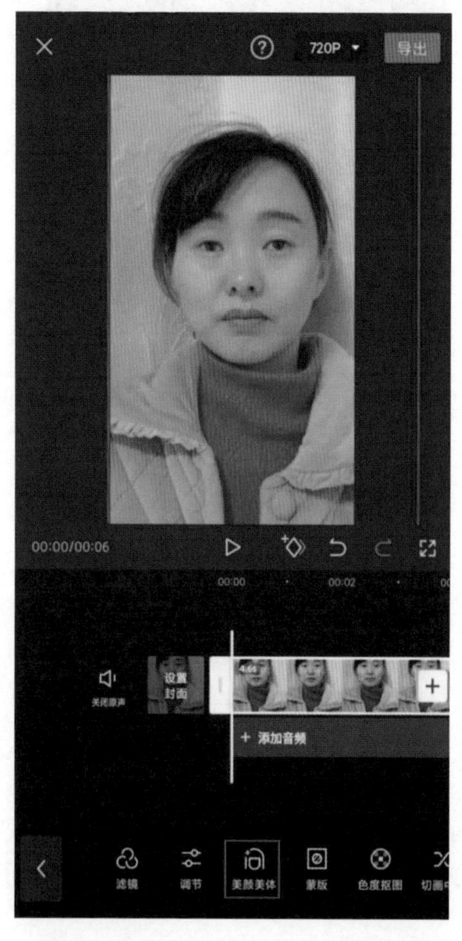

图 3-199 点击“美颜美体”按钮

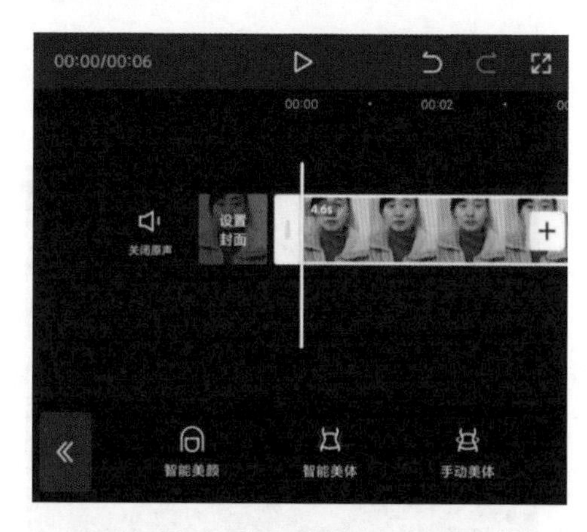

图 3-200 美颜美体的二级工具栏

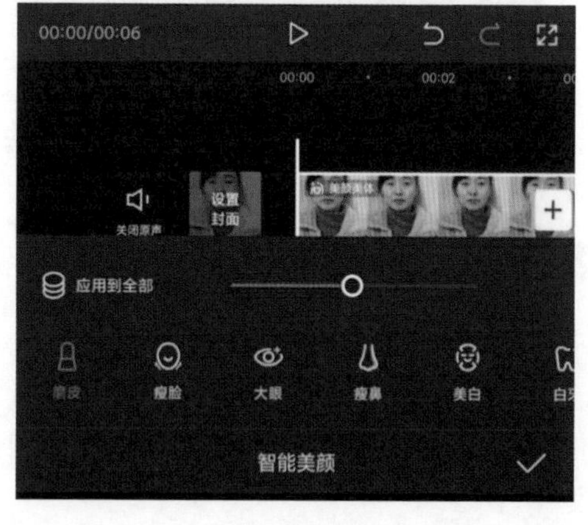

图 3-201 磨皮

Step 04：点击“瘦脸”按钮，该功能可以自动识别人脸形状，对人像面部进行瘦脸处理，调整滑块，即可对面部进行调整，如图 3-202 所示。

Step 05：点击“美白”按钮，调整滑块，即可调整人像的美白效果，如图 3-203 所示。

Step 06：同样可以使用大眼、瘦鼻和白牙功能对人像进行调整。

图 3-202　瘦脸

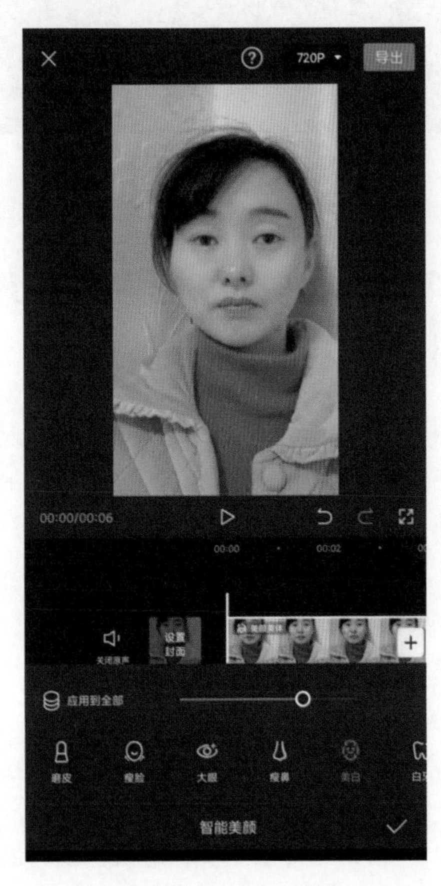

图 3-203　美白

Step 07：在美颜美体的二级工具栏中还包括智能美体和手动美体功能，点击“智能美体”按钮，如图 3-204 所示。

Step 08：在“智能美体”选项栏中，可以对人物进行瘦身、拉大长腿、瘦腰和调整小头的美化处理，如图 3-205 所示。

熟练掌握美颜美体功能，可以美化人像视频效果。

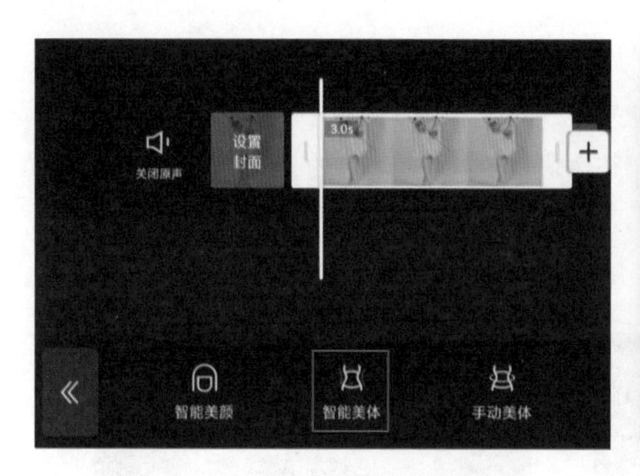

图 3-204　点击“智能美体”按钮

图 3-205　“智能美体”选项栏

3.12　素材包的使用方法

在短视频制作过程中，可以为视频素材添加素材包。素材包可以应用在人物视频、美食视频或者场景视频素材上，让短视频的效果更佳丰富。

Step 01：打开剪映 App，点击“开始创作”按钮，选择素材，点击“添加”按钮，即可导入素材，如图 3-206 所示。

Step 02：点击“素材包”按钮，打开“素材包”选项栏。在该选项栏中包括“情绪”“VLOG”“美食”“旅行”“时尚”5 个类别，其中，“情绪”类别主要针对人像视频的素材包，如图 3-207 所示。

Step 03：“VLOG”类别包括 Vlog 视频的片头和片尾效果，如图 3-208 所示。

Step 04：选择“韩综 Vlog- 片尾”素材包，应用到视频素材中，如图 3-209 所示。

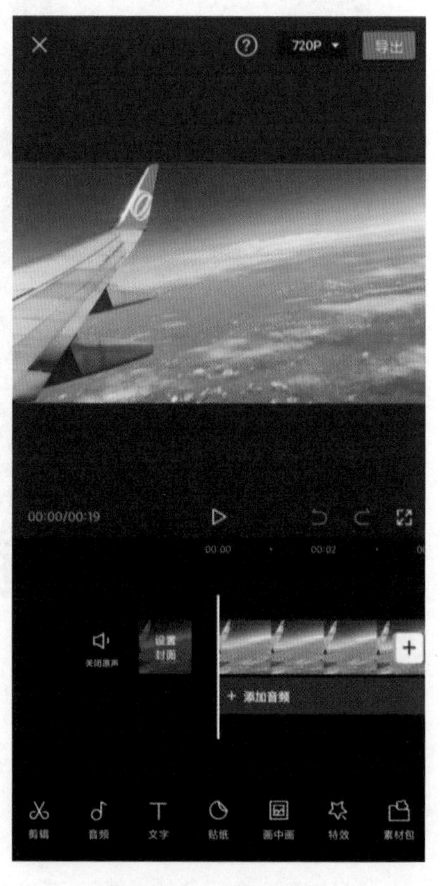

图 3-206　导入素材

图 3-207　“素材包”选项栏

图 3-208　“VLOG”类别

图 3-209　应用素材包

Step 05：“美食”类别包括网络热梗、美食探店 Vlog 片头、自我介绍、美食评价等素材包，如图 3-210 所示。

Step 06：“旅行”类别包括文艺旅行取景框、同行人物小伙伴介绍、出行介绍、旅行 Vlog 随记等素材包，如图 3-211 所示。

Step 07：“时尚”类别包括动感健身片头、健身注意事项、健身动作介绍、健身倒计时、动感健身教程等素材包，如图 3-212 所示。

图 3-210 “美食”类别

图 3-211 “旅行”类别

图 3-212 “时尚”类别

第4章

剪映专业版的使用方法

剪映专业版是一款全能、易用的PC端剪辑软件，拥有强大的素材库，支持多视频轨道、音频轨道的编辑。本章介绍剪映专业版的使用方法和技巧。

4.1　认识剪映专业版

本节介绍剪映专业版的工作界面、“媒体”面板、“草稿参数”面板、导出视频的方法，以及音频、文本、贴纸、特效、转场和滤镜面板的使用方法。

4.1.1　剪映专业版的工作界面

本节介绍剪映专业版的工作界面。

Step 01：打开剪映专业版，进入开始界面，包括“开始创作”按钮、剪辑草稿管理、本地草稿、云备份草稿和热门活动，如图 4-1 所示。

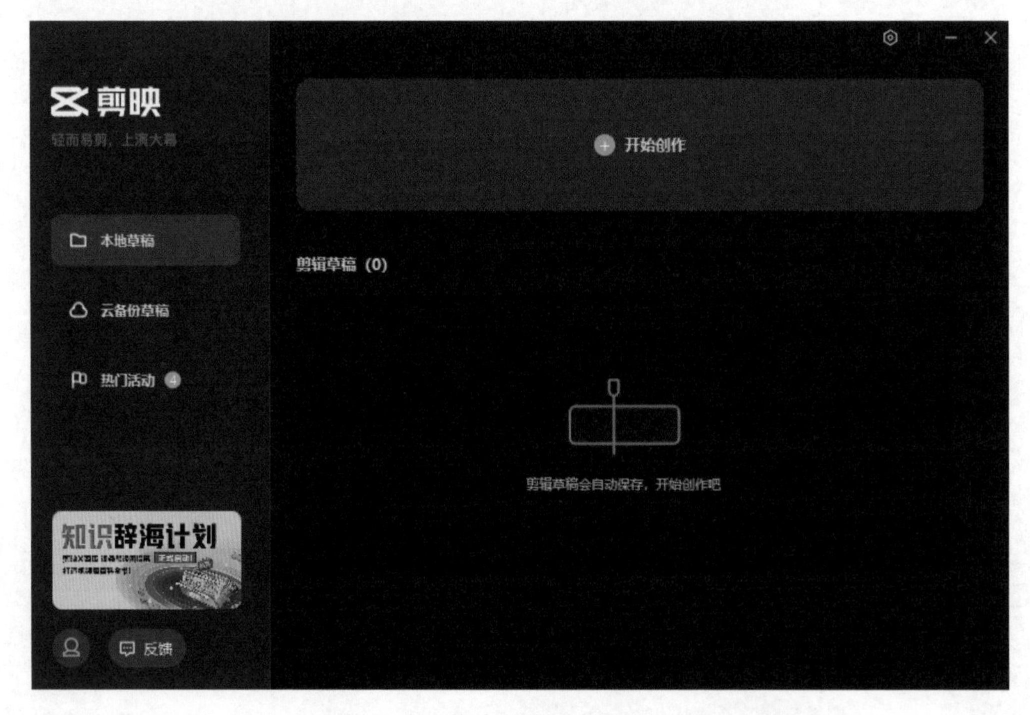

图 4-1　剪映专业版的开始界面

Step 02：单击“开始创作”按钮，进入剪映专业版的工作界面，如图 4-2 所示。

图 4-2　剪映专业版的工作界面

菜单栏：显示剪映专业版的菜单，包括“菜单”下拉菜单、“快捷键”按钮和“导出”按钮。

左侧面板：包括“媒体”“音频”“文本”“贴纸”“特效”“转场”“滤镜”“调节”8 个面板。

工具栏：包括“选择”“分割”“删除”“定格”“倒放”“镜像”“旋转”“裁剪”等工具。

时间轴面板：用于编辑视频、剪辑视频。

播放器：用于预览素材和显示剪辑后的视频效果。

属性面板：用于显示草稿参数，以及对画面、音频、变速、动画和调节参数的调整。

Step 03：“菜单”的下拉菜单包括“文件”“编辑”“设置”“帮助”“意见反馈”“返回首页”“退出剪映”等命令，如图 4-3 所示。

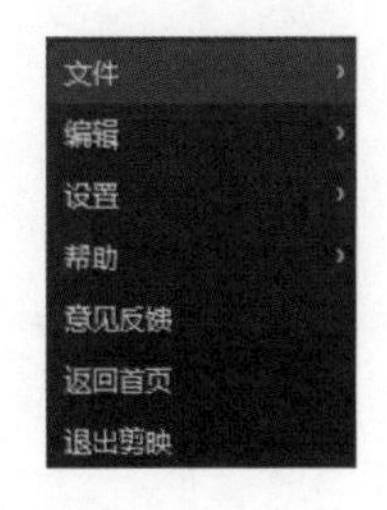

图 4-3　“菜单”的下拉菜单

Step 04：单击“快捷键”按钮，弹出“快捷键”对话框，在“键位模式”选项中，可以选择 Premiere Pro 或 Final Cut Pro，如图 4-4 所示。

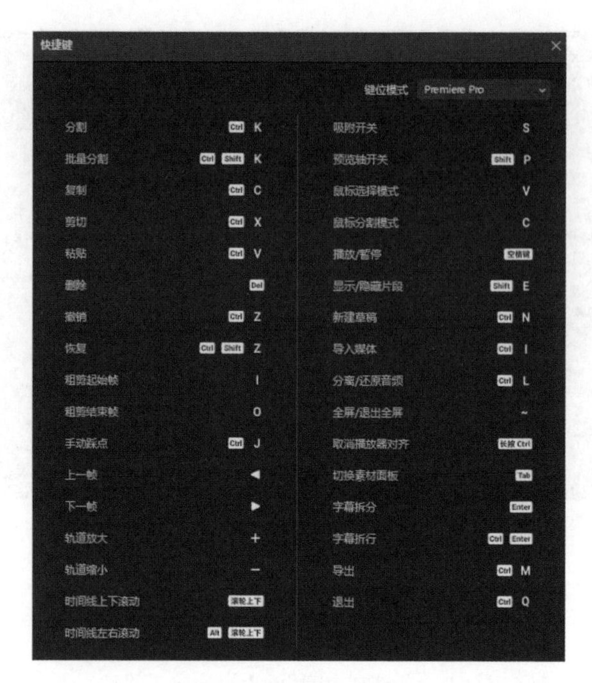

图 4-4　剪映专业版的快捷键

4.1.2　“媒体”面板

“媒体”面板用来导入素材，可以导入本地素材和素材库中的素材。

Step 01：在“媒体”面板中，单击“导入”按钮，可以导入视频、音频和图片。选择视频素材，即可在“媒体”面板中导入视频素材，如图 4-5 所示。

图 4-5　“媒体”面板

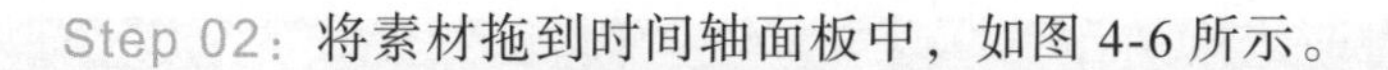

Step 02：将素材拖到时间轴面板中，如图 4-6 所示。

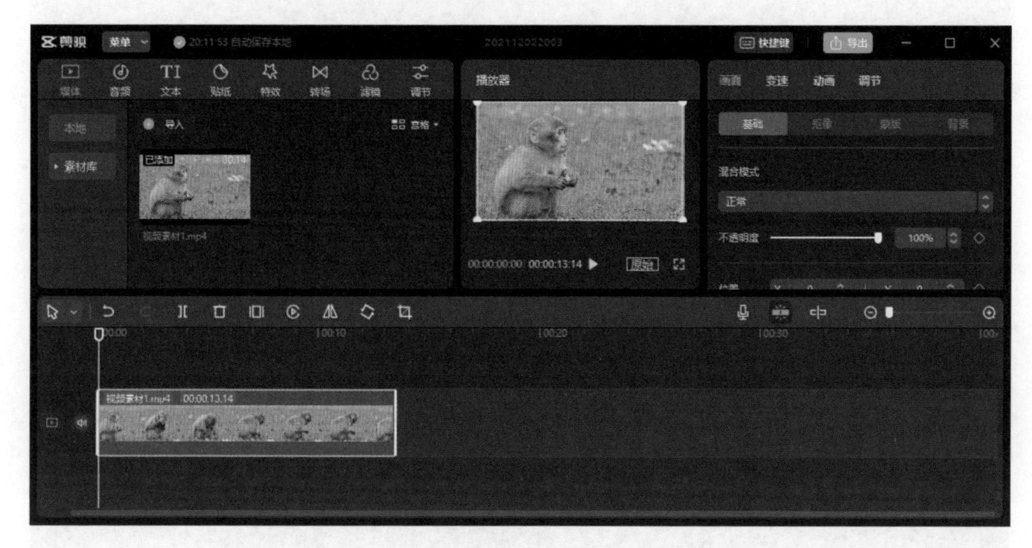

图 4-6　工作界面

Step 03：“媒体”面板的素材库中包括黑白场、转场片段、搞笑片段、故障动画、空镜头、片头、片尾、蒸汽波、绿幕素材、节日氛围和配音片段等类型的素材，如图 4-7 所示。

图 4-7　素材库

Step 04：在“空镜头”选项中，选择一个素材，并将其拖到时间轴面板中，如图 4-8 所示。

图 4–8　将素材拖到时间轴面板中

创作者可以通过这样的方法，将素材库中的素材添加到时间轴面板中。

4.1.3 “草稿参数”面板

本节介绍在“草稿参数”面板中设置文件的保存位置和代理模式。

Step 01：在时间轴面板选中素材的情况下，右侧的属性模板默认显示为“草稿参数”面板，如图 4-9 所示。

Step 02：单击“修改”按钮，即可修改草稿的参数，包括设置草稿名称、保存位置、色彩空间、导入素材方式和代理模式，如图 4-10 所示。

导入素材方式：分为复制至草稿和保留在原有位置两种方式。

代理模式：开启代理模式，不仅可以提高视频的流畅度，还可以提高剪辑的效率。

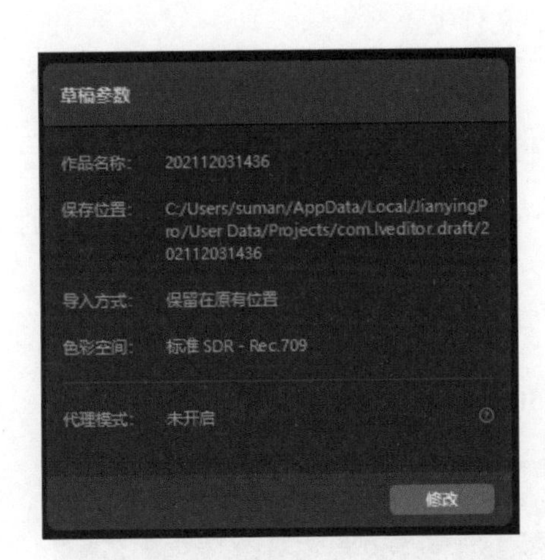

图 4-9 “草稿参数”面板

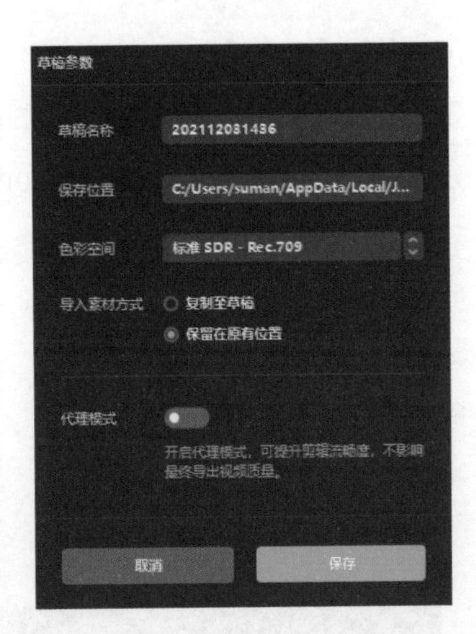

图 4-10 参数设置

4.1.4 导出视频

本节介绍使用剪映专业版导出视频的方法和参数设置。“导出”按钮用于将制作好的短视频导出，并且可以将制作好的短视频发布到平台。

Step 01：单击界面右上角的“导出”按钮，弹出“导出”对话框，如图 4-11 所示。

图 4-11 “导出”对话框

作品名称：用于设置导出的作品名称。

导出至：用于设置导出视频保存到的文件夹。

分辨率：包括480P、720P、1080P、2K和4K，一般选择默认的1080P。

码率：包括更低、推荐和更高这3种码率。

编码：包括H.264和HEVC两种，其中，H.264是常用的编码，保存的文件格式是mp4。

格式：包括mp4和mov两种格式。

帧率：包括24fps、25fps、30fps、50fps和60fps。

Step 02：单击“导出”按钮，即可导出视频，如图4-12所示。

图4-12 导出视频

4.1.5 “音频”面板

“音频”面板包括音乐素材、音效素材、音频提取、抖音收藏和链接下载，如图4-13所示。

音乐素材包括卡点、抖音、纯音乐、VLOG、旅行、摩登、天空、精选、美食、美妆&时尚、儿歌、萌宠、混剪、游戏、国风、舒缓、轻快、动感、可爱、伤感、悬疑、运动、清新、治愈、搞怪、酷炫、亲情、爵士、影视、浪漫、流行和冬天等类型的素材，如图 4-14 所示。

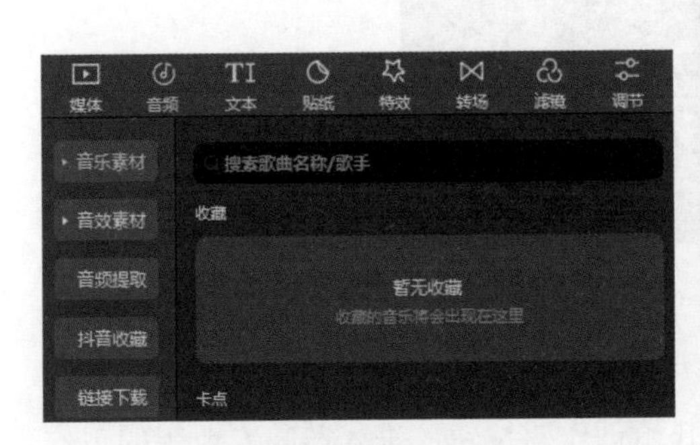

图 4–13　“音频”面板

图 4–14　音乐素材

音效素材包括综艺、笑声、机械、BGM、人声、转场、游戏、魔法、打斗、美食、动物、环境音、手机、悬疑、乐器、交通、生活、科幻和运动等类型的音效素材。

音频提取是指将视频中的音频进行提取。选择“音频提取”选项，单击“导入”按钮，即可进行音频提取，如图 4-15 所示。

选择“抖音收藏”选项，登录抖音账号会同步抖音收藏的音乐，如图 4-16 所示。

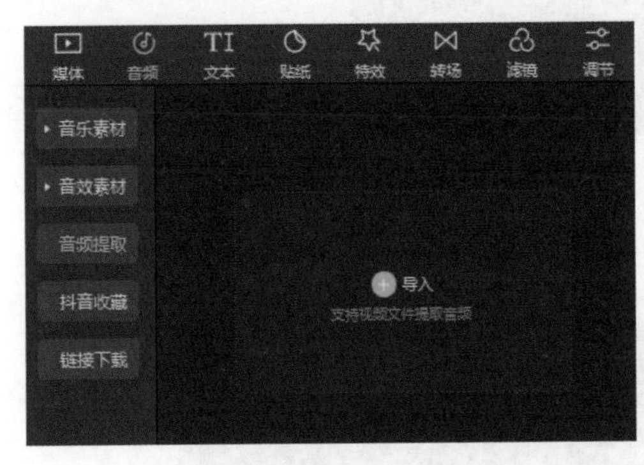

图 4–15　音频提取

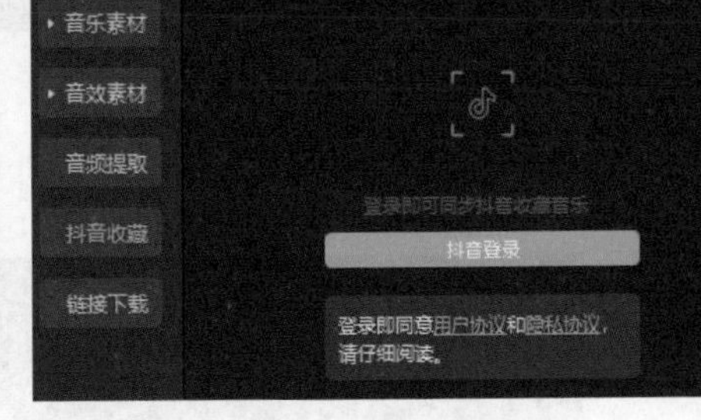

图 4–16　“抖音收藏”选项

在“链接下载”选项中，可以粘贴抖音的视频链接或音乐链接并下载，如图 4-17 所示。

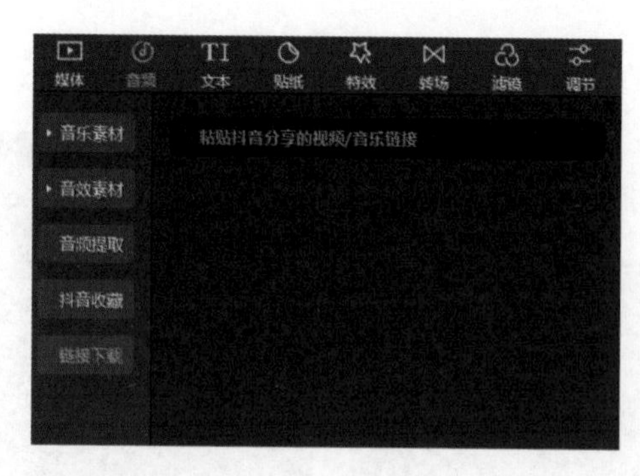

图 4-17 “链接下载”选项

下面在“音频”面板中制作音乐卡点视频。

Step 01：打开剪映专业版，单击“开始创作”按钮，进入剪映专业版的工作界面。在“媒体”面板中，单击“导入”按钮，导入素材，如图 4-18 所示。

图 4-18 导入素材

Step 02：选中所有素材，将其拖到时间轴面板中，如图 4-19 所示。

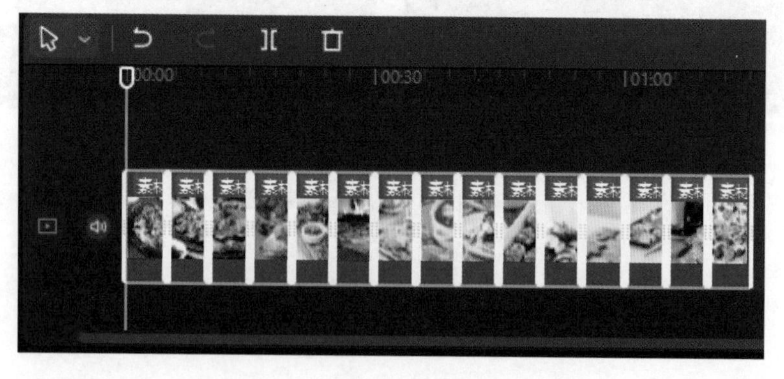

图 4-19 将素材拖到时间轴面板中

Step 03：在“播放器”窗口中将尺寸设置为“9 ：16”，如图 4-20 所示。

Step 04：在时间轴面板中选中素材，在“画面”面板中滑动“缩放”滑块，调整素材大小，如图 4-21 所示。

图 4-20　尺寸设置

图 4-21　调整素材大小

Step 05：同样地，在时间轴面板中，选中其他素材可以缩放其大小，并调整其位置。在“音频”面板中，选择“音乐素材”选项，输入喜欢的音乐名称并搜索，如图 4-22 所示。

图 4-22　搜索音乐素材

Step 06：选择需要的音乐素材，将其拖到时间轴面板中，如图 4-23 所示。

Step 07：将时间线拖到图片素材的结尾位置，选择音频轨道，使用“分割”工具将音频分成两段，如图 4-24 所示。选中后面一段，按 Delete 键将其删除。

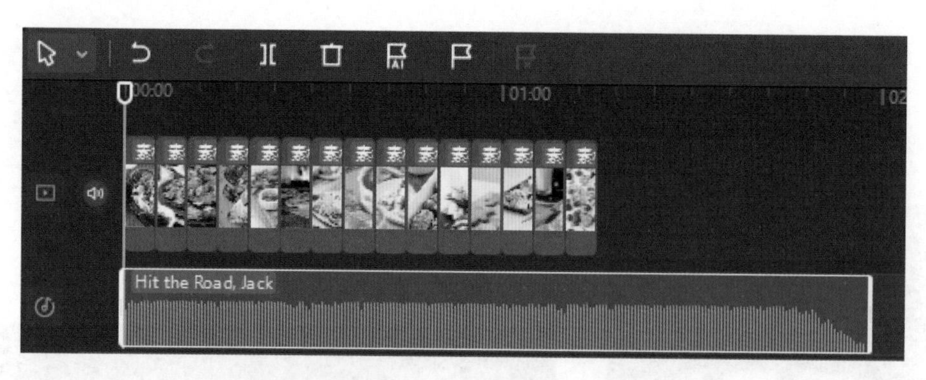

图 4-23　将音乐素材拖到时间轴面板中

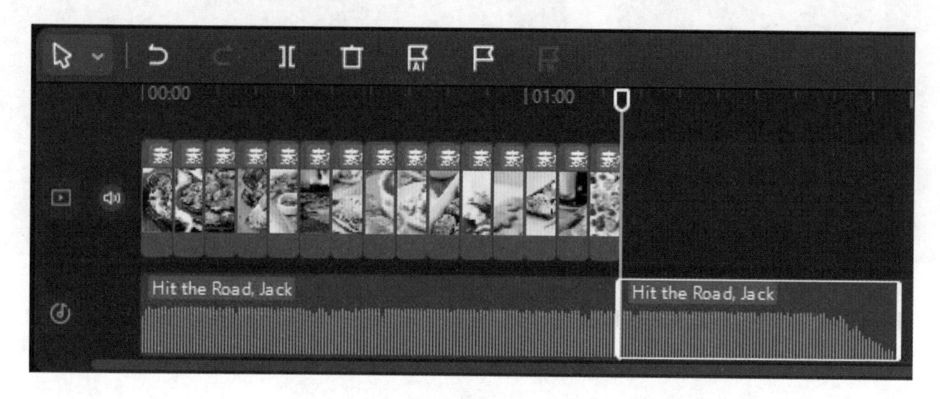

图 4-24　分割音频

Step 08：选中时间轴面板中的音频素材，在右侧的“音频”面板中，将“淡入时长”和“淡出时长”均设置为“2.0s”，如图 4-25 所示。

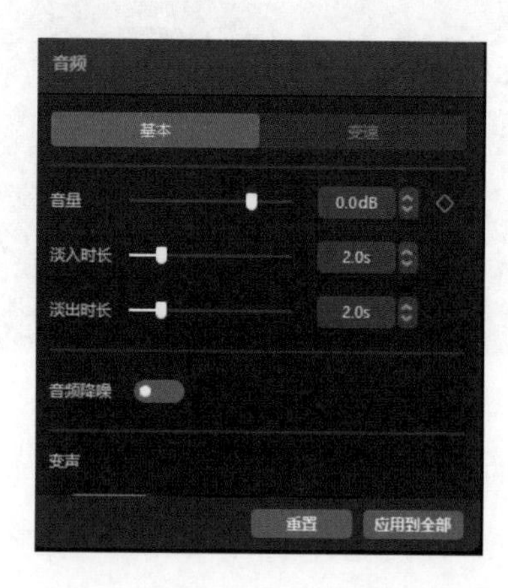

图 4-25　“音频”面板

4.1.6　“文本”面板

“文本”面板包括新建文本、文字模板、智能字幕和识别歌词，如图 4-26 所示。

新建文本包括默认和花字两种文本样式。在新建文本时，可以设置默认的样式，或者选择花字样式，如图 4-27 所示。

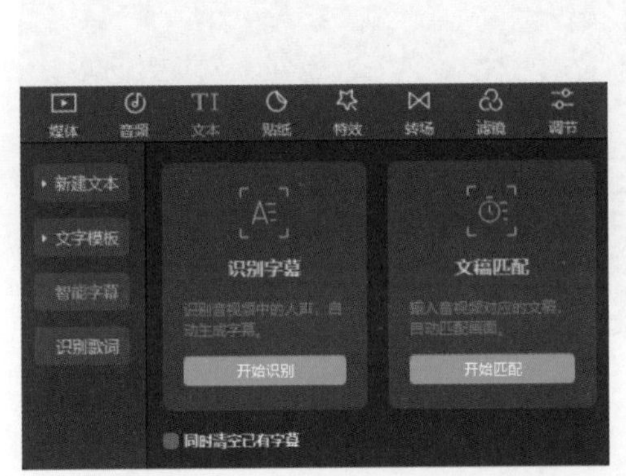

图 4-26　“文本”面板

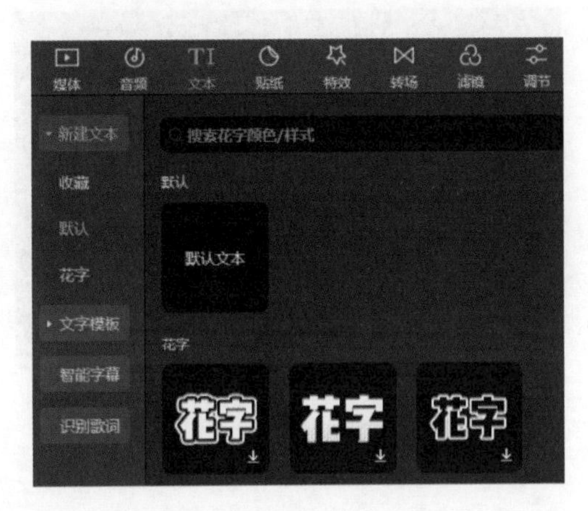

图 4-27　新建文本

文字模板包括精选、标题、圣诞、字幕、综艺、Vlog、旅行、时尚、国风、标记、气泡、时间、便利贴、弹窗、卡拉 OK、新闻、新年、万圣等类型的文字模板，如图 4-28 所示。

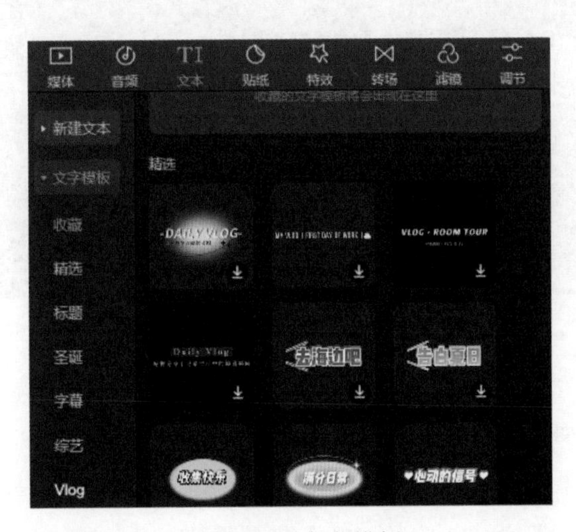

图 4-28　文字模板

智能字幕包括识别字幕和文稿匹配两种类型，如图 4-29 所示。其中，识别字幕可以识别音视频中的人声，并自动生成字幕；文稿匹配会将插入的文稿与画面自动匹配。

识别歌词用于识别音轨中的人声，并自动在时间轴面板中生成字幕文本，如图 4-30 所示。

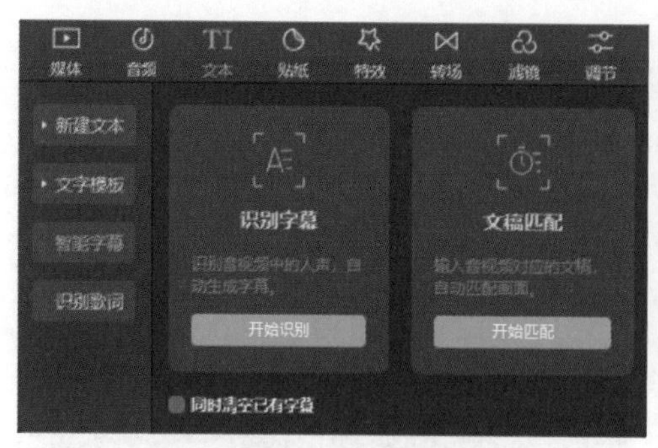

图 4-29　智能字幕

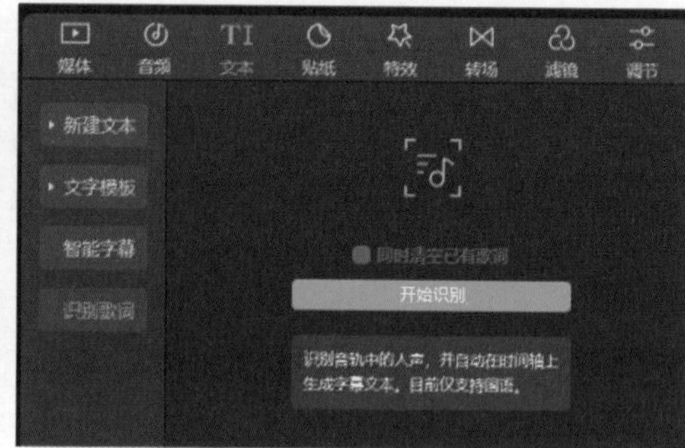

图 4-30　识别歌词

下面介绍“文本”面板的使用方法。

Step 01：选择“新建文本”选项，单击“默认文本”中的“添加到轨道”按钮，如图 4-31 所示。

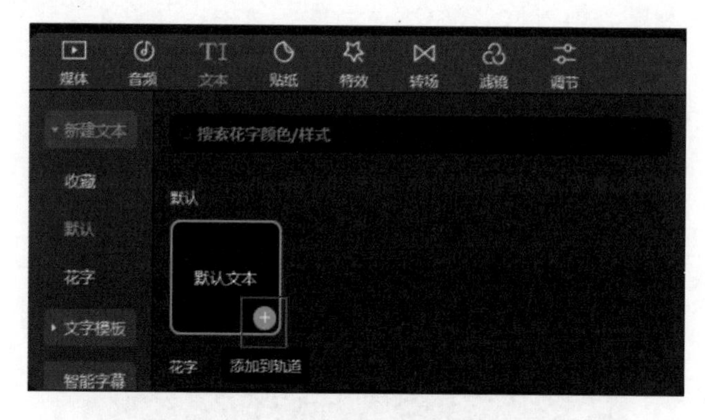

图 4-31　单击“添加到轨道”按钮

Step 02：在“编辑”面板中，不仅可以设置文本内容，还可以设置文本的字体、颜色和样式，如图 4-32 所示。

Step 03：打开“动画”面板，选择“入场”选项卡中的“打字机 I ”效果，并将“动画时长”设置为“0.5s”，如图 4-33 所示。

图 4-32 设置文本

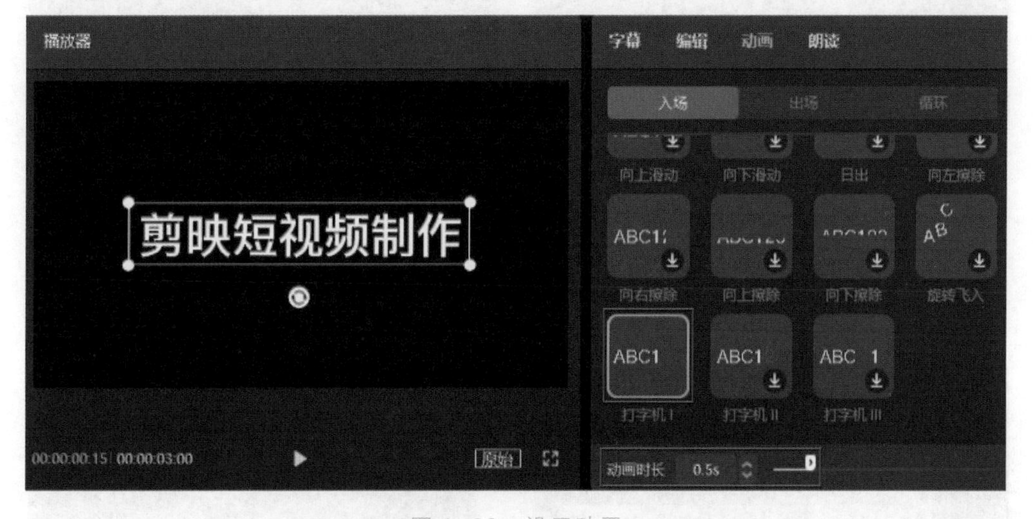

图 4-33 设置动画

Step 04：在“播放器”窗口中，单击“播放”按钮即可播放视频。

4.1.7 “贴纸”面板

“贴纸”面板包括热门、闪闪氛围、综艺情绪、遮挡、LOVE、Vlog、美食、炸开、恐怖综艺、综艺字、游戏、界面元素、正能量、旅行、婚礼、生日、清新手写字、线条画、电影字幕、梦幻、动感线条、潮酷字、萌娃、复古拼贴、美妆、狗头、开学季、手帐、魔法学院、爱我中华、花好月圆、蒸汽波、箭头、边框、萌宠、漫画、春日、夏季、暖秋、夺冠和节气等类型的贴纸，如图 4-34 所示。

下面介绍“贴纸”面板的使用方法。

Step 01：打开剪映专业版，在“媒体”面板中，单击“导入”按钮，导入素材，如图 4-35 所示。

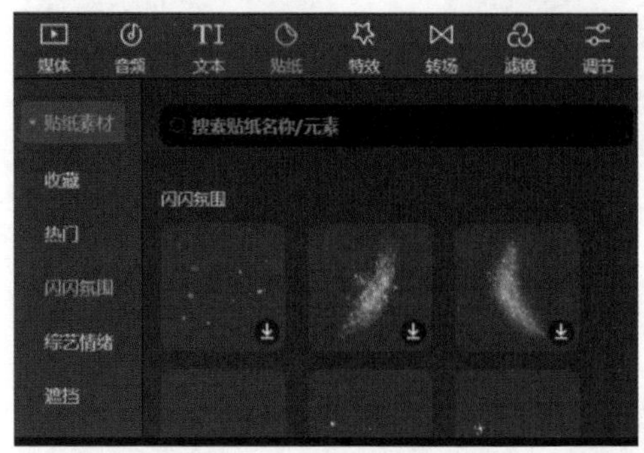

图 4-34 “贴纸”面板

图 4-35 导入素材

Step 02：将素材拖到时间轴面板中，如图 4-36 所示。

Step 03：打开“贴纸”面板，选择“节气”选项中的“立秋”贴纸，如图 4-37 所示。

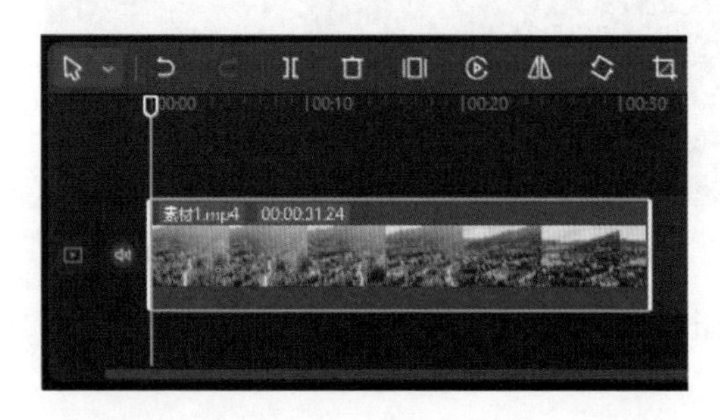

图 4-36 时间轴面板

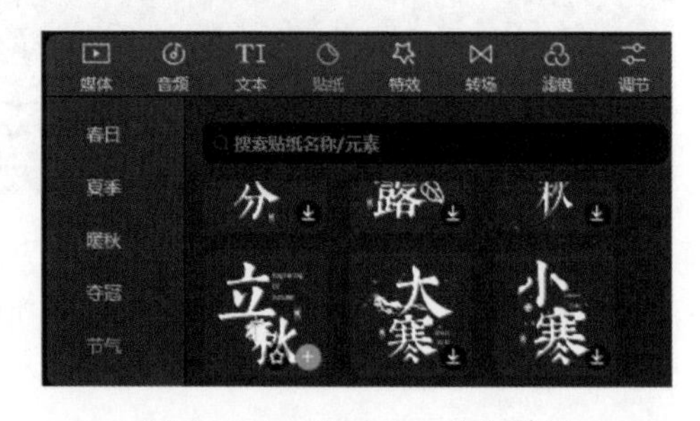

图 4-37 选择“立秋”贴纸

Step 04：将“立秋”贴纸添加到时间轴面板中，在“播放器”窗口中将显示该贴纸，如图 4-38 所示。

Step 05：单击“导出”按钮，即完成给视频添加贴纸的操作。

图 4-38　“播放器”窗口

4.1.8　“特效”面板

在“特效”面板中包括热门、基础、氛围、动感、圣诞、Bling、复古、爱心、综艺、边框、自然、分屏、暗黑、光影、纹理和漫画等类型的特效。剪映专业版的“特效”面板如图 4-39 所示。

下面介绍剪映专业版中“特效”面板的使用方法。

Step 01：打开剪映专业版，单击“开始创作”按钮，进入剪映专业版的工作界面。在“媒体”面板中，单击“导入”按钮，导入素材，如图 4-40 所示。

图 4-39　“特效”面板

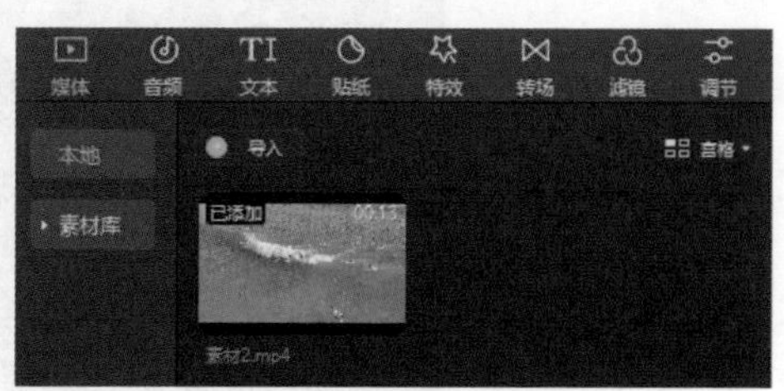

图 4-40　导入素材

Step 02：选中“媒体”面板中的素材，将其拖到时间轴面板中，如图 4-41 所示。

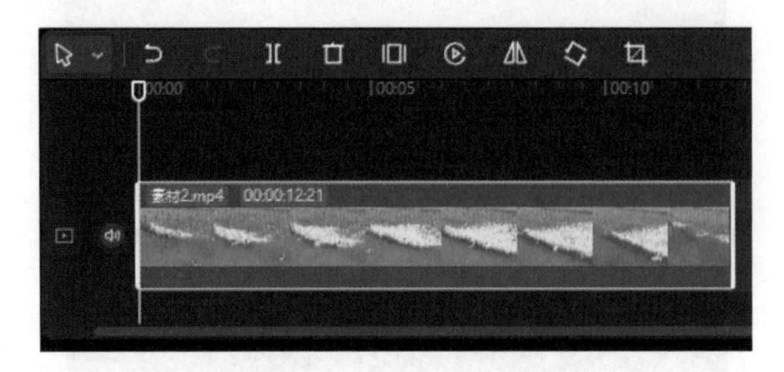

图 4-41 时间轴面板（1）

Step 03：打开“特效”面板，选择“分屏”选项中的“三屏”特效，如图 4-42 所示。

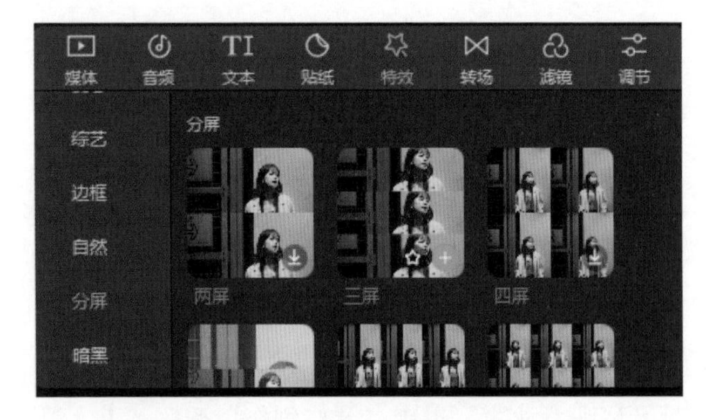

图 4-42 选择“三屏”特效

Step 04：将“三屏”特效添加到时间轴面板中，调整特效的时长和视频的时长使其相等，如图 4-43 所示。

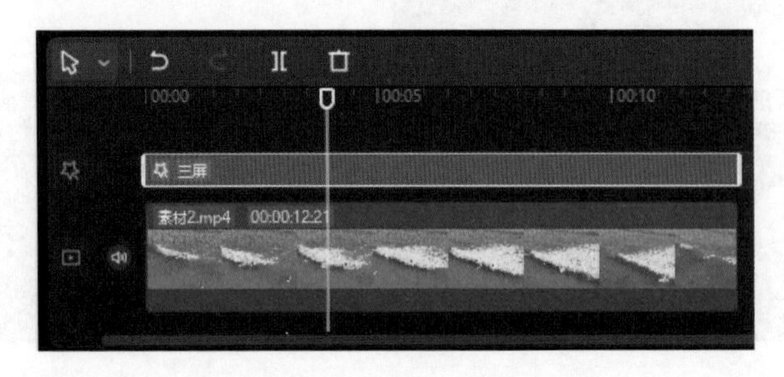

图 4-43 时间轴面板（2）

Step 05：在“播放器”窗口中，将显示三屏效果，如图 4-44 所示。

Step 06：在“播放器”窗口的右下角，将尺寸设为“9 ： 16”，如图 4-45 所示。

图 4-44　“播放器”窗口

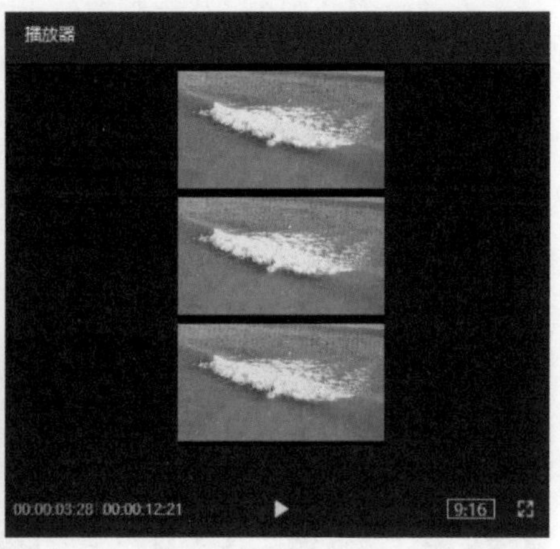

图 4-45　调整尺寸

Step 07：在时间轴面板中选择素材轨道，在右侧“画面”面板中将“缩放”设为“110%”，这样可以放大播放器中的视频，如图 4-46 所示。

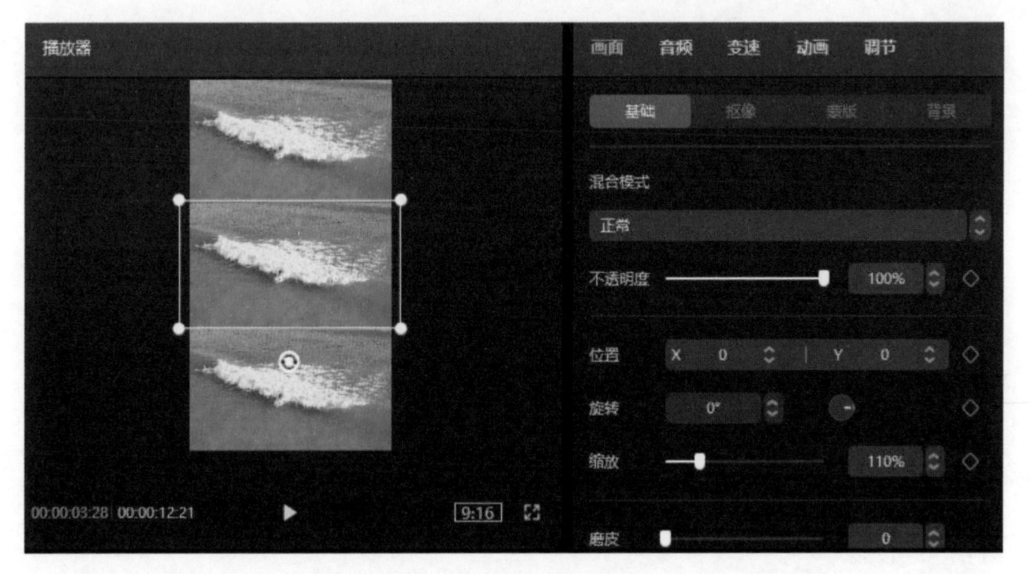

图 4-46　放大播放器中的视频

Step 08：单击界面右上角的“导出”按钮，完成分屏视频的制作。

4.1.9 “转场”面板

在剪映专业版的“转场”面板中包括基础转场、综艺转场、运镜转场、特效转场、MG 转场、幻灯片和遮罩转场等类型的转场，如图 4-47 所示。

下面介绍“转场”面板的使用方法。

Step 01：打开剪映专业版，单击“开始创作”按钮，进入剪映专业版的工作界面。在“媒体”面板中，单击“导入”按钮，导入两个视频素材，如图 4-48 所示。

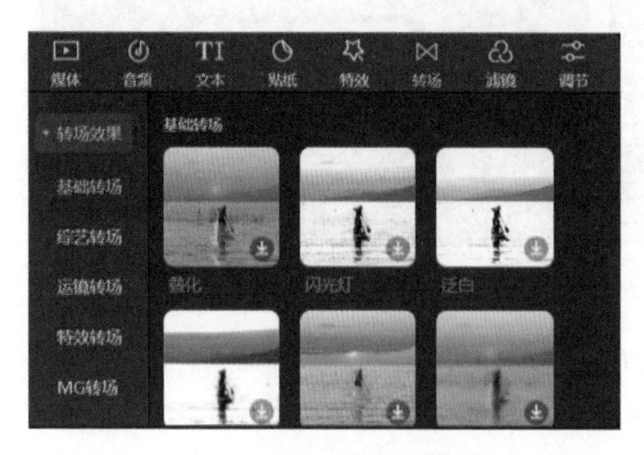

图 4-47 “转场”面板

图 4-48 导入视频素材

Step 02：将两个视频素材拖到时间轴面板中，如图 4-49 所示。

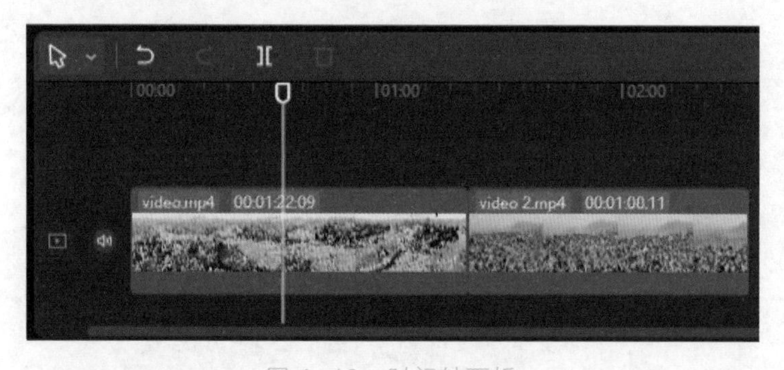

图 4-49 时间轴面板

Step 03：在“转场”面板中，选择“运镜转场”选项中的“拉远”转场，如图 4-50 所示。

Step 04：将“拉远”转场添加到时间轴面板中，即可为素材添加转场效果，如图 4-51 所示。

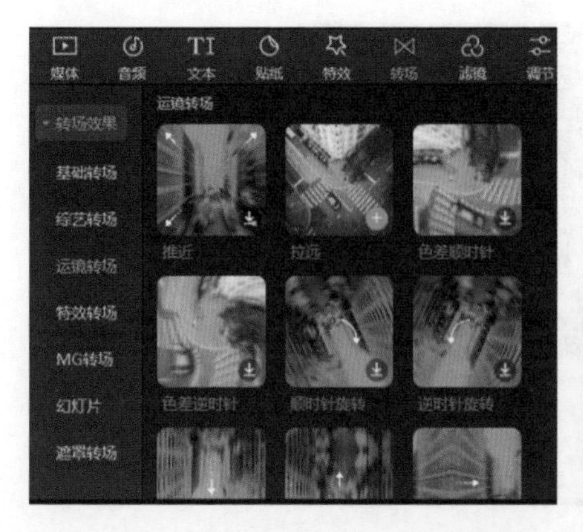

图 4-50　选择“拉远”转场

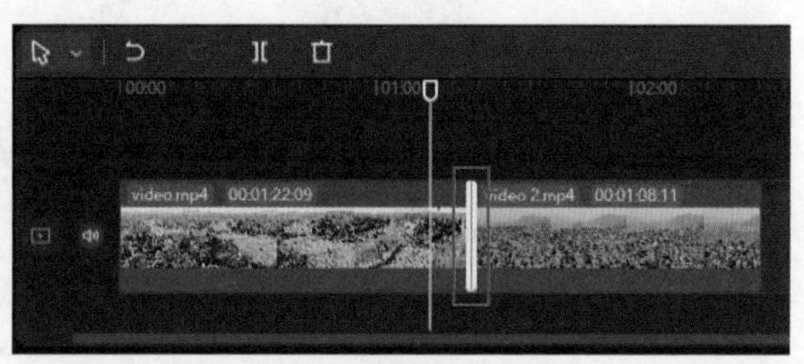

图 4-51　添加转场

Step 05：在时间轴面板中选中“转场”，在界面右上方的属性面板中可以设置转场的参数，这里将“转场时长”设置为“0.5s”，如图 4-52 所示。

图 4-52　设置转场时长

Step 06：单击界面右上角的“导出”按钮，即可导出视频。

4.1.10　“滤镜”面板

在剪映专业版的“滤镜”面板中包括精选、高清、影视级、Vlog、风景、复古、黑白、胶片、美食和风格化等类型的滤镜，如图 4-53 所示。

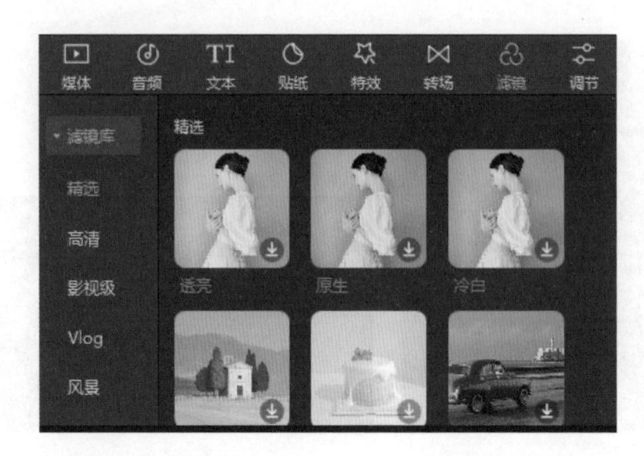

图 4-53 “滤镜”面板

下面介绍“滤镜”面板的使用方法。

Step 01：打开剪映专业版，单击“开始创作”按钮，进入剪映专业版的工作界面。在“媒体”面板中单击“导入”按钮，选择素材并将其导入，如图 4-54 所示。

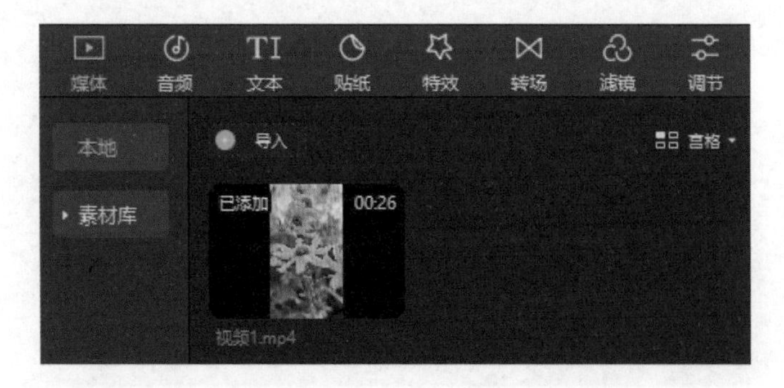

图 4-54 导入素材

Step 02：将素材拖到时间轴面板中，如图 4-55 所示。

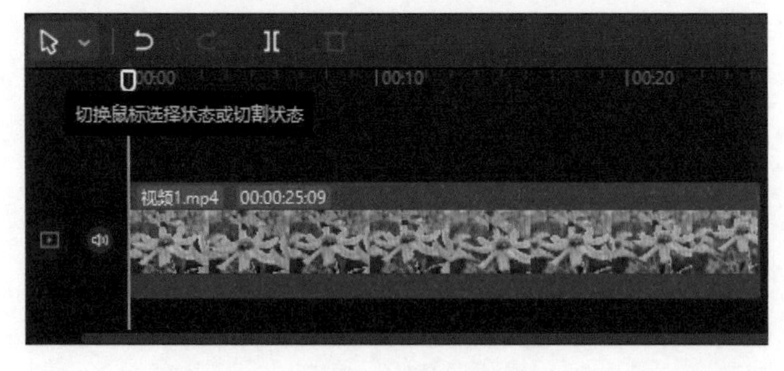

图 4-55 将素材拖到时间轴面板中

Step 03：在“滤镜”面板中，选择“影视级”选项中的“青橙”滤镜，如图 4-56 所示。

Step 04：将“青橙”滤镜添加到时间轴面板中，并将滤镜的时长调整到和素材的时长相等，如图 4-57 所示。

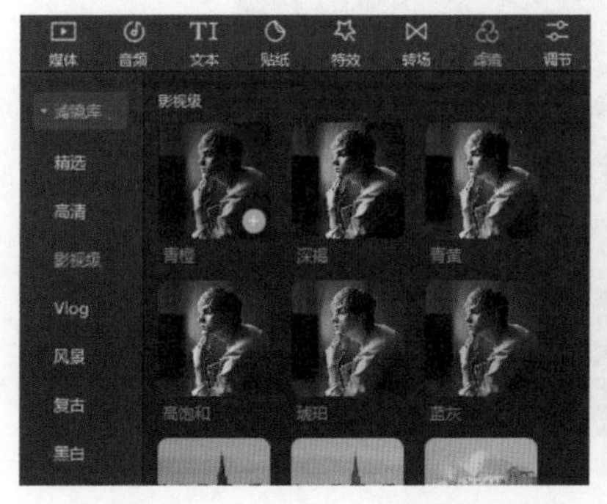

图 4-56　选择“青橙”滤镜

图 4-57　添加滤镜并调整时长

Step 05：在时间轴面板中选中滤镜，即可在界面右上方的属性面板中，调整滤镜的强度，如图 4-58 所示。

图 4-58　调整滤镜强度

Step 06：单击界面右上角的“导出”按钮，即可导出视频。

4.2　工具栏

在将“媒体”面板中的素材拖到时间轴面板中时，即可激活时间轴面板中的工具栏。该工具栏分为左侧工具栏和右侧工具栏，其中，左侧工具栏包括切换鼠标选择状态或切割状态、撤销、恢复、分割、删除、定格、倒放、镜像、旋转和裁剪工具，如图 4-59 所示。

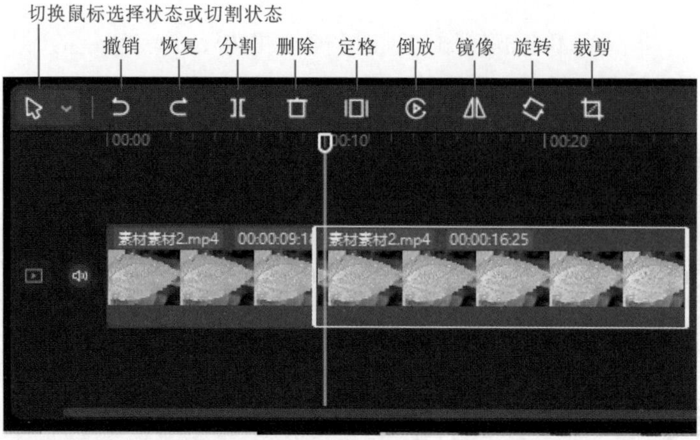

切换鼠标选择状态或切割状态
撤销 恢复 分割 删除 定格 倒放 镜像 旋转 裁剪

图 4-59 左侧工具栏

切换鼠标选择状态或切割状态：该工具下包括两个工具，一个是用于选择时间轴面板中的轨道素材，另一个是用于切割素材。

撤销：在操作过程中撤销失误的操作。

恢复：用于恢复撤销的步骤。

分割：用于在时间轴面板中进行素材剪辑。

删除：用于删除时间轴上的素材。

定格：用于将时间轴上的视频素材进行定格，定格时间为 3s。

倒放：用于将时间轴上的视频设置为倒放效果。

镜像：用于镜像视频画面。

旋转：用于旋转视频画面。

裁剪：用于裁剪视频的画面尺寸。

右侧工具栏包括录音、自动吸附、预览轴、缩小和放大工具，如图 4-60 所示。

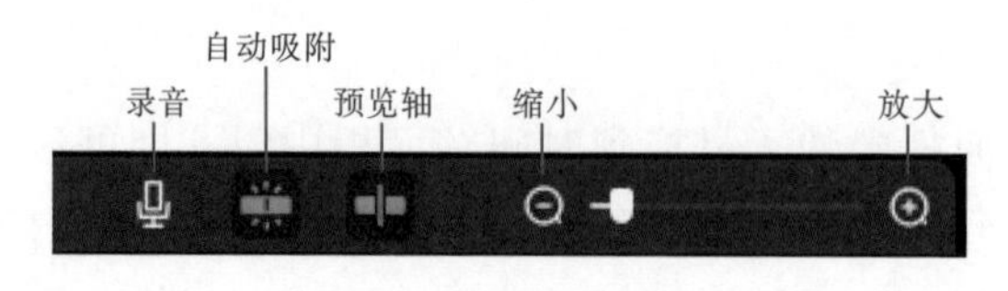

图 4-60 右侧工具栏

录音：单击“录音”按钮，即可开始录制声音。

自动吸附：在默认状态下是开启的，即在移动素材时，当素材靠近前一段素材时自动吸附在其后面。

预览轴：在默认状态下，时间轴面板是显示预览轴的，单击可以关闭预览轴。

缩放：用于缩放时间轴面板。

4.3　“画面”设置

在时间轴面板中，选中视频素材轨道，即可在界面右上方的属性面板中，显示画面、变速、动画和调节的属性面板。其中，“画面”面板包括基础、抠像、蒙版和背景 4 个选项卡。

4.3.1　“基础”属性设置

“基础”选项卡中包括“混合模式”“不透明度”“位置”“旋转”“缩放”“磨皮”“瘦脸”等选项，如图 4-61 所示。

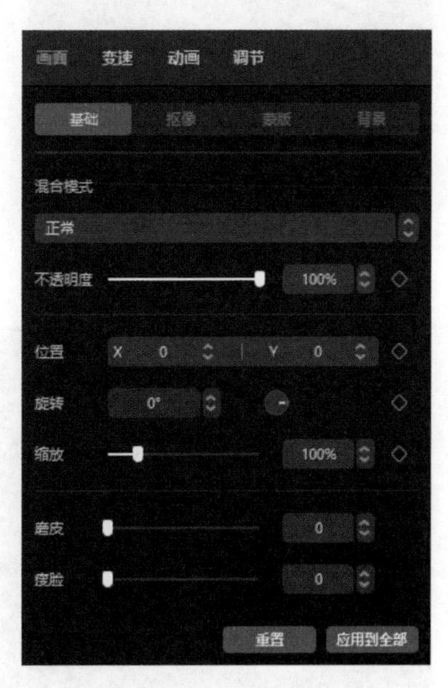

图 4-61　“基础”选项卡

下面通过设置“基础”属性来制作关键帧动画。

Step 01：打开剪映专业版，导入素材，如图 4-62 所示。

Step 02：选中全部素材，将其拖到时间轴面板中，如图 4-63 所示。

Step 03：在“播放器”窗口中，将尺寸设为“9 ：16”，如图 4-64 所示。

Step 04：选中“素材 1.jpg”，将时间线拖到开始位置。在“画面”面板中，将“缩放”设为“150%”，单击“添加关键帧”按钮，如图 4-65 所示。

图 4-62 导入素材

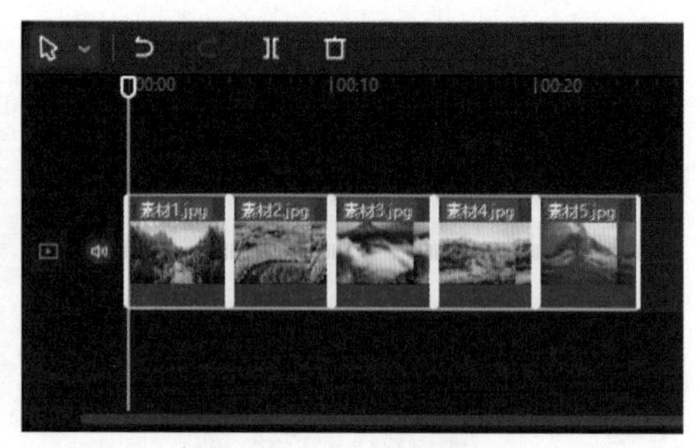

图 4-63 时间轴面板

图 4-64 “播放器”窗口

图 4-65 单击“添加关键帧”按钮（1）

图 4-66 调整参数

Step 05：将时间线拖到 00:00:04:29 的位置，并在“画面”面板中，将“缩放”设为“200%”，将自动添加关键帧，如图 4-66 所示。

Step 06：单击“播放”按钮，即可查看图片缩放动画。

Step 07：选中“素材 2.jpg”，将时间线拖到 00:00:05:01 的位置。在“画面”面板中，将“缩放”设为“150%”，“位置”的X值设为“-340”，单击“位置”后的“添加关键帧”按钮，如图4-67所示。

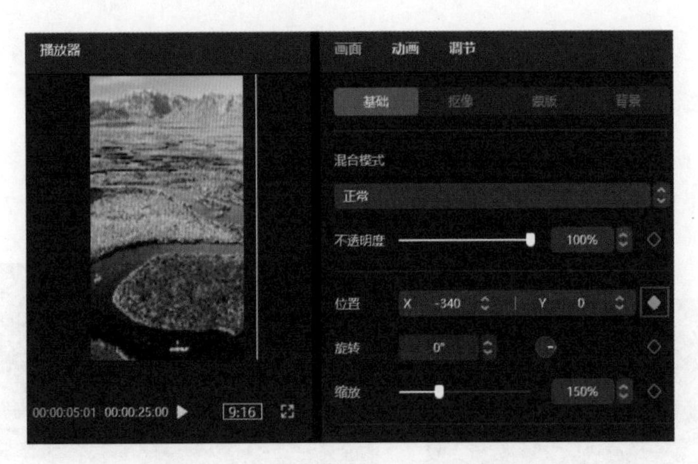

图4-67　单击“添加关键帧”按钮（2）

Step 08：将时间线拖到00:00:09:29的位置，并在“画面”面板中将“位置”的X值设为“405”，如图4-68所示。这样就添加了位置移动动画。

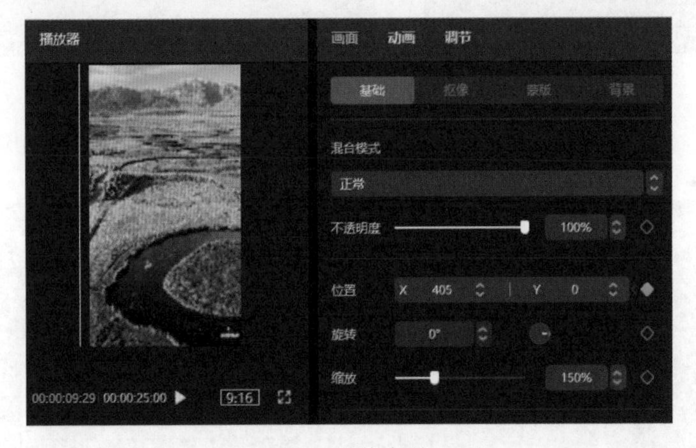

图4-68　调整参数（2）

Step 09：当第一次给属性添加关键帧之后，改变时间线位置并再次调整参数，就会自动添加关键帧。

Step 10：用同样的方法，给其他素材添加关键帧，在“基础”选项卡中可以给不透明度、位置、旋转和缩放等属性添加关键帧，通过关键帧可以制作出图片的动画效果。

4.3.2 “抠像”属性设置

“抠像”选项卡中包括色度抠图和智能抠像两种抠像方式，如图 4-69 所示。

下面介绍设置“抠像”属性的方法。

Step 01：打开剪映专业版，单击“开始创作”按钮，在“媒体”面板的“素材库”选项下的“绿幕素材”选项中，选择需要的绿幕素材，如图 4-70 所示。

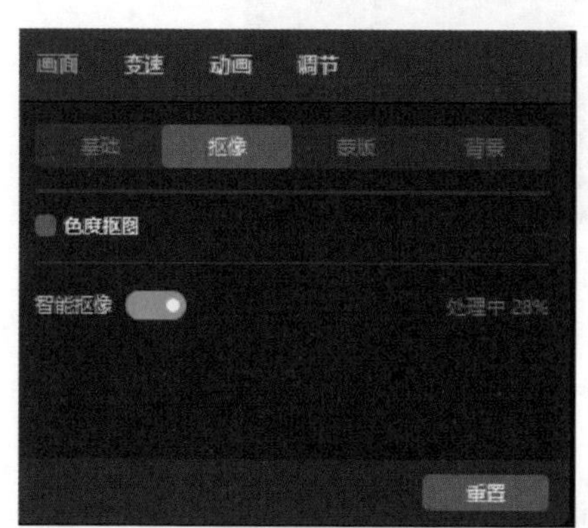

图 4-69 “抠像”选项卡

图 4-70 选择绿幕素材

Step 02：这里选择“鲸鱼”素材，并将其添加到时间轴面板中，如图 4-71 所示。

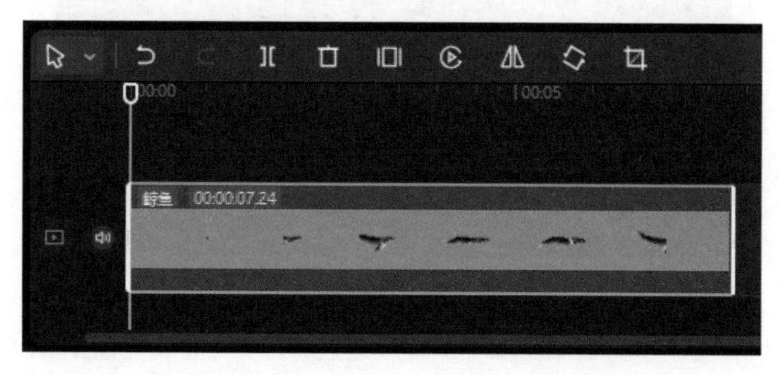

图 4-71 将“鲸鱼”素材添加到时间轴面板中

Step 03：在时间轴面板中选中素材，在界面右上方的“画面”面板中选择“抠像”选项卡，使用“取色器”的“吸管”工具，吸取“播放器”窗口中的绿色，如图 4-72 所示。

图 4–72　抠像

Step 04：调整“强度”使绿色消失，如图 4-73 所示。

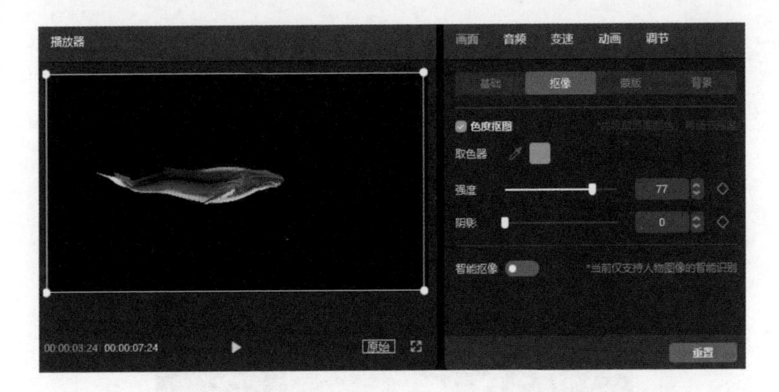

图 4–73　调整“强度”

Step 05：在“媒体”面板中，导入“海水”素材，如图 4-74 所示。

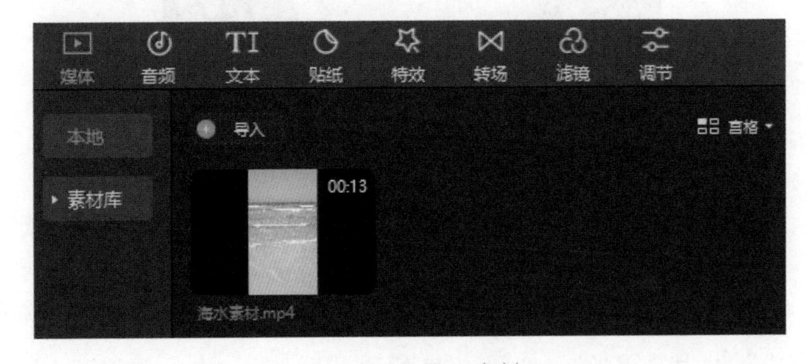

图 4–74　导入素材

Step 06：将该素材拖到时间轴面板中，并将“鲸鱼”素材放置在“海水”素材上面的轨道中，如图 4-75 所示。

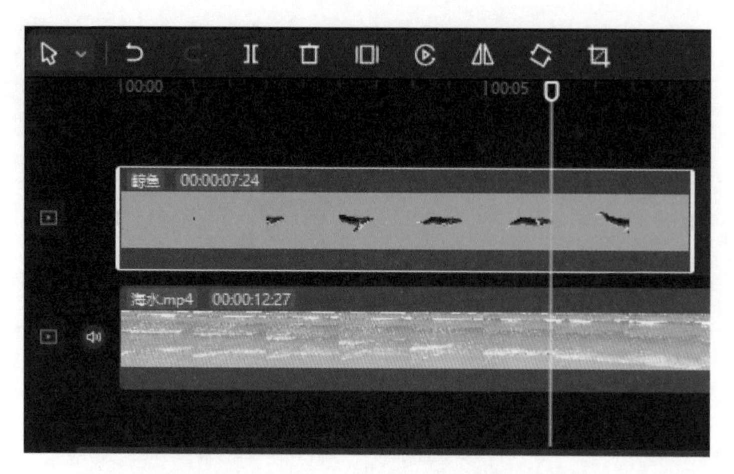

图 4-75　将“海水”素材添加到时间轴面板中

Step 07：在“播放器”窗口中，将尺寸设置为“9 ：16”，并调整鲸鱼的位置，如图 4-76 所示。

图 4-76　“播放器”窗口

Step 08：在时间轴面板中选中“鲸鱼”素材，并在右上方的“画面”面板中将“混合模式”设为“柔光”，如图 4-77 所示。

Step 09：打开“音频”面板，选择“音乐素材”选项下“纯音乐”选项中的“相思湖畔”素材，如图 4-78 所示。

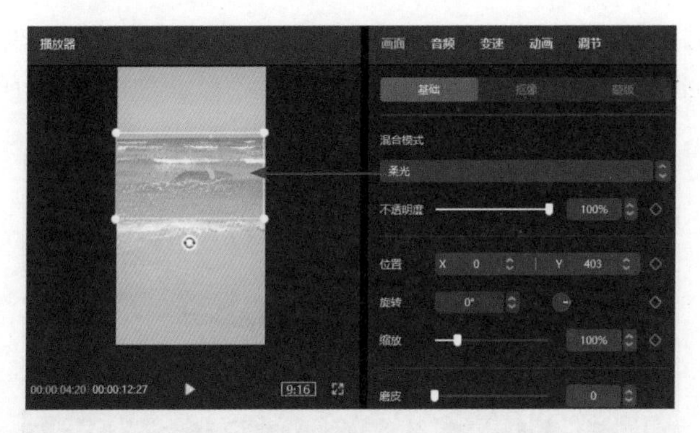

图 4-77　将“混合模式”设为“柔光”

图 4-78　“纯音乐”选项

Step 10：将“相思湖畔”素材添加到时间轴面板中，如图 4-79 所示。

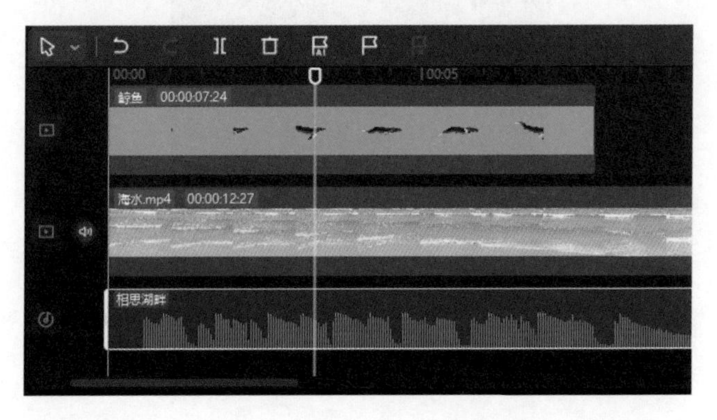

图 4-79　将“相思湖畔”素材添加到时间轴面板中

Step 11：将时间线拖到“鲸鱼”视频结尾的位置，使用“分割”工具，将“海水”视频素材和音频素材剪辑为两段，并删除后一段，如图 4-80 所示。

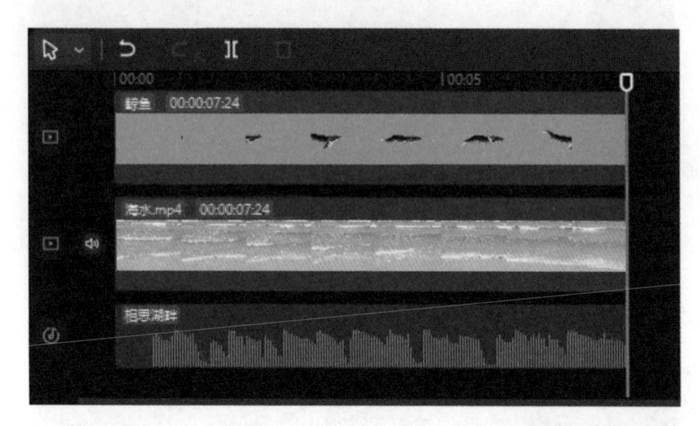

图 4-80 剪辑音频

Step 12：在时间轴面板中选中音频素材，并在界面右上方的“音频”面板中设置音频的属性，将“淡出时长”设置为“0.8s”，如图 4-81 所示。

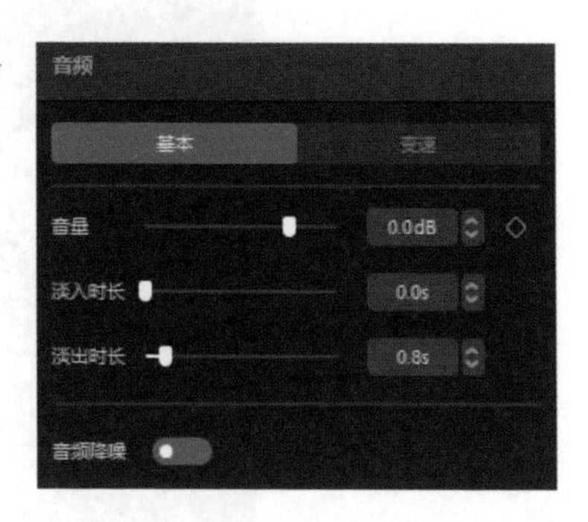

图 4-81 设置“淡出时长”

Step 13：单击“导出”按钮，即可导出视频。

4.3.3 “蒙版”属性设置

“蒙版”选项卡中包括线性、镜面、圆形、矩形、爱心和星形蒙版，如图 4-82 所示。

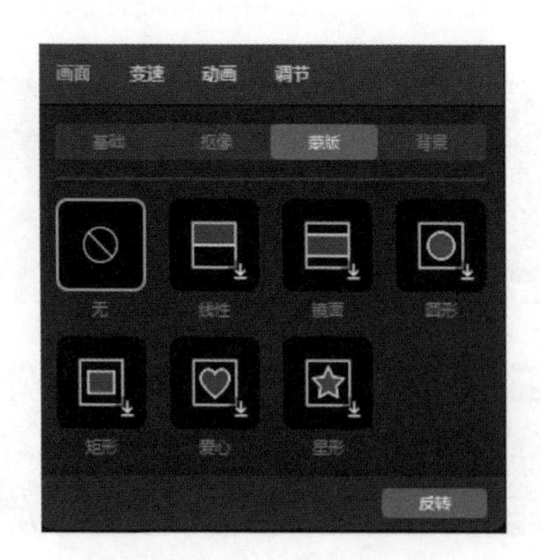

图 4-82 “蒙版”选项卡

下面通过设置“蒙版”属性制作盗梦空间效果。

Step 01：打开剪映专业版，单击“开始创作”按钮，在“媒体”面板中导入素材，如图 4-83 所示。

图 4-83　导入素材

Step 02：将素材拖到时间轴面板中，如图 4-84 所示。

Step 03：在“播放器”窗口中，将尺寸设置为“9 ：16”，如图 4-85 所示。

图 4-84　将素材拖到时间轴面板中

图 4-85　“播放器”窗口

Step 04：在“画面”面板中将“缩放”设为“250%”，并在“播放器”窗口中将画面调整到合适的位置，如图 4-86 所示。

Step 05：再次将“媒体”面板中的素材拖到时间轴面板中，如图 4-87 所示。

图 4-86 调整画面

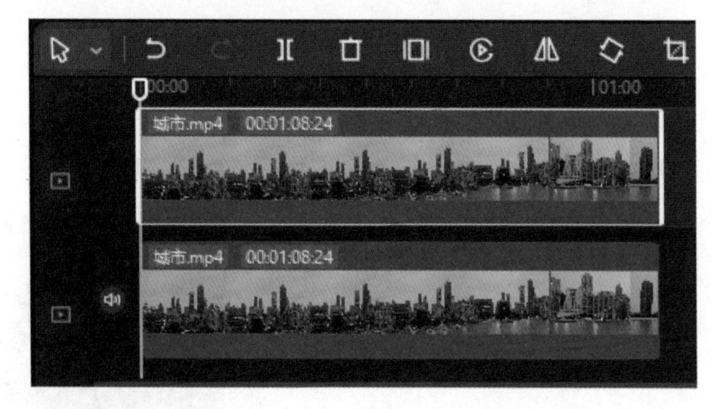

图 4-87 再次将素材拖到时间轴面板中

Step 06：选择上面轨道的素材，单击工具栏中的"镜像"按钮。在"画面"面板中，将"缩放"设为"250%"，"旋转"设为"-180°"，如图 4-88 所示。

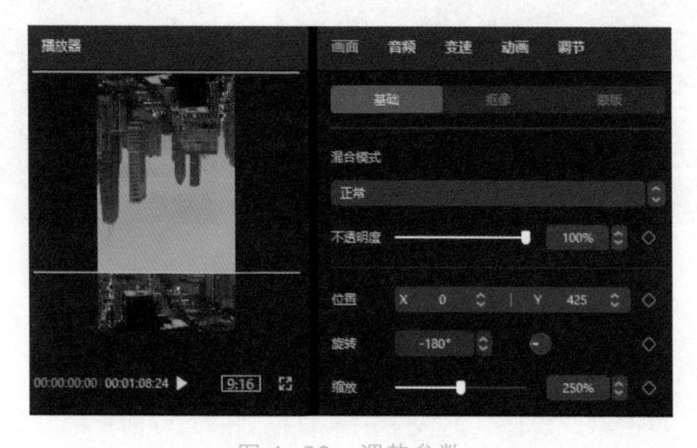

图 4-88 调整参数

Step 07：选择“蒙版”选项卡中的“线性”蒙版，在“播放器”窗口中拖动“羽化”按钮，单击属性面板右下角的“反转”按钮，调整素材蒙版的羽化效果，如图 4-89 所示。

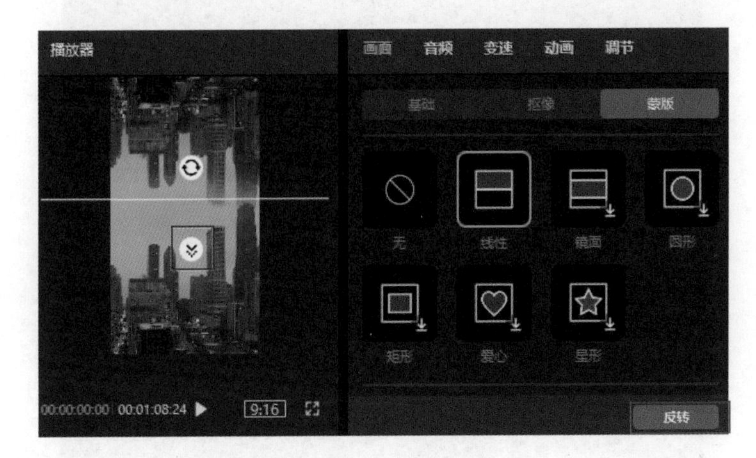

图 4-89　调整蒙版

这样即完成了蒙版遮罩效果的制作。

4.3.4　“背景”属性设置

在剪映专业版的“背景”选项卡中可以设置视频的背景颜色、背景样式和模糊效果，如图 4-90 所示。

图 4-90　“背景”选项卡

下面介绍剪映专业版中“背景”属性的设置。

Step 01：打开剪映专业版，单击“开始创作”按钮，在“媒体”面板中导入素材，如图 4-91 所示。

Step 02：将素材拖到时间轴面板中，在“播放器”窗口中将尺寸设为“9 ：16”，在“画面”面板中将“缩放”设为“150%”，如图 4-92 所示。

Step 03：选择“画面”面板中的“背景”选项卡，将“背景填充”设为“模糊”，选择合适的模糊效果，如图 4-93 所示。

图 4-91　导入素材

图 4-92　调整参数

图 4-93　选择模糊效果

在一般情况下，创作者在制作短视频时可以采用这样的方法制作视频背景。

4.4 “变速”设置

“变速”面板中包括常规变速和曲线变速两种类型。

4.4.1 常规变速

在“常规变速”选项卡中，可以通过设置倍数调整视频速度，如图 4-94 所示。

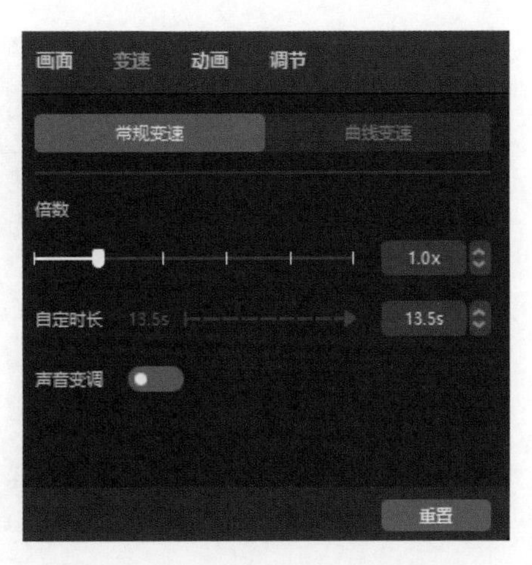

图 4-94 “常规变速”选项卡

4.4.2 曲线变速

在“曲线变速”选项卡中包括自定义、蒙太奇、英雄时刻、子弹时间、跳接、闪进和闪出，如图 4-95 所示。

下面介绍剪映专业版变速功能的使用方法。

Step 01：打开剪映专业版，单击“开始创作”按钮，在“媒体”面板中，单击“导入”按钮，选择素材，完成导入，如图 4-96 所示。

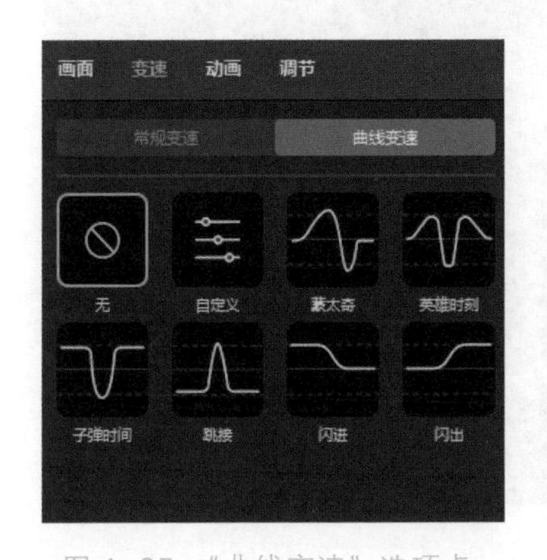

图 4-95 “曲线变速”选项卡

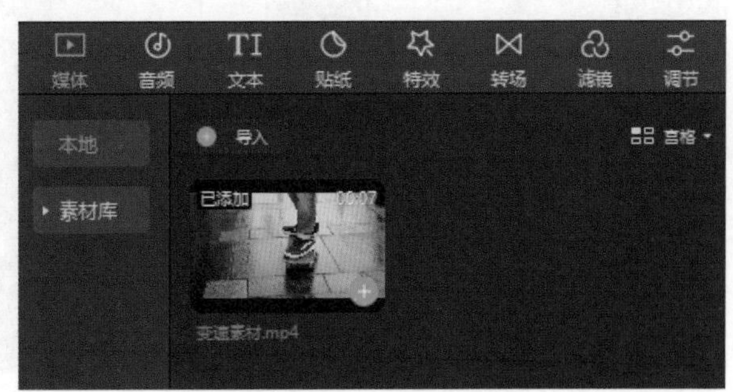

图 4-96 导入素材

Step 02：将素材拖到时间轴面板中，如图 4-97 所示。

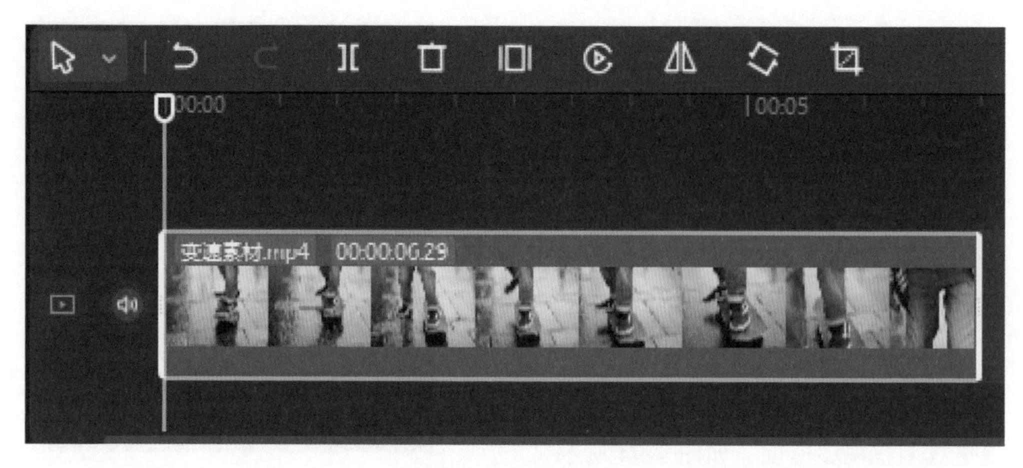

图 4-97　时间轴面板

Step 03：在时间轴面板中选中该素材，并在“变速”面板的“曲线变速”选项卡中选择“自定义”变速，如图 4-98 所示。

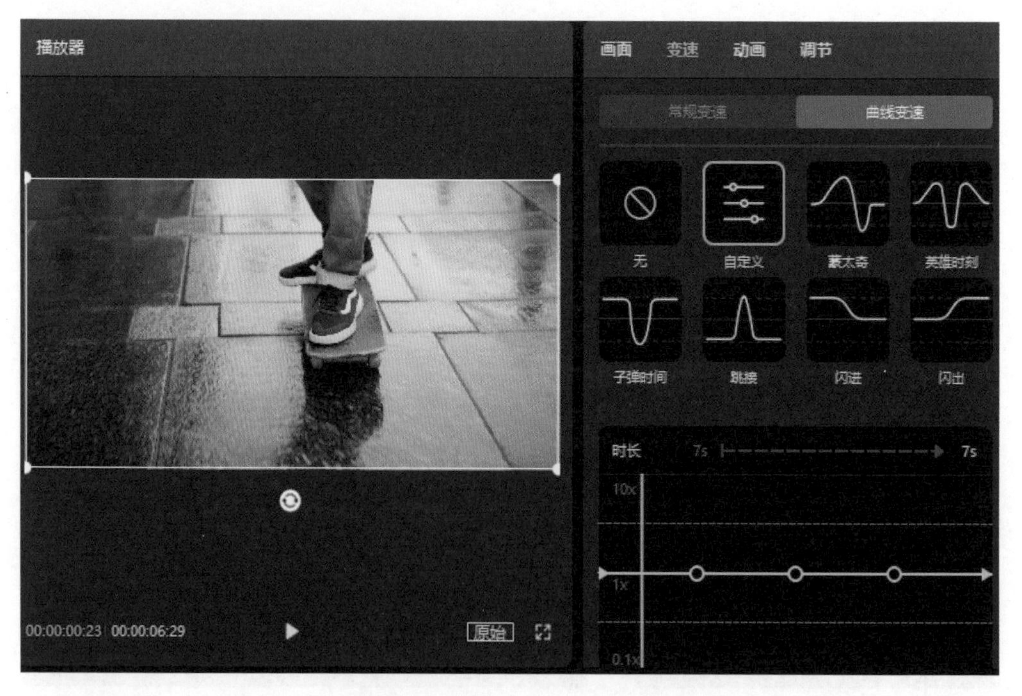

图 4-98　选择“自定义”变速

Step 04：调整曲线以控制视频速度，如图 4-99 所示。

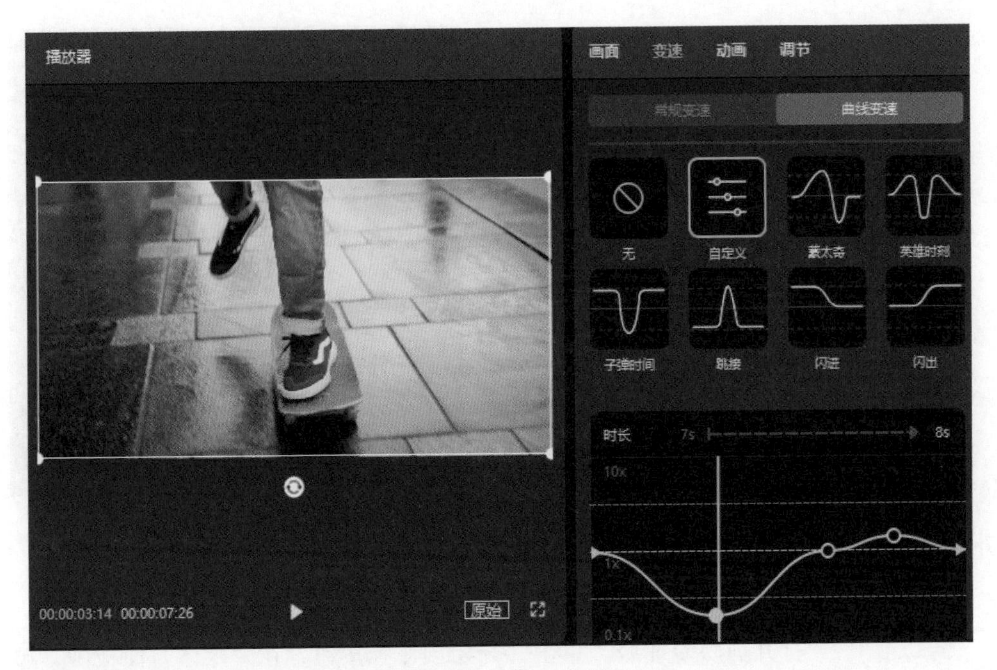

图 4-99 调整曲线

创作者可以通过自定义的变速效果来调节视频速度的快慢。

4.5 “动画”设置

剪映专业版中的“动画”设置包括入场动画、出场动画和组合动画的设置。这些动画效果可以应用到文字、图片、视频和贴纸中。

4.5.1 入场动画

入场动画包括渐显、轻微放大、放大、缩小、向左滑动、向右滑动、向下滑动等动画，如图 4-100 所示。

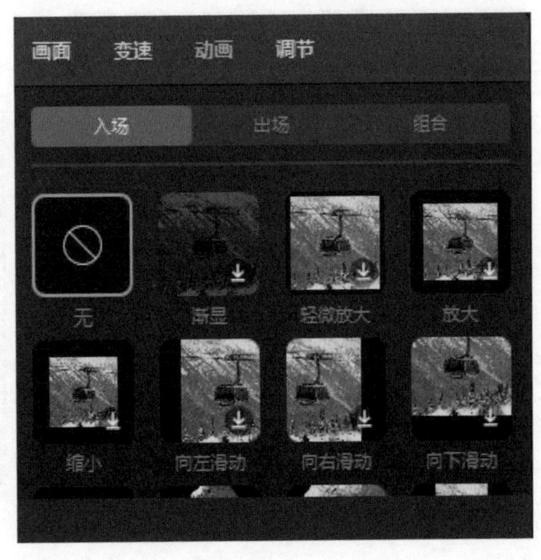

图 4-100 入场动画

4.5.2 出场动画

出场动画包括渐隐、轻微放大、放大、缩小、向左滑动、向右滑动和向上滑动等动画，如图 4-101 所示。

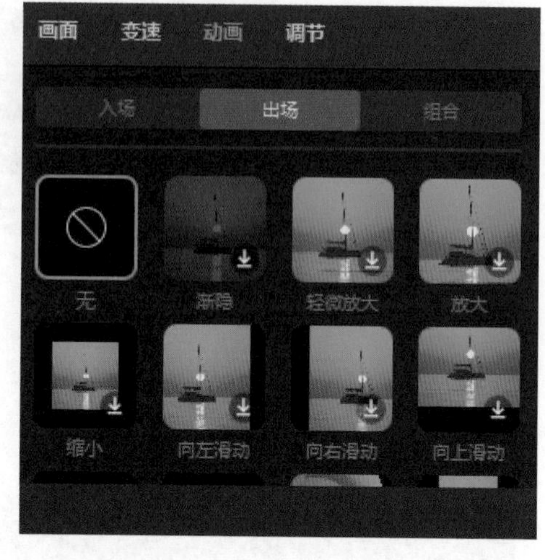

图 4-101 出场动画

4.5.3 组合动画

组合动画包括拉伸扭曲、扭曲拉伸、缩小弹动、放大弹动、波动滑出、滑入波动和魔方等组合动画，如图 4-102 所示。

下面使用案例介绍动画效果的制作。

Step 01：打开剪映专业版，单击“开始创作”按钮，在“媒体”面板中，单击“导入”按钮，选择素材，完成导入，如图 4-103 所示。

Step 02：将所有素材拖到时间轴面板中，如图 4-104 所示。

Step 03：在时间轴面板中选中“素材 1.jpg”，并在“画面”面板中调整“缩放”，将素材缩放到合适的大小，使其铺满整个画面，如图 4-105 所示。

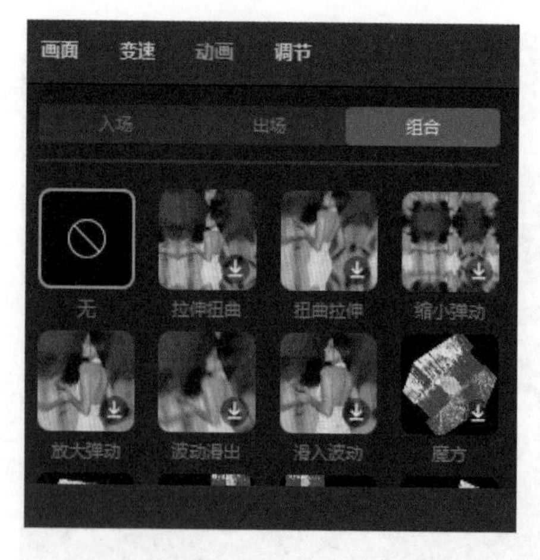

图 4-102 组合动画

图 4-103 导入素材

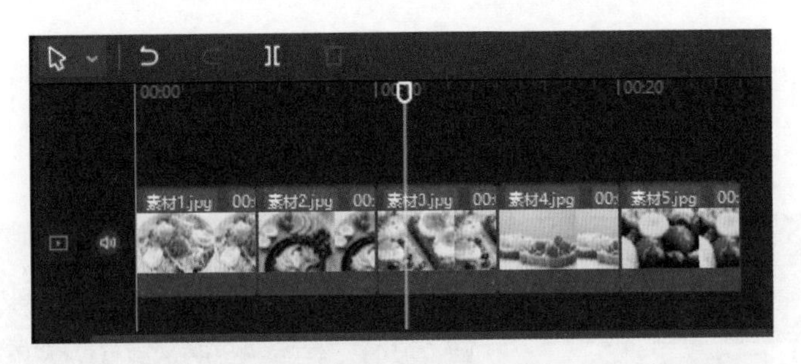

图 4-104　时间轴面板

图 4-105　调整参数

Step 04：在时间轴面板中，选择“素材 1.jpg”。在“动画”面板中，选择“入场”选项卡中的“向右甩入”动画，并将其应用到“素材 1.jpg”上，保持默认的“动画时长”为“0.5s”，如图 4-106 所示。

图 4-106　设置动画（1）

Step 05：在时间轴面板中，选择“素材 2.jpg”。在“动画”面板中，选择“入场”选项卡中的“动感缩小”动画，并将其应用到“素材 2.jpg”上，如图 4-107 所示。

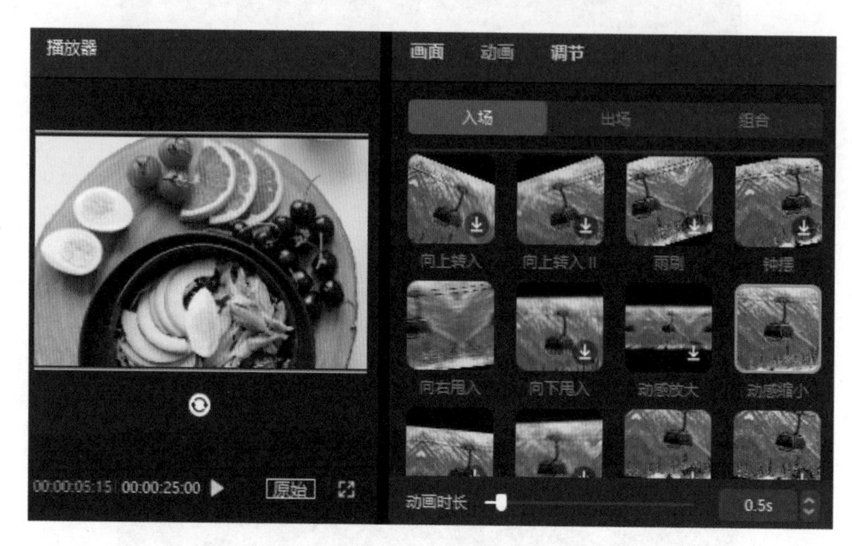

图 4-107　设置动画（2）

Step 06：选择“素材 3.jpg”,在“动画”面板中选择“出场”选项卡中的“轻微放大”动画，并将其应用到“素材 3.jpg”上，如图 4-108 所示。

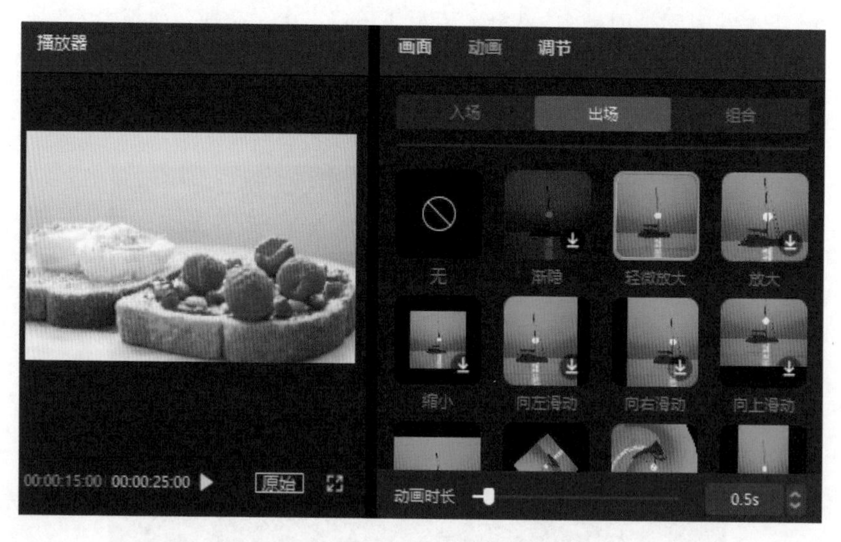

图 4-108　设置动画（3）

Step 07：选择“素材 4.jpg”，在“动画”面板中，选择“组合”选项卡中的“拉伸扭曲”动画，并保持默认的“动画时长”为“5.0s”，如图 4-109 所示。

图 4-109　设置动画（4）

使用相同的方法，对其他素材进行入场、出场和组合动画的设置，并设置动画的时长。

4.6　“调节”设置

“调节”面板分为基础调色和 HSL 调色。其中，基础调色包括 LUT 和调节，可以通过 LUT 预设调整画面的颜色，也可以直接设置调节参数来调整色彩。

4.6.1　基础调色

“调节”面板包括自定义、我的预设，以及用于导入 LUT 调色的 LUT，如图 4-110 所示。

下面介绍基础调色的设置方法。

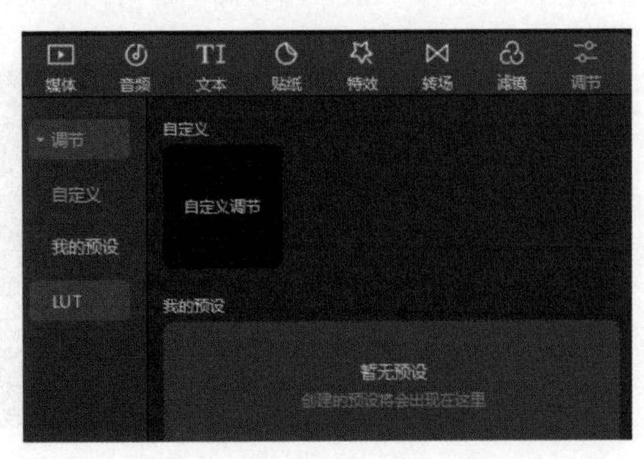

图 4-110　“调节”面板（1）

Step 01：打开剪映专业版，单击“开始创作”按钮，进入剪映专业版的工作界面。在“媒体”面板中，单击“导入”按钮，导入素材，如图 4-111 所示。

图 4-111　导入素材

Step 02：将“媒体”面板中的素材拖到时间轴面板中，如图 4-112 所示。

Step 03：在“调节”面板中，单击“自定义调节”中的“添加到轨道”按钮，如图 4-113 所示。

Step 04：将“自定义调节”添加到时间轴面板中，调整自定义调节的时长，使其和素材的时长相等，如图 4-114 所示。

Step 05：在界面右上角的属性面板中，“调节”面板包含两个部分，一个是基础，另外一个是 HSL，如图 4-115 所示。

Step 06：“基础”选项卡中包括 LUT 和调节，其中，调节包括色温、色调、饱和度、亮度、对比度、高光、阴影、光感、锐化、颗粒、褪色和暗角。用户可以通过调整这些参数来增强画面的对比效果，如图 4-116 所示。

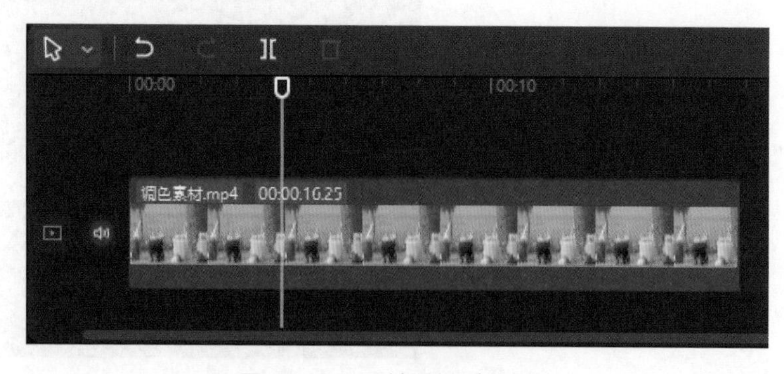

图 4-112　时间轴面板（1）

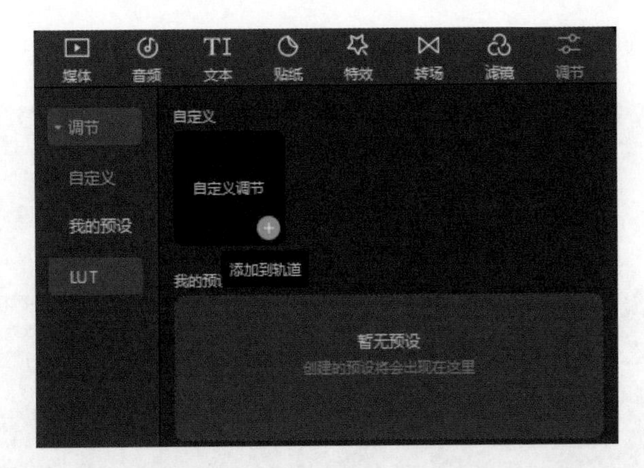

图 4-113　“调节”面板（2）

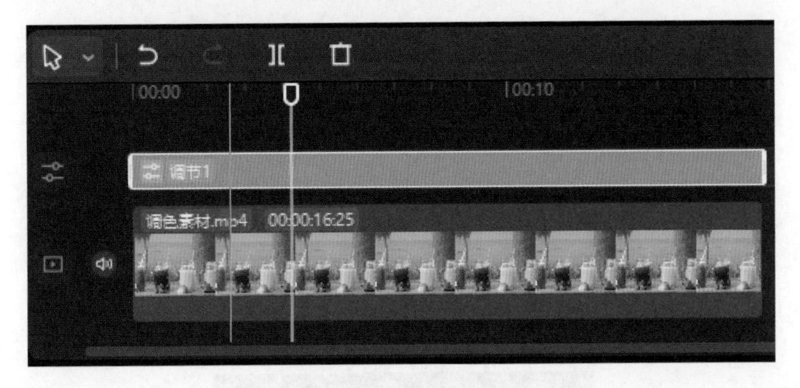

图 4-114　时间轴面板（2）

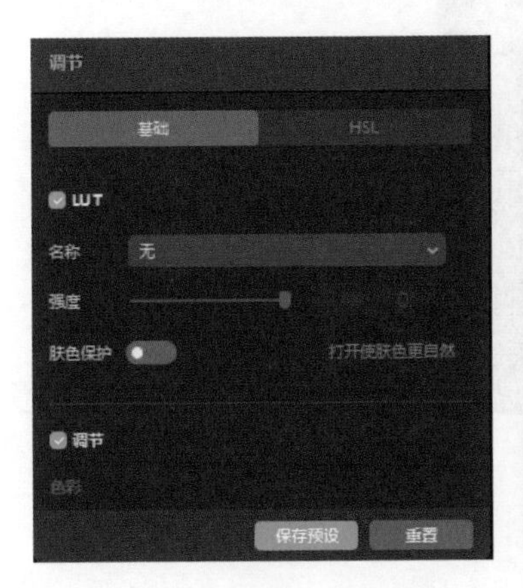

图 4-115　“基础”选项卡

图 4-116　调整参数

Step 07：在“调节”面板中，调整“锐化”参数，如图 4-117 所示。

图 4-117 调整参数

Step 08：单击界面右上角的“导出”按钮，导出视频。

4.6.2 HSL调色

HSL 调色可以选择单一的颜色，并对其进行色相、饱和度和亮度的调整。“HSL”选项卡中包括色相、饱和度和亮度的调整，如图 4-118 所示。

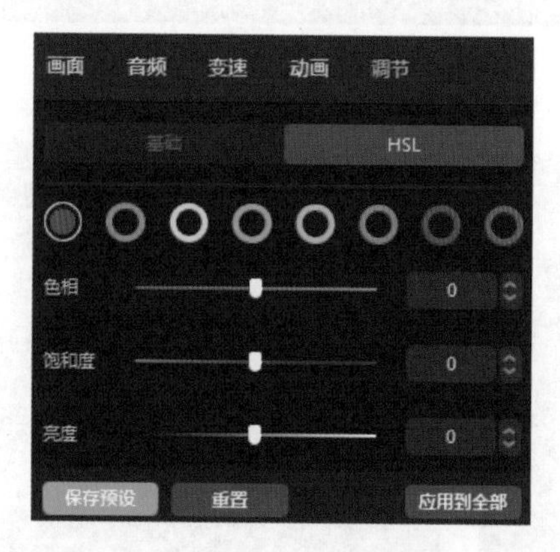

图 4-118 调整 HSL

下面介绍 HSL 调色的设置方法。

Step 01：打开剪映专业版，单击“开始创作”按钮，进入剪映专业版的工作界面。在“媒体”面板中，单击“导入”按钮，导入素材，如图 4-119 所示。

图 4-119　导入素材

Step 02：将素材拖到时间轴面板中，在“调节”面板中添加“自定义调节”，并将其拖到时间轴面板中，使其时间长度和素材的时间长度相等，如图 4-120 所示。

图 4-120　时间轴面板

Step 03：在右上方“调节”面板的“HSL”选项卡中，选择“橙色”，将“色相”设为“-66”，“饱和度”设为“47”，如图 4-121 所示。

Step 04：在右上方“调节”面板的“HSL”选项卡中，选择“绿色”，将“色相”设为“-79”，“饱和度”设为“-12”，如图 4-122 所示。

Step 05：单击界面右上角的“导出”按钮，即可渲染视频。

图 4-121　调整参数（1）

图 4-122　调整参数（2）

第5章 手机短视频综合制作

零基础的读者也可以通过剪映 App 制作短视频。比如，把照片或视频导入剪映 App，就可以自动生成一段很棒的短视频。剪映 App 内置了很多出色的效果模板，而且它的音乐素材比较多，还可以导出 1080P 的高清视频。本章介绍使用剪映 App 制作不同类型的手机短视频。

5.1 使用剪映App模板制作短视频

本节介绍使用剪映 App 一键成片、图文成片、视频拍摄、录屏、创作脚本、提词器和剪同款等功能的模板制作视频的方法。使用剪映 App 可以录制视频，也可以录制手机屏幕视频。比如，通过剪映 App 录制视频，并将其制作成短视频。

5.1.1 一键成片

本节介绍使用一键成片功能，将图片或视频生成视频。

Step 01：打开剪映 App，点击“一键成片”按钮，选择图片或视频素材，点击“下一步”按钮，进入“选择模板”界面，如图 5-1 所示。

Step 02：选择推荐模板中的任意一个模板，即可自动生成视频。点击“点击编辑”按钮，可以对视频进行拍摄、替换和裁剪等操作，如图 5-2 所示。

图 5-1 “选择模板”界面

图 5-2 点击“点击编辑”按钮

5.1.2　图文成片

本节介绍剪映 App 中的图文成片功能，并通过图文成片功能制作短视频。

Step 01：打开剪映 App，点击“图文成片”按钮。图文成片有两种方法：一种是“粘贴链接”，通过粘贴今日头条 App 的链接来生成视频；另一种是“自定义输入”，通过输入文字内容来生成视频，如图 5-3 所示。

Step 02：打开今日头条 App，选择一篇文章，先点击“分享链接”按钮，再点击“复制链接”按钮，如图 5-4 所示。

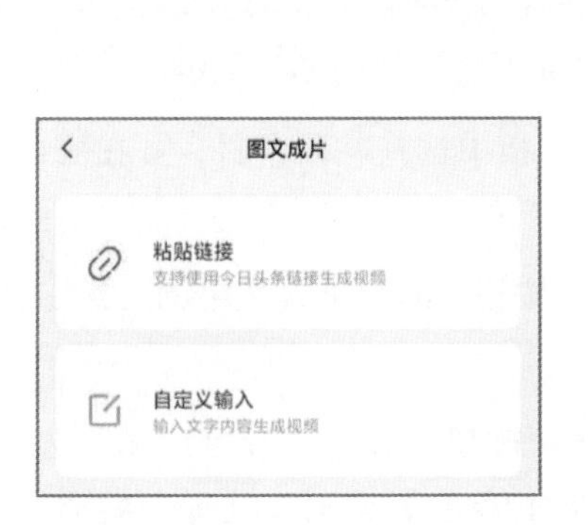

图 5-3　“图文成片”界面

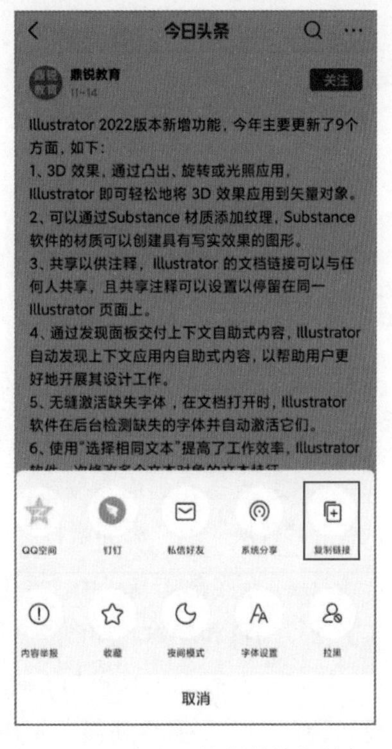

图 5-4　点击“复制链接”按钮

Step 03：在剪映 App 中粘贴链接，如图 5-5 所示。

Step 04：在粘贴今日头条 App 的链接后，点击“获取文字内容”按钮，即可获取文字，甚至可以编辑文字标题。点击界面右上角的“生成视频”按钮，如图 5-6 所示。

图 5-5　粘贴连接

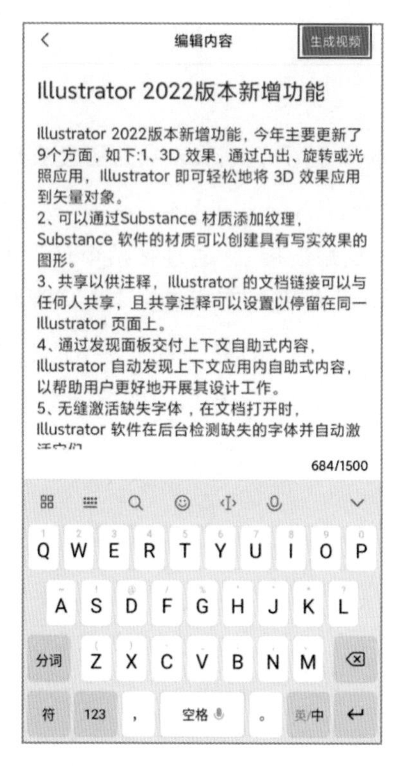

图 5-6　点击“生成视频”按钮

Step 05：在生成视频后，打开剪映 App 的工作界面，其底部工具栏包括画面、文字、音色、自主录音、背景音乐、标题和比例工具，如图 5-7 所示。

Step 06：点击“画面”按钮，在时间轴面板中选择一段素材，并在底部工具栏中，点击“替换”或“添加素材”按钮，即可替换或增加素材，如图 5-8 所示。

Step 07：在底部工具栏中，点击“文字”按钮，即可进入文字的二级工具栏，并对文字进行编辑和删除，如图 5-9 所示。

Step 08：在底部工具栏中，点击“音色”按钮，进入“音色选择”选项栏，其中包括特色方言、萌趣动漫、女声音色、男生音色等类别，且每个类别下又包括多个音色，如图 5-10 所示。

Step 09：在底部工具栏中，点击“背景音乐”按钮，进入背景音乐的二级工具栏，可以替换背景音乐、调整音量或删除背景音乐，如图 5-11 所示。

Step 10：在底部工具栏中点击“比例”按钮，进入比例的二级工具栏，可以将画面比例设置为“16 ： 9”或“9 ： 16”，如图 5-12 所示。

图 5-7 剪映 App 的工作界面

图 5-8 替换或添加素材

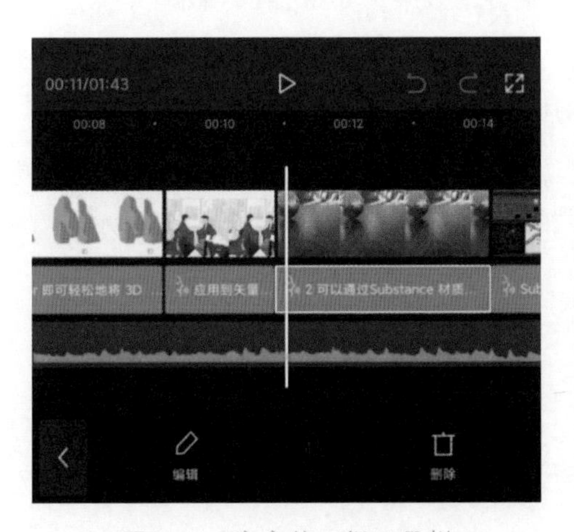

图 5-9 文字的二级工具栏

图 5-10 “音色选择”选项栏

图 5-11　背景音乐的二级工具栏

图 5-12　比例的二级工具栏

5.1.3　视频拍摄

本节介绍使用剪映 App 来拍摄短视频。

Step 01：打开剪映 App，点击“拍摄”按钮，进入拍摄界面，可以直接拍摄视频，如图 5-13 所示。在拍摄界面上，点击“效果”“灵感”“美颜”按钮，可以给视频添加不同的拍摄效果。

Step 02：点击“效果”按钮，进入“效果”选项栏。在该选项栏中包括热门、美食、复古、日常、黑白等类别，每个类别下又包括多个效果，如图 5-14 所示。

Step 03：点击“灵感”按钮，进入“拍摄灵感”选项栏。在该选项栏中包括美食、日常碎片、海边、情侣、朋友、探店和旅行类别，如图 5-15 所示。

Step 04：点击“美颜”按钮，进入“美颜”选项栏。在该选项栏中可以设置磨皮、瘦脸、大眼和瘦鼻效果，并对人像拍摄使用美颜效果，如图 5-16 所示。

图 5-13　拍摄界面

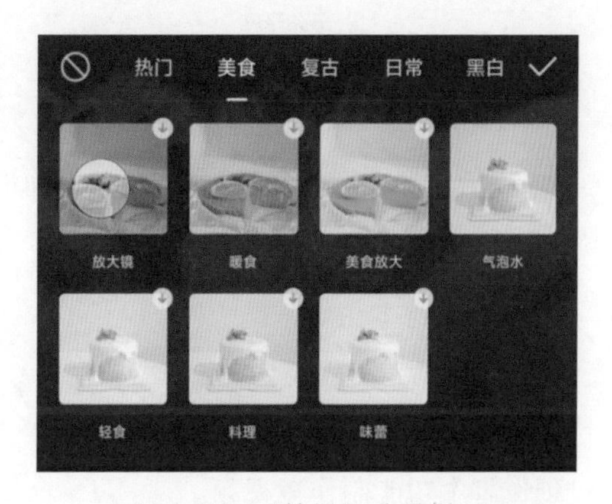

图 5-14　“效果”选项栏

图 5-15　“拍摄灵感”选项栏

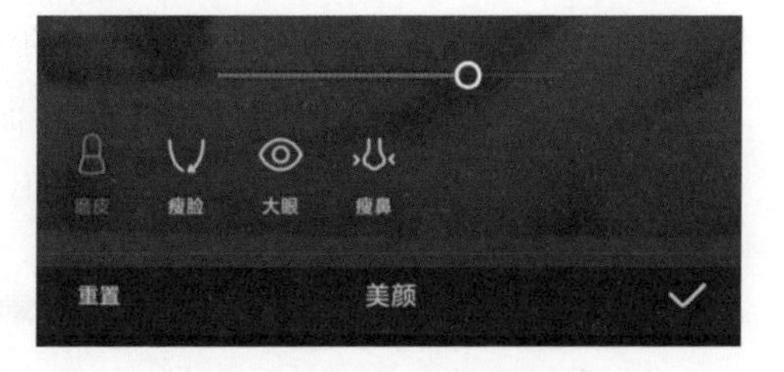

图 5-16　“美颜”选项栏

5.1.4　录屏

本节介绍剪映 App 中的录屏功能，并通过录屏功能制作短视频。

Step 01：在剪映 App 的工作界面中，点击“录屏”按钮，打开录屏界面，如图 5-17 所示。

Step 02：点击“开始录屏”按钮，弹出提示对话框，如图 5-18 所示。

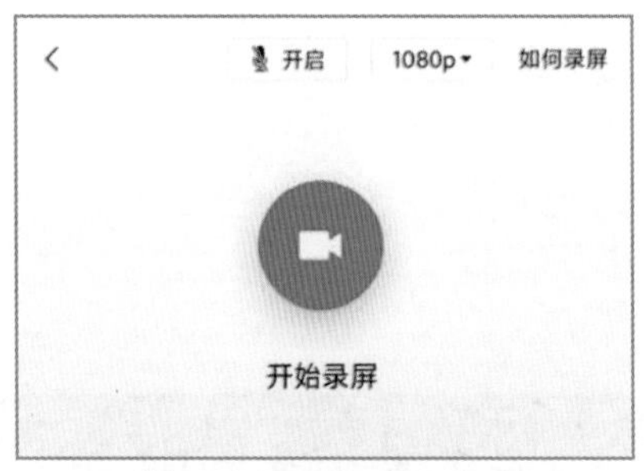

图 5-17　录屏界面

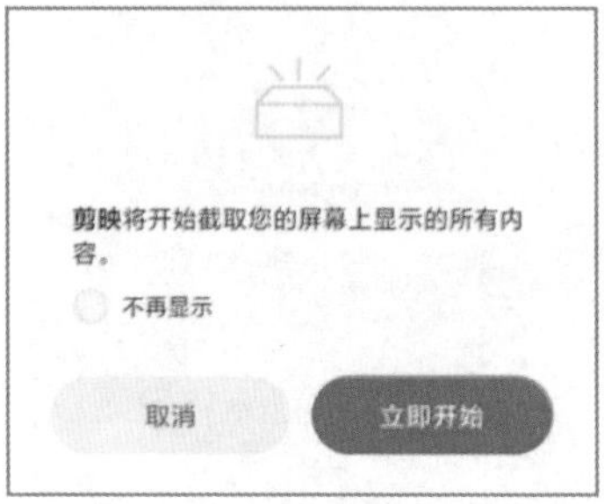

图 5-18　提示对话框

Step 03：点击“立即开始”按钮，即可对手机屏幕进行录制。

5.1.5　创作脚本

本节介绍剪映 App 中的创作脚本功能，并通过创作脚本功能制作短视频。

Step 01：打开剪映 App，点击“创作脚本”按钮，进入“创作脚本”界面，该界面提供了非常多的创作脚本，如图 5-19 所示。

Step 02：选择一个创作脚本，界面上会显示“脚本结构”，会教你这个视频先拍什么、再拍什么，如图 5-20 所示。

Step 03：点击“去使用这个脚本”按钮，打开脚本的编辑界面，如图 5-21 所示。

图 5-19　“创作脚本”界面

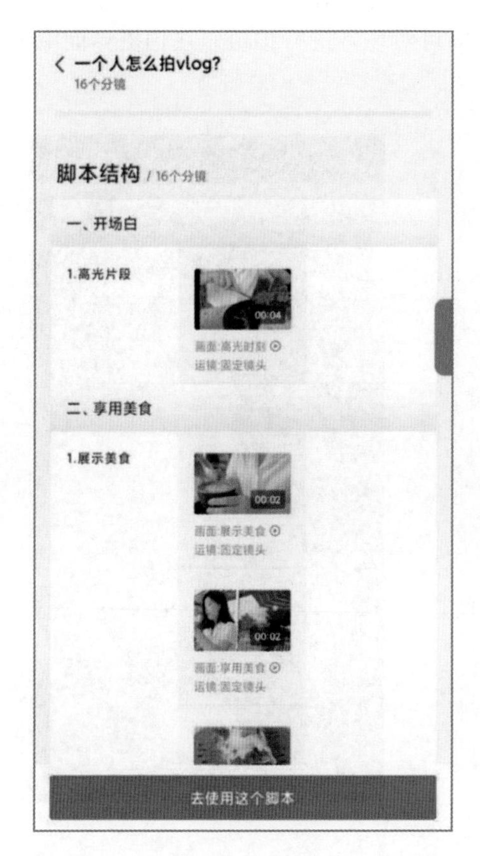

图 5-20　脚本结构

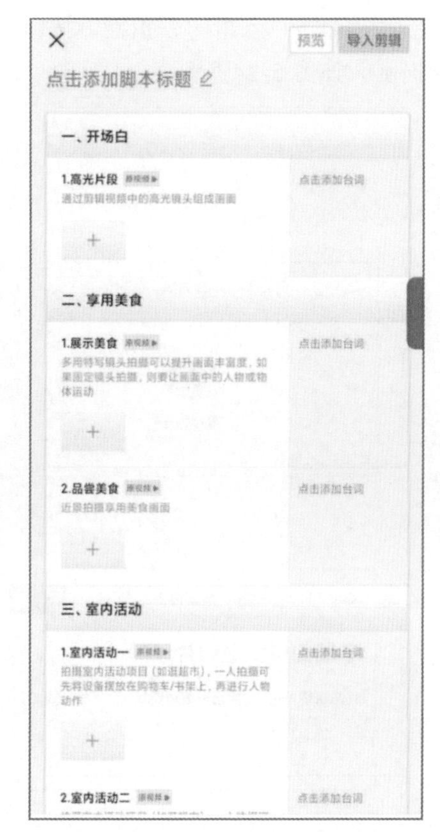

图 5-21　脚本的编辑界面

Step 04：用户可以在界面顶部设置脚本标题，也可以在每一个脚本上拍摄视频，还可以在界面右侧添加台词，最后制作出完整的短视频。

5.1.6　提词器

本节介绍剪映 App 中的提词器功能。在拍摄视频时，提词器功能用来提醒拍摄的内容。

Step 01：打开剪映 App，点击“提词器”按钮，进入“提词器”界面，如图 5-22 所示。

Step 02：点击“新建台词”按钮，进入“编辑内容”界面，编辑台词的标题和内容，如图 5-23 所示。

Step 03：点击“去拍摄”按钮，即可对场景进行拍摄。在拍摄界面中将有文字提示，如图 5-24 所示。

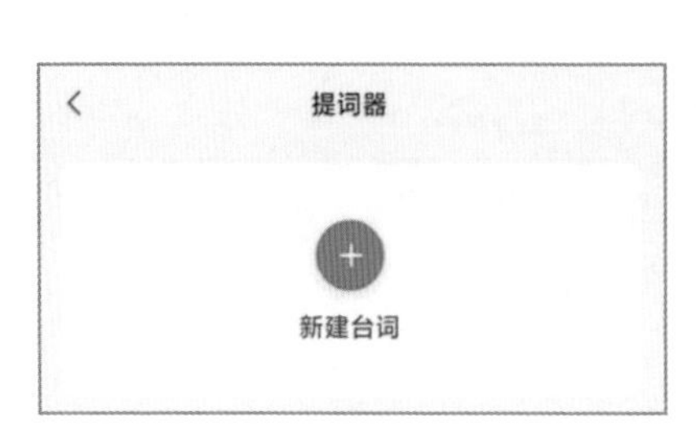

图 5-22 “提词器”界面

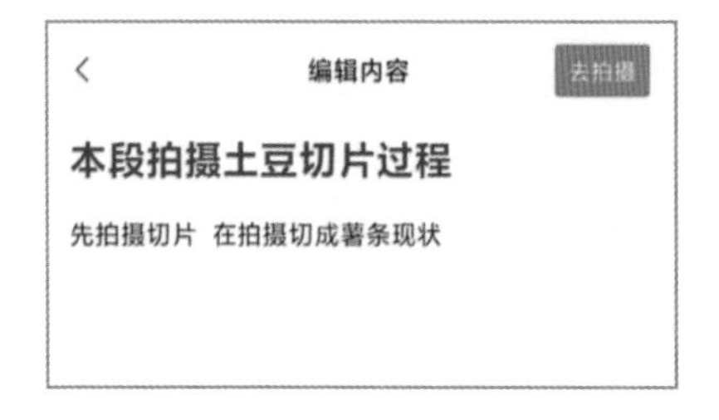

图 5-23 “编辑内容”界面

图 5-24 拍摄界面

5.1.7 剪同款

“剪同款”即视频模板，就是创作者将其在剪映 App 中制作的视频源文件共享给其他人使用。我们可以通过“剪同款”界面中的模板来使用其他创作者设计的创作效果（包括剪辑中所有编辑设计的效果，如贴纸、转场、动画、文字、滤镜等）。

Step 01：打开剪映 App，点击“剪同款”按钮，进入“剪同款”界面。“剪同款”的分类非常多，包括推荐、卡点、日常碎片、萌娃、情感、玩法、纪念日、美食、风格大片、情侣、旅行、友友天地、Vlog、动漫、萌宠、游戏等，如图 5-25 所示。

Step 02：选择其中一个模板，进入其界面，点击“剪同款”按钮，如图 5-26 所示。

Step 03：根据选择的模板，选择视频素材或图片素材即可，如图 5-27 所示。

图 5-25　“剪同款”界面

图 5-26　点击“剪同款”按钮

图 5-27　选择素材

Step 04：点击“点击编辑”按钮，即可选择素材、替换素材或剪辑素材，如图 5-28 所示。

Step 05：分别对每一段素材进行编辑，制作好后点击界面右上角的“导出”按钮，即可导出视频。

图 5-28　编辑素材

5.2　手机摄影短视频制作

本节介绍将醒图 App和剪映 App 相结合制作短视频的案例。先使用醒图 App 将拍摄的图片进行合成处理，然后使用剪映 App 对合成过程进行录屏，并且对视频进行剪辑，制作录音解说，添加字幕，最后导出视频。

5.2.1 手机摄影合成

本节使用醒图 App 对摄影图片进行合成处理，并且使用剪映 App 将处理过程录制下来。

Step 01：打开剪映 App，点击“录屏”按钮，如图 5-29 所示。

Step 02：进入录屏界面，点击“1080p”下拉按钮，如图 5-30 所示。

图 5-29 点击“录屏”按钮

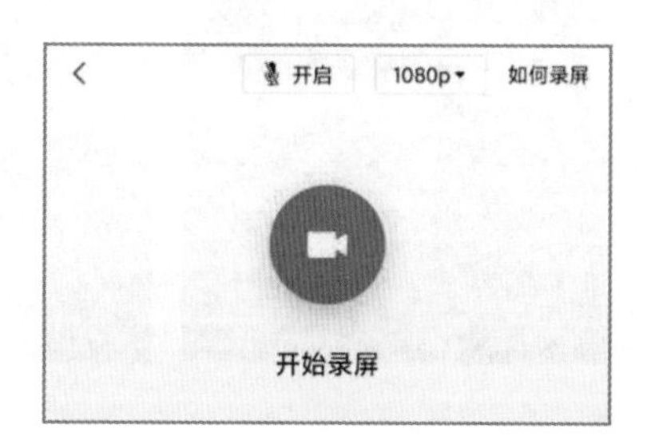

图 5-30 点击“1080p”下拉按钮

Step 03：在下拉选项中，将“录屏比例”设为“竖屏”，“码率”设为“12”，如图 5-31 所示。

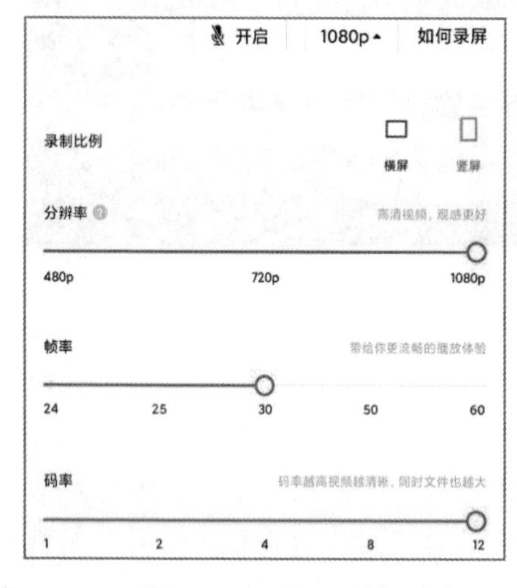

图 5-31 设置属性

Step 04：设置好之后，点击“开始录屏”按钮，关闭录屏浮窗。

Step 05：打开醒图 App，点击“导入”按钮，选择背景素材并将其导入，如图 5-32 所示。

Step 06：在“背景”选项卡中，点击“9 ∶ 16”按钮，并在预览区域选中图片，通过双指将其放大到整个画面，如图 5-33 所示。

Step 07：选择“导入图片”选项卡，选择人像素材并将其导入，点击“抠图”按钮，进入“抠图”选项栏，如图 5-34 所示。

图 5-32　导入素材

图 5-33　背景设置

图 5-34　“抠图”选项栏

Step 08：点击“智能抠图”按钮，预览区域会自动进行抠图处理，如图 5-35 所示。

Step 09：双指背向滑动可以放大图片，点击“画笔”按钮，即可使用“画笔”工具绘制抠图区域；点击“橡皮擦”按钮，即可使用“橡皮擦”工具恢复抠图区域，如图 5-36 所示。

Step 10：点击“预览”按钮，查看抠图效果，如果有一部分抠图效果不好，则可以调整“画笔大小”，并使用“画笔”和“橡皮擦”工具对其进行细致的抠图处理。调整好后，点击界面右下角的“确定”按钮，完成抠图，如图 5-37 所示。

Step 11：选中人像素材，双指旋转人像素材，将其调整到合适的角度，并将其缩放到合适的大小，如图 5-38 所示。

Step 12：选中人像素材，在“导入图片”选项卡中，点击“复制”按钮，完成图片的复制。选中复制的人像素材，在工具栏中点击“翻转”按钮，在弹出的“翻转”选项中选择“垂直翻转”，即可对复制人像素材进行翻转，并调整其位置，如图 5-39 所示。

图 5-35　智能抠图

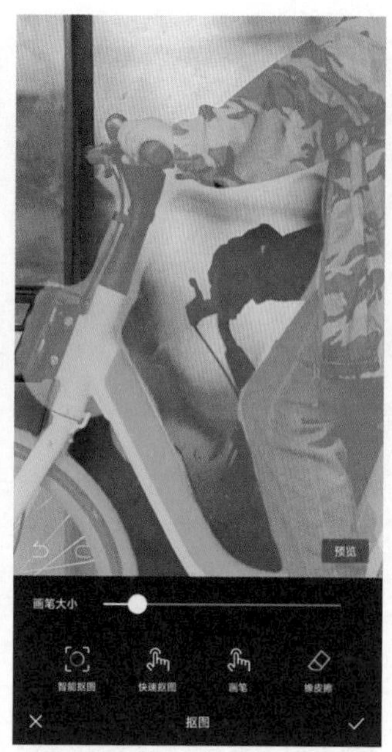

图 5-36　调整抠图区域

图 5-37　完成抠图

图 5-38　调整位置

图 5-39　复制素材并翻转

Step 13：将复制的图片作为投影，选中复制的素材，点击“导入图片”选项卡中的“蒙版”按钮，进入“蒙版”选项栏，如图 5-40 所示。

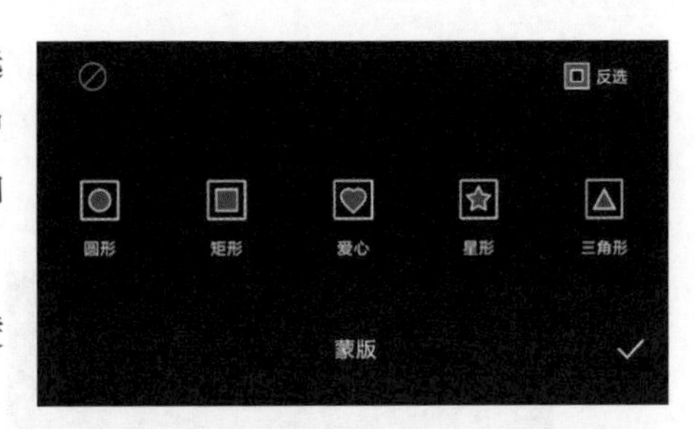

图 5-40　“蒙版”选项栏

Step 14：选择“矩形”蒙版，调整蒙版的形状和羽化，如图 5-41 所示。

Step 15：调整完成后，点击界面右下角的“确定”按钮，完成投影设置。在预览区域，选中人像素材，如图 5-42 所示。

图 5-41　调整蒙版的形状和羽化

图 5-42　选中人像素材

Step 16：点击“导入图片”选项卡中的“调节”按钮，进入“调节”选项栏。点击“光感”按钮，调整滑块，即可调整图片的光感效果，如图 5-43 所示。

Step 17：同样地，用户可以根据需要调整图片的对比度、色温和色调，也可以调整投影图片的对比度和色相饱和度。点击界面右上角的“导出”按钮，即可导出图片，如图 5-44 所示。

图 5-43　调整光感

图 5-44　导出图片

Step 18：打开剪映 App，停止录制屏幕，并将录屏的视频保存到手机的相册中。

5.2.2　视频粗剪

下面将录屏视频导入剪映 App 中进行剪辑。

Step 01：打开剪映 App，点击“开始创作”按钮，选择录屏素材，如图 5-45 所示。

Step 02：点击工具栏中的“比例”按钮，进入比例的二级工具栏。选择“9 ： 16”比例，在预览区域中使用双指缩放视频素材，如图 5-46 所示。

Step 03：播放视频，查看视频效果。原始视频录制时长是 03:07，下面通过分割视频和删除视频片段进行视频剪辑。将时间线拖到 00:01 的位置，点击“分割”按钮，选中前面一段素材，点击“删除”按钮，如图 5-47 所示。

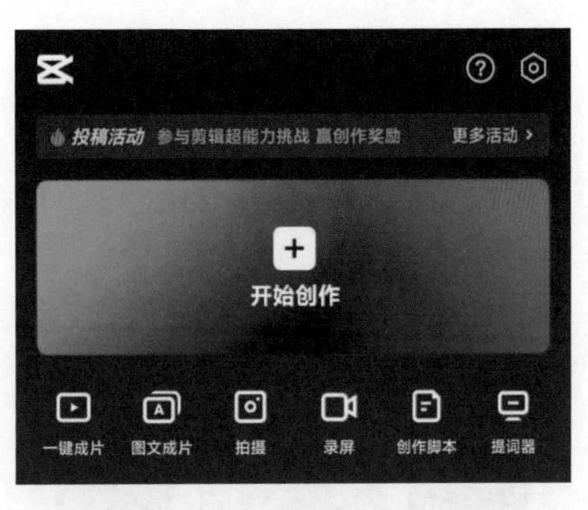

图 5-45 点击“开始创作”按钮

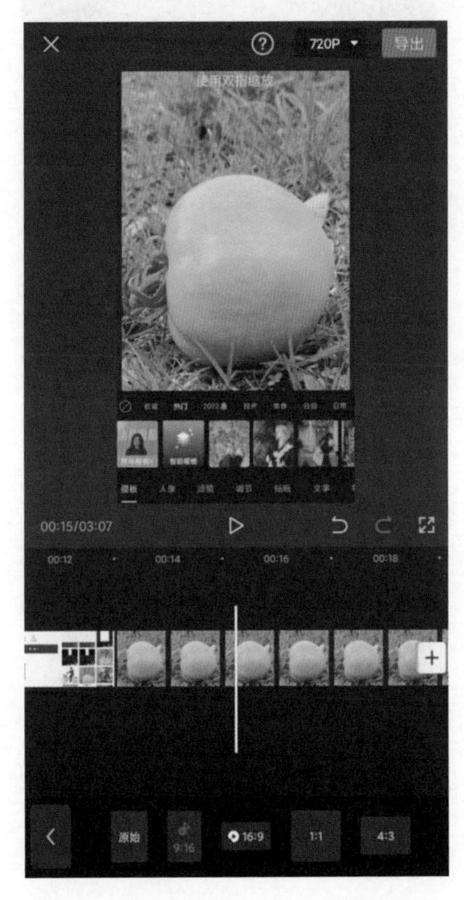

图 5-46 选择“9 ： 16”比例

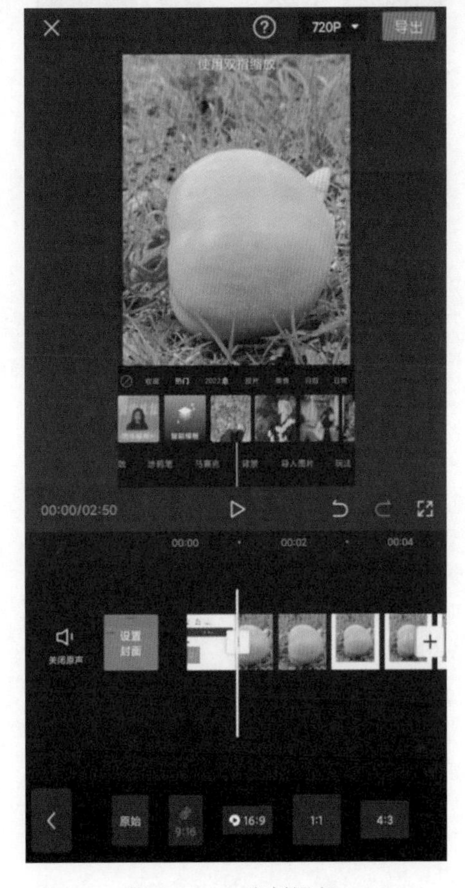

图 5-47 分割视频

Step 04：删除视频片段后，时间轴上的素材会自动移到开始的位置，将时间线拖到 00:08 的位置，如图 5-48 所示。点击“分割”按钮，选中前面的一段素材，点击“删除”按钮。

Step 05：通过这样的方法可以将素材进行剪辑。最终剪辑的素材时长为 01:56，如图 5-49 所示。

图 5-48　拖动时间线

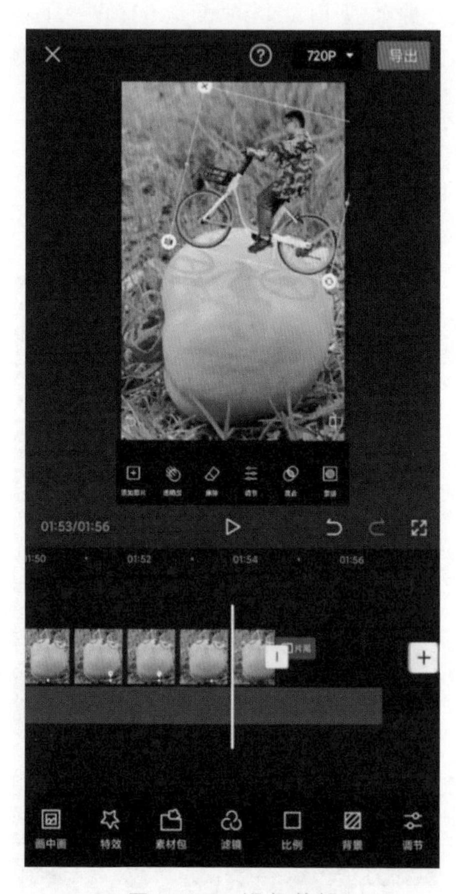

图 5-49　视频剪辑

5.2.3　视频录音

本节介绍剪映 App 中的录音功能，并对录制好的解说进行剪辑。

Step 01：点击工具栏中的“音频”按钮，如图 5-50 所示。

Step 02：在音频的二级工具栏中，点击“录音”按钮，如图 5-51 所示。

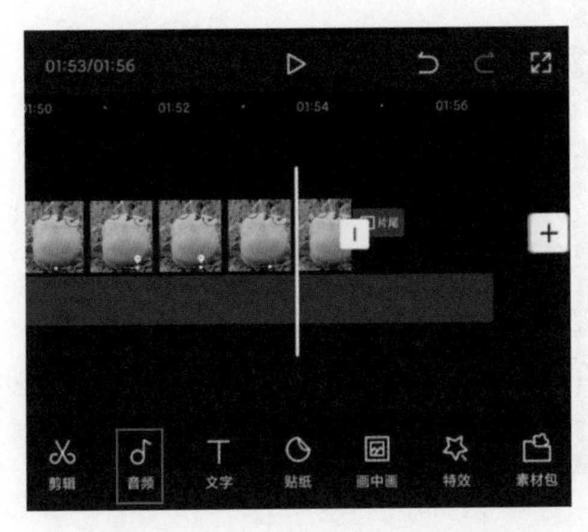

图 5-50　点击“音频”按钮

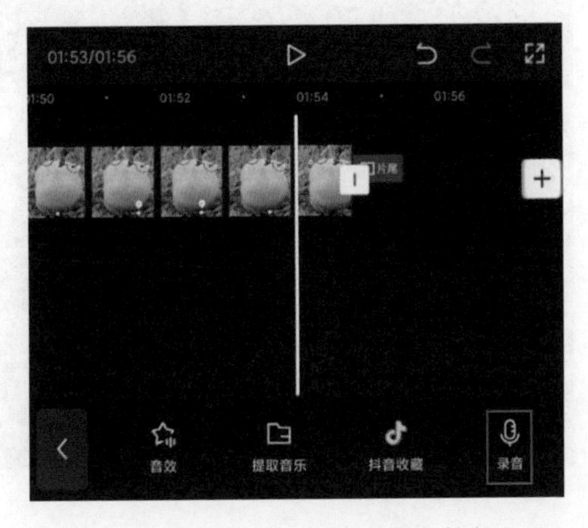

图 5-51　点击“录音”按钮

Step 03：在“按住录音”选项栏中，长按“录音”按钮，开始录音，松开即可停止录音，录音时长为 01:30，如图 5-52 所示。

Step 04：选中音频，使用“分割”工具，对音频进行剪辑，如图 5-53 所示。

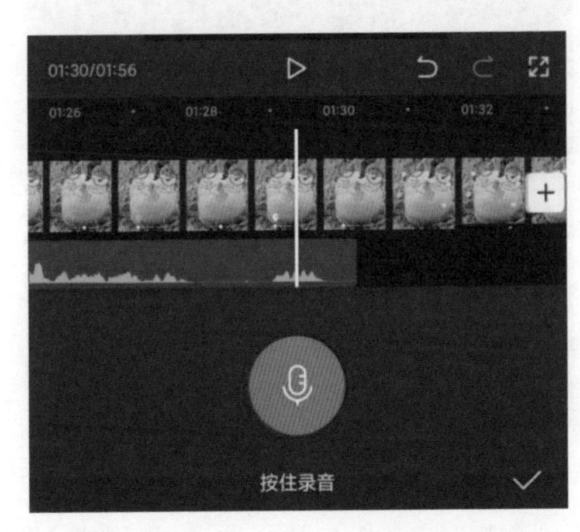

图 5-52　完成录音

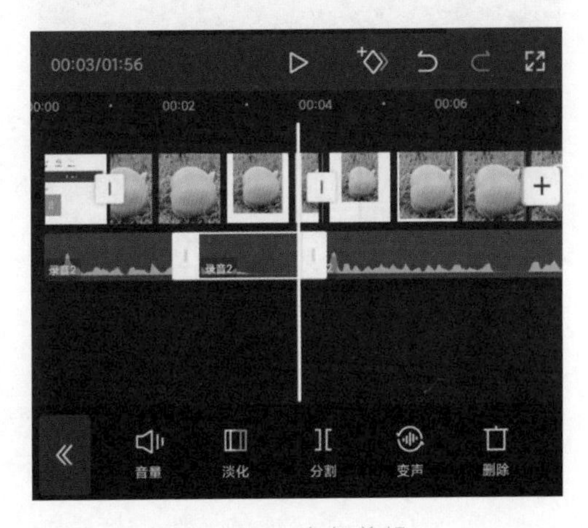

图 5-53　音频剪辑

Step 05：在时间轴面板中拖动音频轨道，可以将音频和视频的时间线位置对应上，如图 5-54 所示。

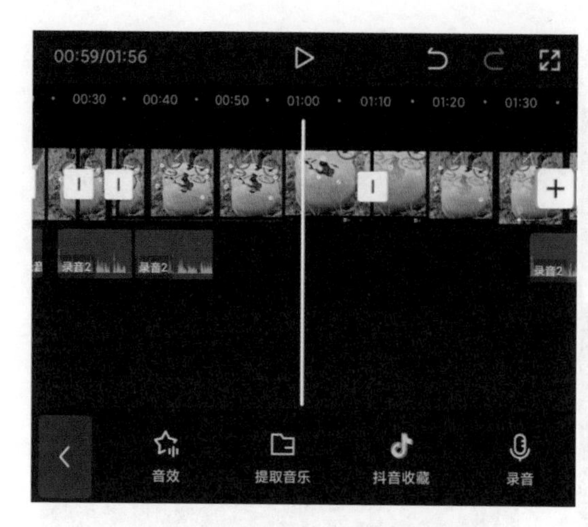

图 5-54　调整音频位置

5.2.4　视频精剪

粗剪之后的视频时长约为 01:56，再次对视频进行剪辑，使视频和音频对应上，最终将视频的时长控制在 1 分钟之内。

Step 01：播放视频，使视频操作和音频讲解的过程对应上，先对视频进行分割剪辑，然后将多余的视频删除，如图 5-55 所示。

Step 02：有一些内容虽然比较重要，但是占用的时间太多，可以通过“变速”工具调整视频速度。选中素材，点击“变速”按钮，如图 5-56 所示。

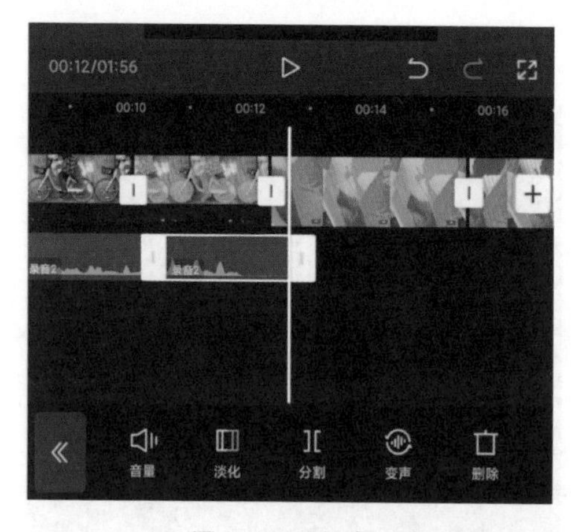

图 5-55　视频分割

图 5-56　点击“变速”按钮

Step 03：在变速的二级工具栏中，点击“常规变速”按钮，进入“变速”选项栏，根据音频的长度，设置变速数值，如图 5-57 所示。

Step 04：使变速后的视频和音频对应，如果对应不上的话，还需要对视频进行剪辑，或者进行局部变速。在调整好视频的变速之后，选中对应的音频进行移动，如图 5-58 所示。

Step 05：除了对视频进行变速调整，还可以对音频进行调整，使视频和音频更加统一，如图 5-59 所示。

Step 06：剪映 App 默认有一个片尾，选择并删除片尾，最终剪辑后的视频时长是 00:37，如图 5-60 所示。

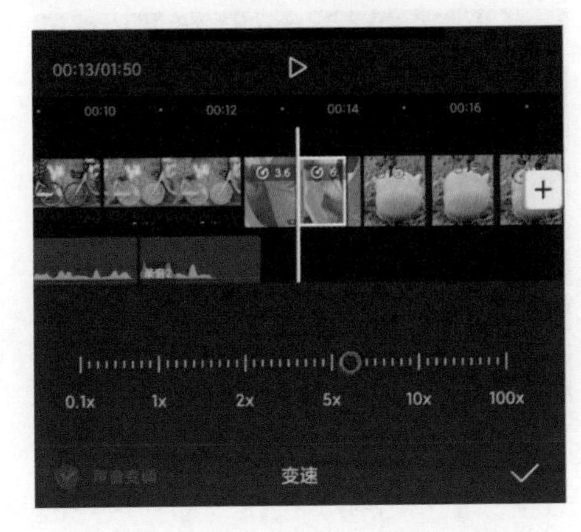

图 5-57　“变速”选项栏

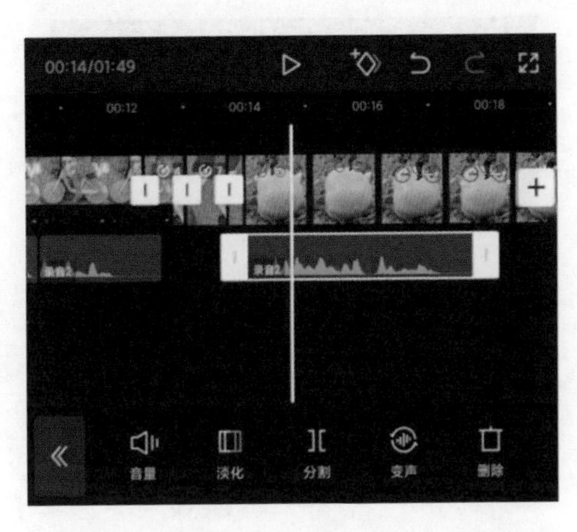

图 5-58　移动音频

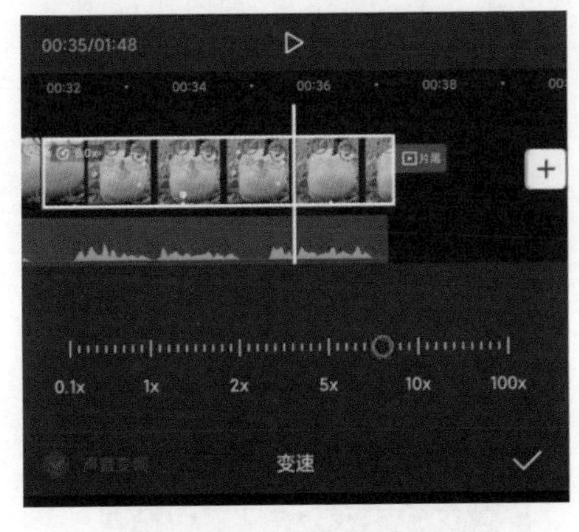

图 5-59　调整音频变速

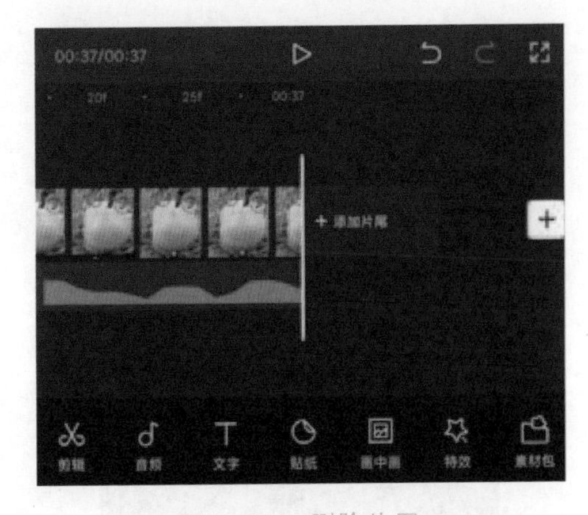

图 5-60　删除片尾

读者可以根据自己录制的解说音频进行视频剪辑，并将其调整到满意的效果。

5.2.5　制作封面

本节介绍剪映 App 的封面制作，首先将视频帧或导入的图片作为封面的背景，然后编辑文字，制作封面。

Step 01：将时间线拖到开始位置，如图 5-61 所示。

Step 02：先点击“设置封面”按钮，再点击“封面模板”按钮，如图 5-62 所示。

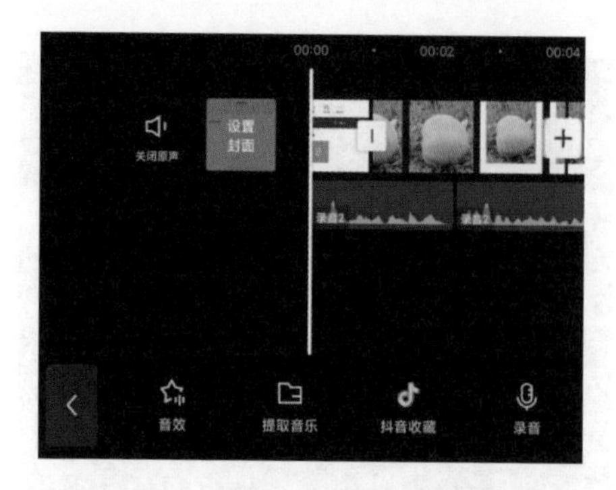

图 5-61 时间轴面板

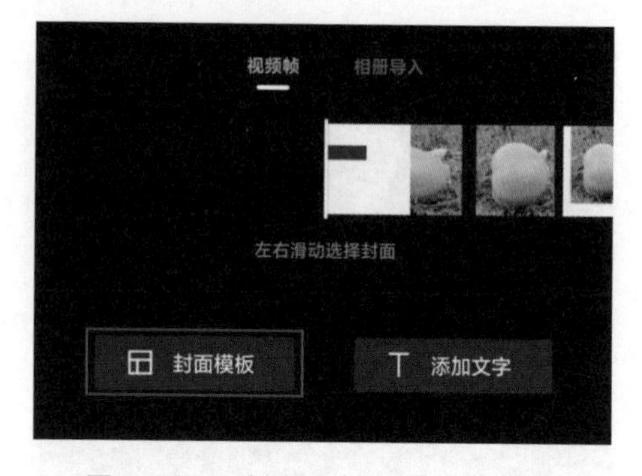

图 5-62 点击“封面模板”按钮

Step 03：选择“相册导入”选项卡，点击“点击替换”按钮，选择最终的效果图，如图 5-63 所示。

Step 04：点击“添加文字”按钮，输入文字“手机摄影”，如图 5-64 所示。

图 5-63 相册导入

图 5-64 输入文字

Step 05：选择“字体”选项卡，在“中文”类别中，选择“卡酷体”字体，如图 5-65 所示。

Step 06：选择“花字”选项卡，选择一个花字，如图 5-66 所示。

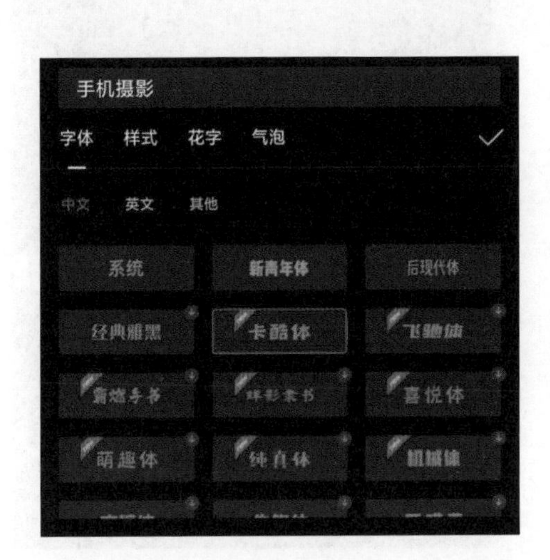

图 5-65　选择字体

图 5-66　选择花字

Step 07：点击右侧的“确定”按钮，确认文字效果，点击界面右上角的“保存”按钮，完成封面的制作。

5.2.6　添加画面特效

本节介绍给视频片尾添加画面特效，并将画面特效指定为画中画。

Step 01：将时间轴面板中的时间线移到视频结尾的位置，如图 5-67 所示。

Step 02：点击“画中画”按钮，在画中画的二级工具栏中点击“新增画中画”按钮，选择醒图 App 中保存的最终效果图片，如图 5-68 所示。

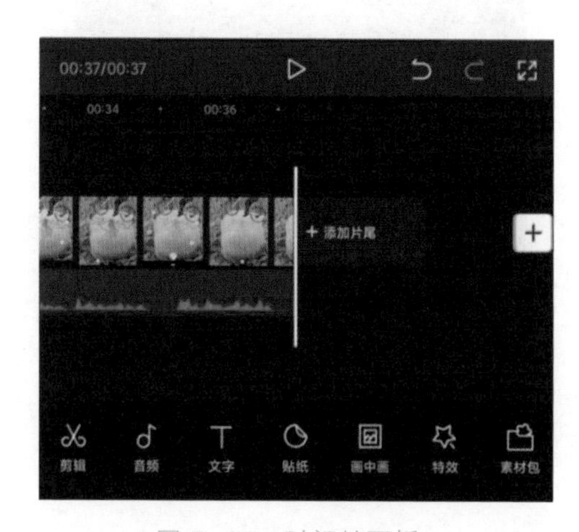

图 5–67　时间轴面板

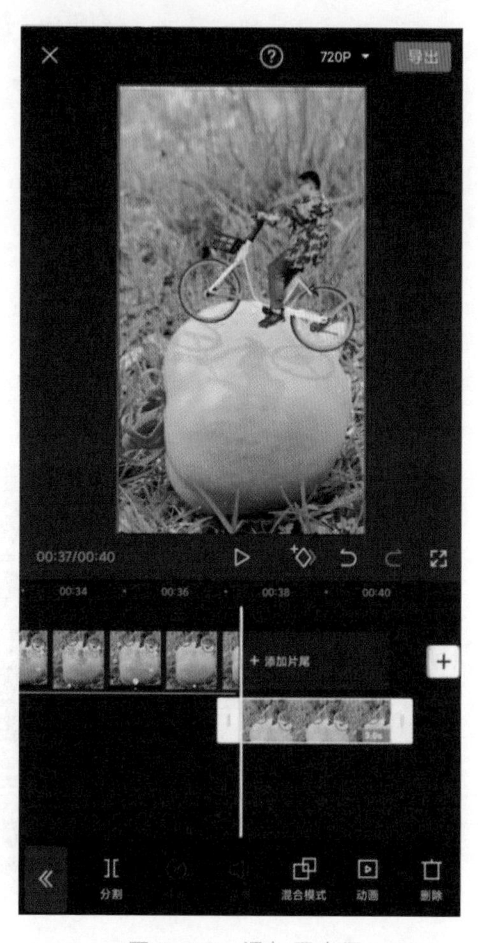

图 5–68　添加画中画

Step 03：在时间轴面板中，选中素材轨道，点击“特效”按钮，如图 5-69 所示。

Step 04：在特效的二级工具栏中，点击“画面特效”按钮，进入“画面特效”选项栏，选择“氛围”类别下的“星火炸开”特效，如图 5-70 所示。

Step 05：点击界面右侧的“确定”按钮，将特效添加到时间轴面板的轨道上，如图 5-71 所示。

Step 06：选中“星火炸开”轨道，在工具栏中点击“作用对象”按钮，进入

“作用对象”选项栏，选择“画中画”效果，如图 5-72 所示。

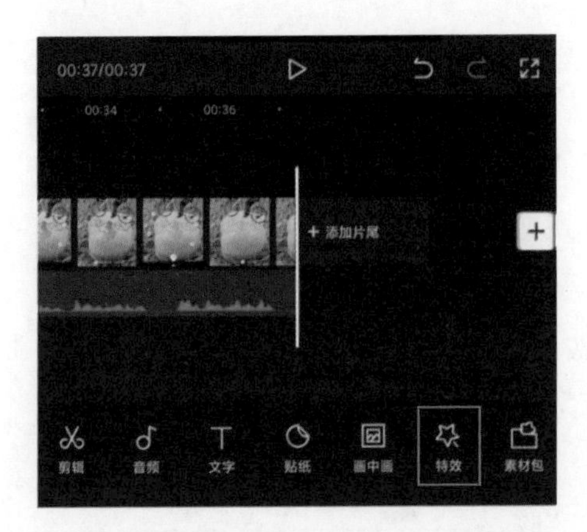

图 5-69　点击“特效”按钮

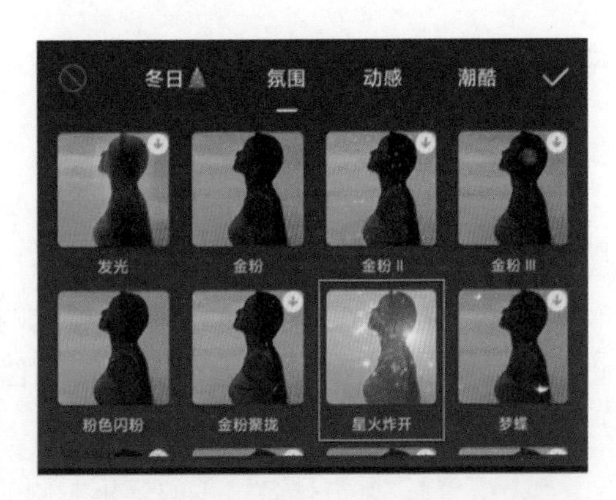

图 5-70　选择“星火炸开”特效

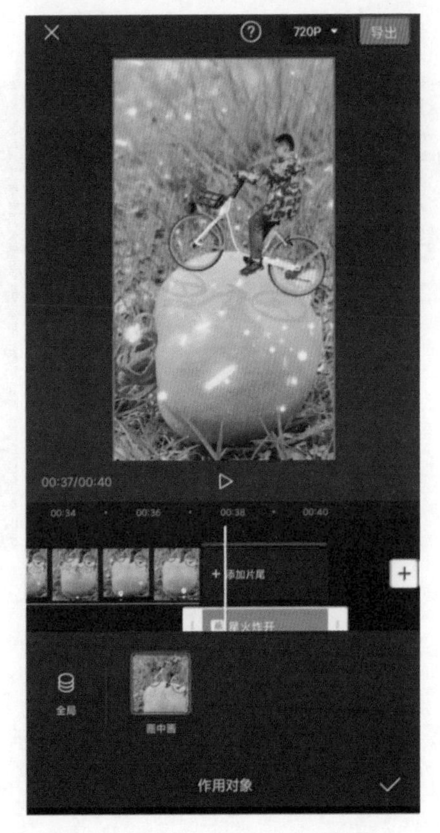

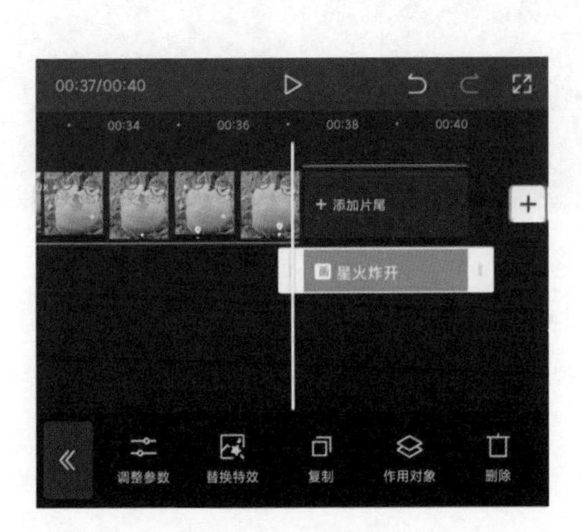

图 5-71　添加特效

图 5-72　“作用对象”选项栏

这样就可以将特效应用到视频结尾的图片效果上。

5.2.7 添加背景音乐

本节介绍如何将抖音的爆款音乐添加到剪映 App 的短视频中。

Step 01：打开抖音 App，点击“搜索”按钮，进入搜索页面，选择“音乐榜”选项卡，如图 5-73 所示。

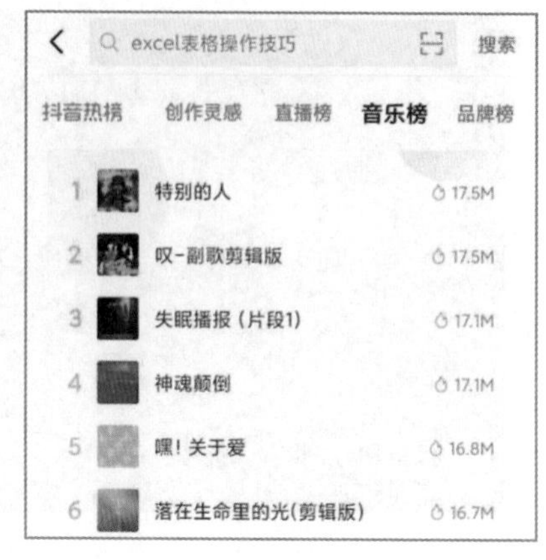

图 5-73　选择“音乐榜”选项卡

Step 02：点击排名第 1 的音乐右侧的“收藏”按钮，即可收藏音乐，如图 5-74 所示。

Step 03：打开剪映 App，点击“音乐”按钮，如图 5-75 所示。

图 5-74　收藏音乐

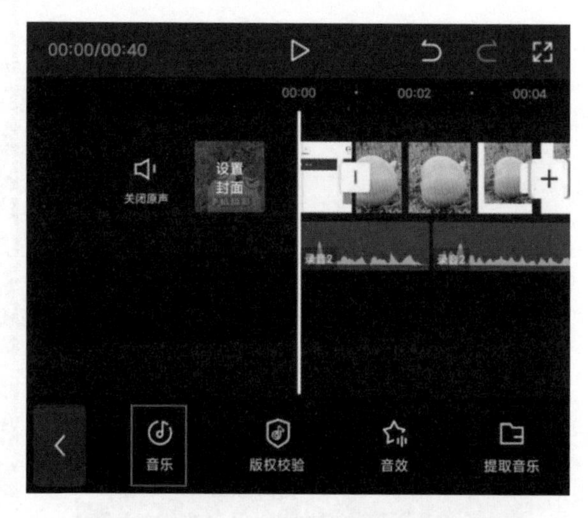

图 5-75　点击“音乐”按钮

Step 04：进入“添加音乐”界面，选择“抖音收藏”选项卡，如图 5-76 所示。

Step 05：点击“下载”按钮，下载完成后，点击“使用”按钮，即可将音乐添加到时间轴面板中，如图 5-77 所示。

Step 06：选中音频轨道，点击“音量”按钮，如图 5-78 所示。

Step 07：进入“音量”选项栏，如果将音量调整为“0”，则为静音效果。创作者可以根据自己的需求调整合适的参数，如图 5-79 所示。

图 5-76　选择“抖音收藏”选项卡

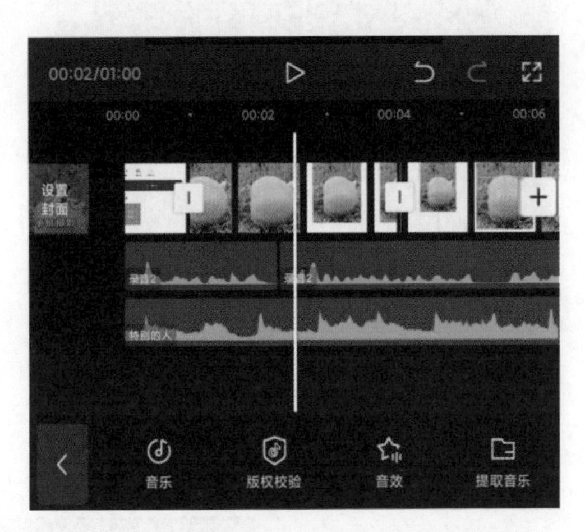

图 5-77　添加音乐

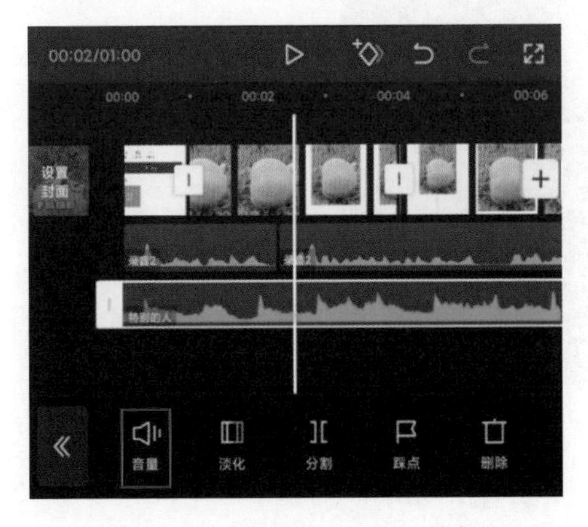

图 5-78　点击“音量”按钮

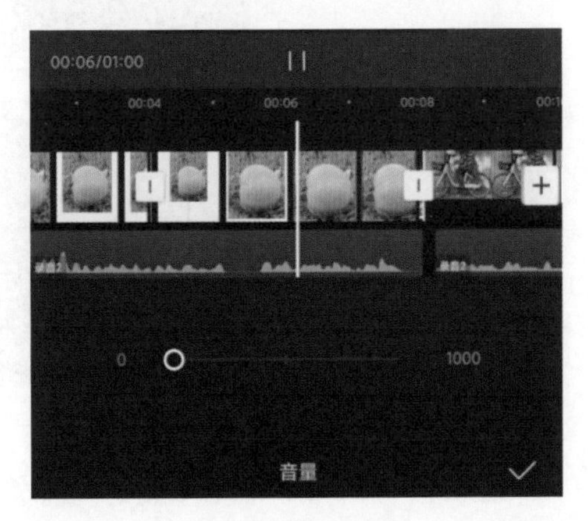

图 5-79　调整音量

Step 08：在时间轴面板中，将时间线拖到结尾的位置，如图 5-80 所示。

Step 09：点击“分割”按钮，将音频分为两段，删除后面的一段音频，如图 5-81 所示。

图 5-80　时间轴面板

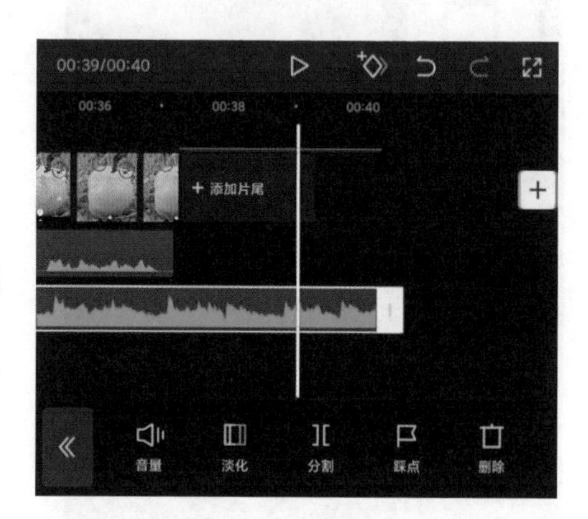

图 5-81　音乐剪辑

Step 10：点击“淡化”按钮，进入“淡化”选项栏，调整音频的淡入时长和淡出时长，如图 5-82 所示。

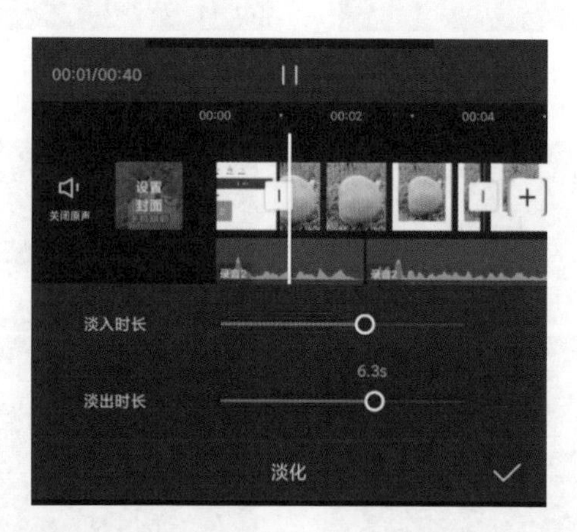

图 5-82　“淡化”选项栏

Step 11：点击界面右下角的“确定”按钮✓，完成添加音乐。

5.2.8　字幕

本节介绍将录制的音频转换为字幕，并调整字幕的位置和动画属性。

Step 01：在时间轴面板中，选中音频轨道，点击“文字”按钮，如图 5-83 所示。

Step 02：在文字的二级工具栏中，点击“识别字幕”按钮，如图 5-84 所示。

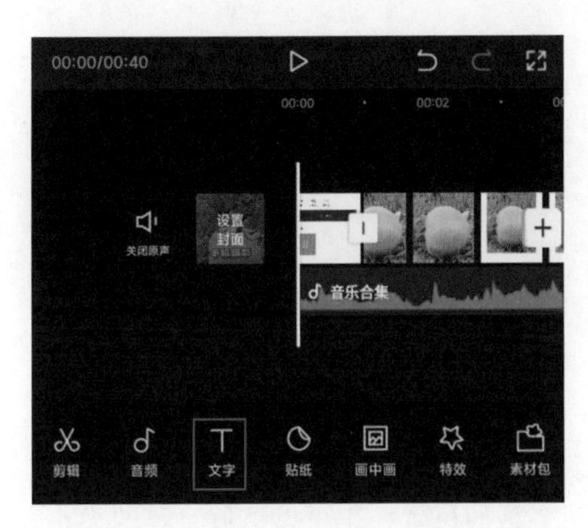

图 5-83　点击“文字”按钮

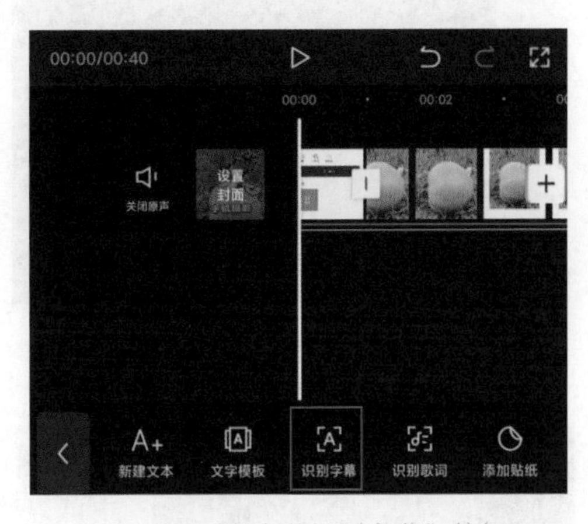

图 5-84　点击“识别字幕”按钮

Step 03：在弹出的“自动识别字幕”对话框中，选中“仅录音”单选按钮，如图 5-85 所示。

Step 04：点击“开始识别”按钮。识别完成后，在时间轴面板中将增加一条文字轨道，如图 5-86 所示。

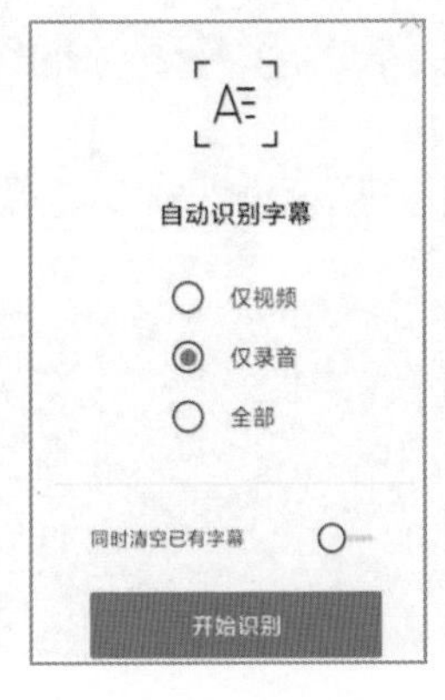

图 5-85　选中“仅录音”单选按钮

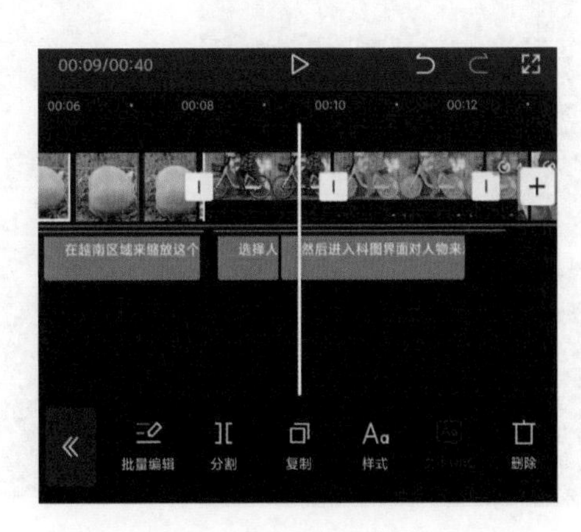

图 5-86　文字轨道

Step 05：如果字幕识别错误，点击“批量编辑”按钮，就会显示所有字幕，如图 5-87 所示。

Step 06：选择错误的字幕，即可对字幕进行编辑，如图 5-88 所示。

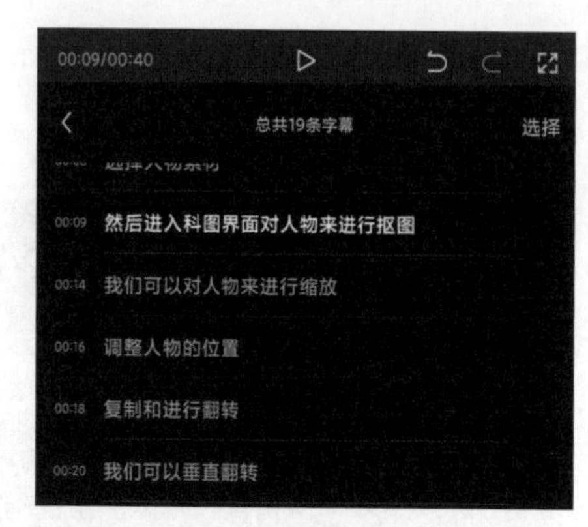

图 5-87　所有字幕

图 5-88　编辑字幕

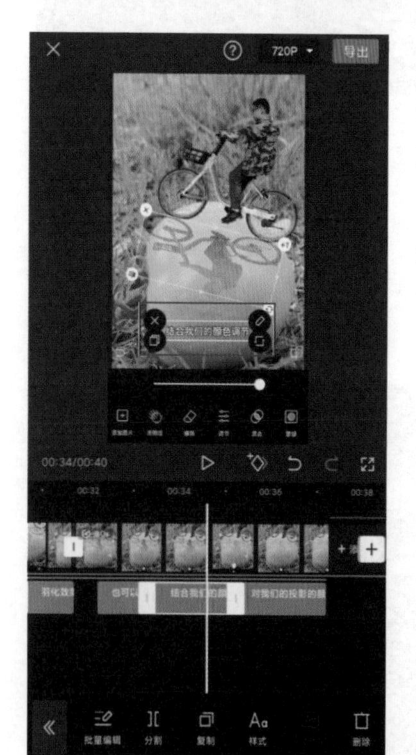

图 5-89　调整字幕

Step 07：修改之后，点击界面右侧的“确定”按钮☑。如果对字幕的位置不满意，在预览区域中可以移动字幕的位置，也可以缩放字幕的大小，如图 5-89 所示。

Step 08：选中文字轨道，点击“动画”按钮，如图 5-90 所示。

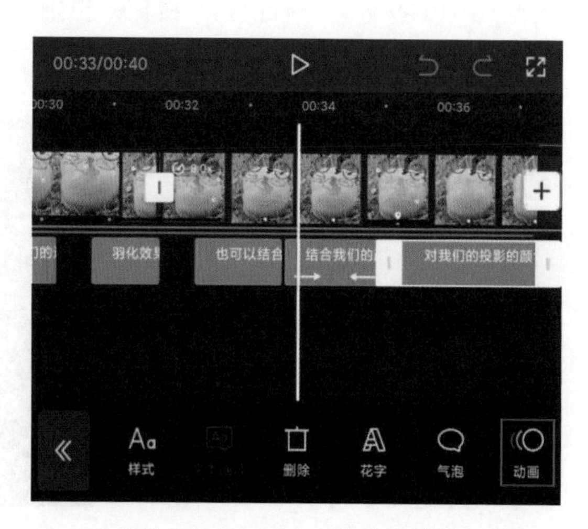

图 5-90　点击“动画”按钮

Step 09：在“动画”选项卡中，选择“入场动画”类别中的“渐显”动画，如图 5-91 所示。

Step 10：点击界面右侧的“确定”按钮，即可将动画效果应用到字幕上。

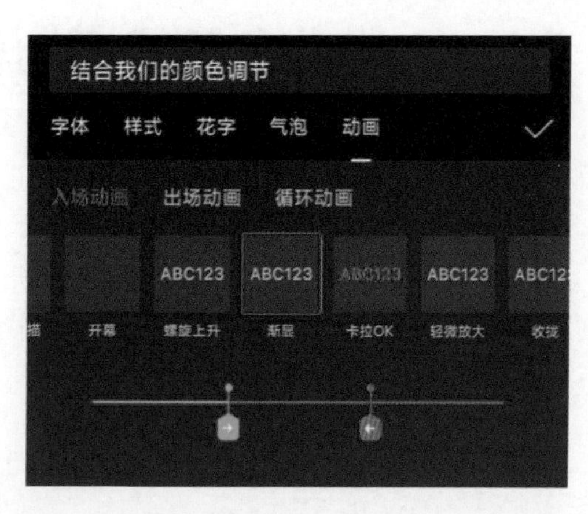

图 5-91　选择“渐显”动画

5.2.9　导出视频

本节介绍使用剪映 App 导出视频的方法。

Step 01：点击剪映 App 工作界面右上角的“720P”下拉按钮，在下拉选项中，将“分辨率”设为“1080p”，如图 5-92所示。

Step 02：点击“导出”按钮，即可导出视频，如图 5-93 所示。

图 5-92　设置分辨率

图 5-93　导出视频

5.3 人物分身短视频制作

本节介绍人物分身短视频的制作。人物分身短视频就是在同一个场景中，显示两个或多个相同的角色，并且在同一摄像机镜头下拍摄不同位置的视频，最后通过画中画和蒙版进行制作。

5.3.1 视频合成

本节介绍如何在剪映 App 中将同一场景中的两个人物合成到一起。

Step 01：打开剪映 App，点击“开始创作”按钮，选择“素材 1”并将其添加到剪映 App 中，如图 5-94 所示。

Step 02：在时间轴面板中，选中素材，点击“画中画”按钮。在画中画的二级工具栏中，点击“新增画中画”按钮，如图 5-95 所示。

图 5-94　导入素材

图 5-95　点击“新增画中画”按钮

Step 03：选择“素材 2”，并将其添加到剪映 App 中。双指缩放“素材 2”的大小，将其和“素材 1”匹配，如图 5-96 所示。

Step 04：选中“素材 2”，点击工具栏中的“蒙版”按钮，如图 5-97 所示。

图 5-96　时间轴面板

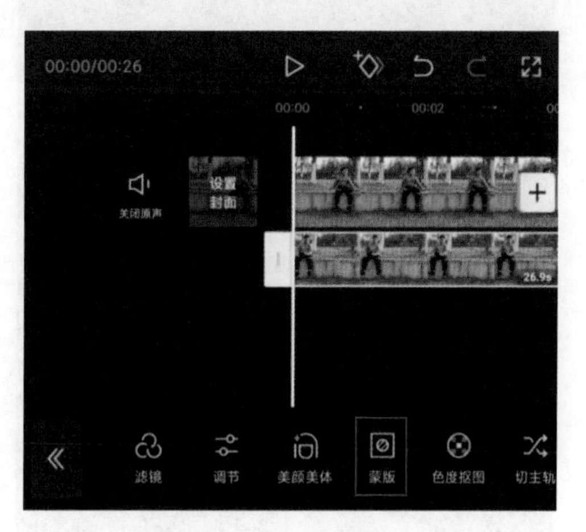

图 5-97　点击“蒙版”按钮

Step 05：在“蒙版”选项栏中，选择“线性”蒙版。使用双指，可以在屏幕上旋转线性蒙版；按住“羽化”按钮进行拖动，可以对蒙版的边缘进行羽化处理，如图 5-98 所示。

Step 06：点击界面右下角的“确定”按钮，确定蒙版遮罩。

Step 07：在时间轴面板中，将时间线拖到 00:10 的位置，选中素材，点击“分割”按钮，将素材分割成两段，删除后面一段，这样可以将两段视频的时间统一，如图 5-99 所示。

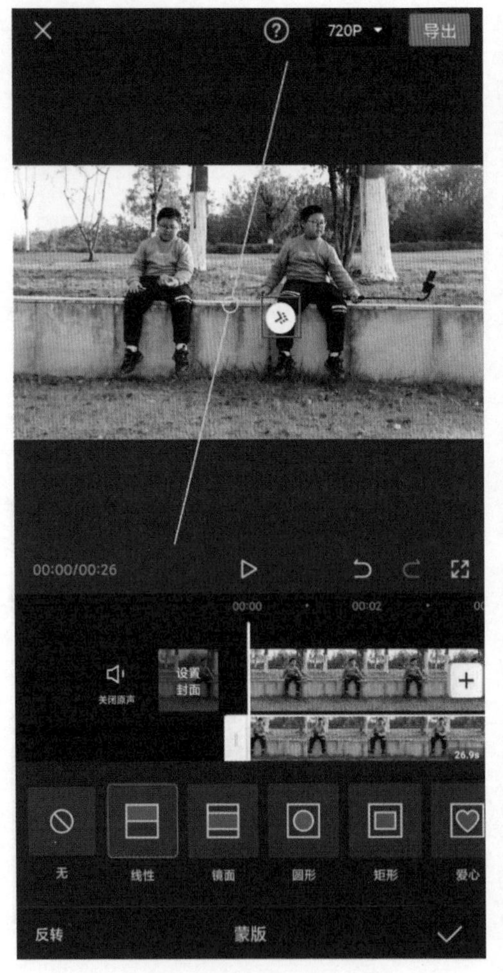

图 5-98　蒙版羽化

图 5-99　视频剪辑

5.3.2　视频调色

本节介绍在剪映 App 中使用滤镜对视频进行调色的方法。

Step 01：在时间轴面板中选中，素材，点击“滤镜”按钮，进入“滤镜”选项栏，选择“高清”类别下的“鲜亮”滤镜，调色后的效果如图 5-100 所示。

Step 02：点击界面右下角的“确定”按钮，完成调色。在时间轴面板中将调色的时间拖到和视频素材的时间对齐，如图 5-101 所示。

图 5-100　调色后的效果

Step 03：点击界面右上角的“导出”按钮，导出视频后，即可将其发布到抖音或西瓜视频中，如图 5-102 所示。

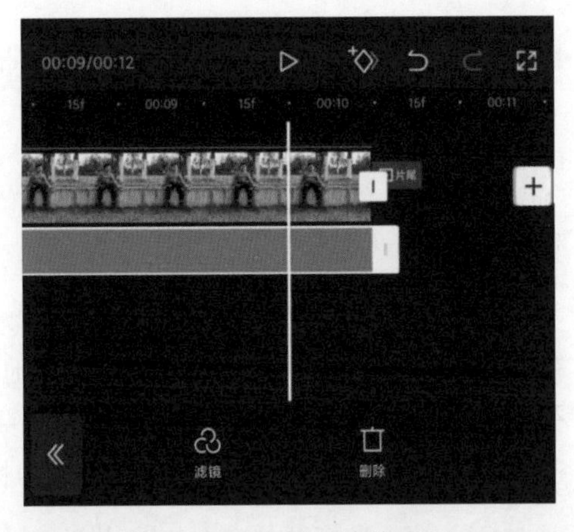

图 5-101　调整滤镜时间

图 5-102　导出视频

5.4 剪映App卡点视频制作

“卡点视频”是短视频平台比较热门的视频玩法，也就是将视频画面的每一次转换与音乐鼓点相匹配，让整个视频有“节奏感”。

卡点视频一般使用图片卡点或视频卡点：图片卡点就是将多张图片组成一个视频，图片会根据音乐的节奏有规律地切换画面；视频卡点是根据音乐的节奏进行内容转场或内容变化。剪映App的视频卡点功能，不仅支持用户手动标记节奏点，还可以帮用户分析背景音乐，生成节奏标记点。

Step 01：打开抖音App，进入工作界面，在搜索栏中输入音乐名称，点击界面右上角的“搜索”按钮，切换到“音乐”选项栏，如图5-103所示。

Step 02：打开音乐界面，点击“收藏”按钮，如图5-104所示。

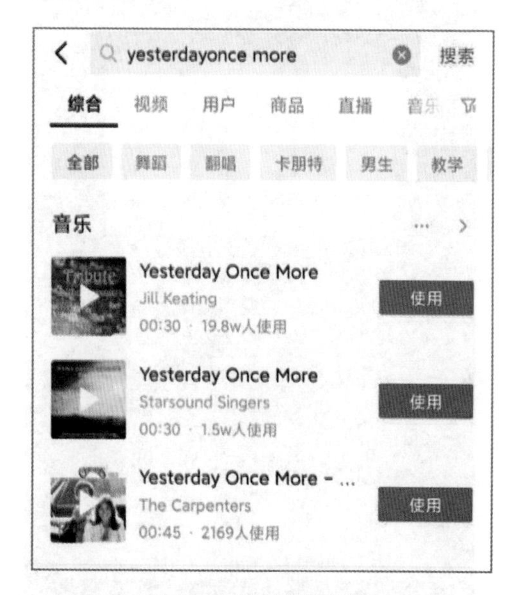

图5-103 搜索音乐

图5-104 点击“收藏”按钮

Step 03：打开剪映App，点击“开始创作”按钮，选择素材并将其添加到剪映App中，如图5-105所示。

Step 04：在不选择素材的状态下，将时间线拖到开始位置，点击界面底部工具栏中的“音频”按钮，在音频的二级工具栏中，点击“抖音收藏”按钮，如图5-106所示。

Step 05：在“添加音乐”界面的“抖音收藏”选项卡中，可以看到刚刚在抖音中收藏的音乐，点击该音乐右侧的“使用”按钮，即可将素材添加到剪映 App 中，如图 5-107 所示。

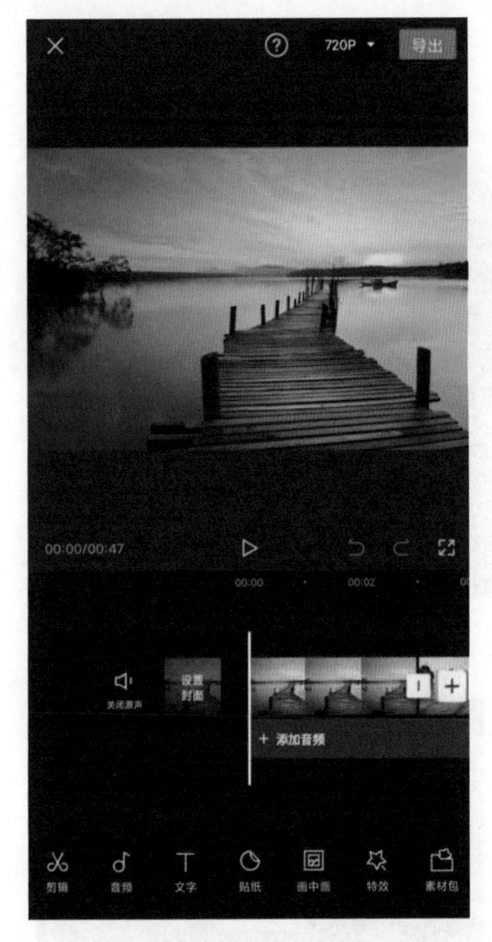

图 5-105　导入素材

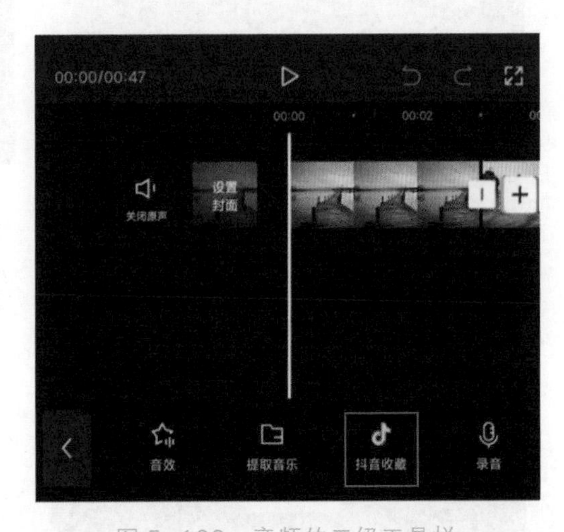

图 5-106　音频的二级工具栏

Step 06：在时间轴面板中，选中音频素材，点击界面底部工具栏中的“踩点”按钮，如图 5-108 所示。

Step 07：在进入“踩点”选项栏后，点击“自动踩点”按钮，将自动打开踩点功能，如图 5-109 所示。

Step 08：点击“踩节拍Ⅱ”按钮，即可在音频轨道上会自动添加节拍点，如图 5-110 所示。

Step 09：点击界面右下角的“确定”按钮，完成节拍踩点的添加。

图 5-107 点击“使用”按钮

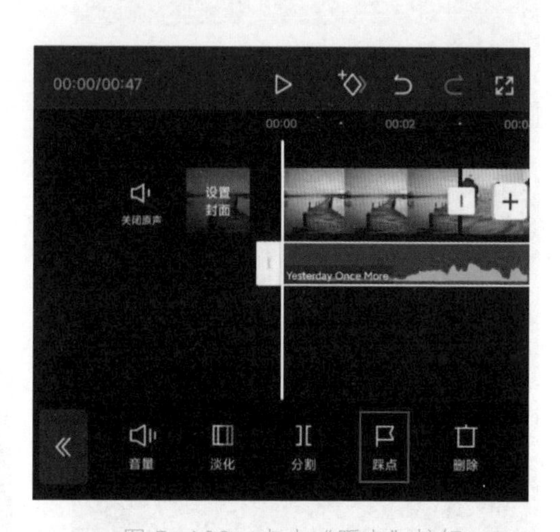

图 5-108 点击“踩点”按钮

图 5-109 点击“自动踩点”按钮

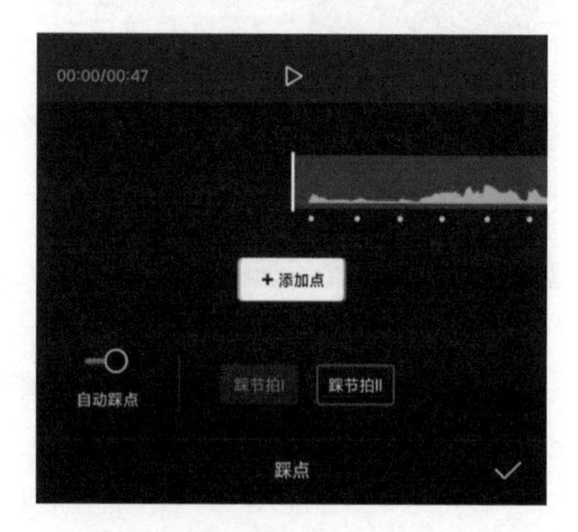

图 5-110 点击“踩节拍 II”按钮

Step 10：在音频轨道下方会自动生成音乐节奏点标记，将轨道区域放大，便于观察音频素材上的标记点，选中“素材 01”，拖动尾部的图标，向左拖到第 1 个标记点的位置，如图 5-111 所示。

Step 11：选中“素材 02”，拖动尾部的图标，将其拖到与第 2 个标记点对齐的位置，如图 5-112 所示。

图 5-111 素材和标记点对齐

图 5-112 与标记点对齐

Step 12：使用同样的方法，对其他素材进行对齐调整，使素材和标记点对应。完成素材的调整后，将时间线拖到素材的后方，选中音频素材，点击“分割”按钮，将后面的音频素材删除，如图 5-113 所示。

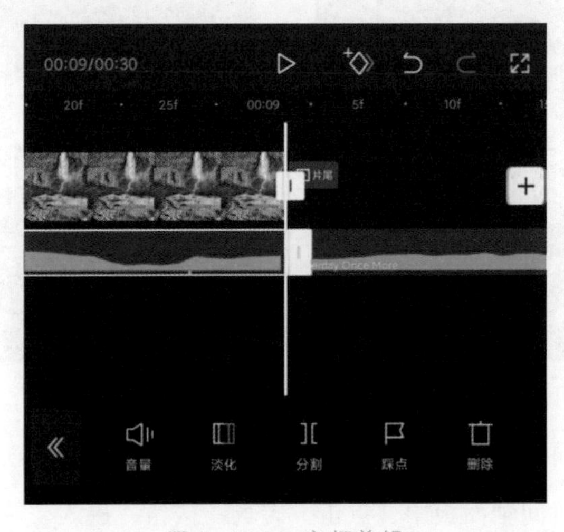

图 5-113 音频剪辑

Step 13：将时间线拖到视频的起始位置，在未选中素材的状态下，点击界面底部工具栏中的“比例”按钮，进入比例的二级工具栏，选择“9 ：16”比例，如图 5-114 所示。

Step 14：在预览区域中，将素材缩放到合适的大小，并将其调整到合适的位置，如图 5-115 所示。

图 5-114 调整比例

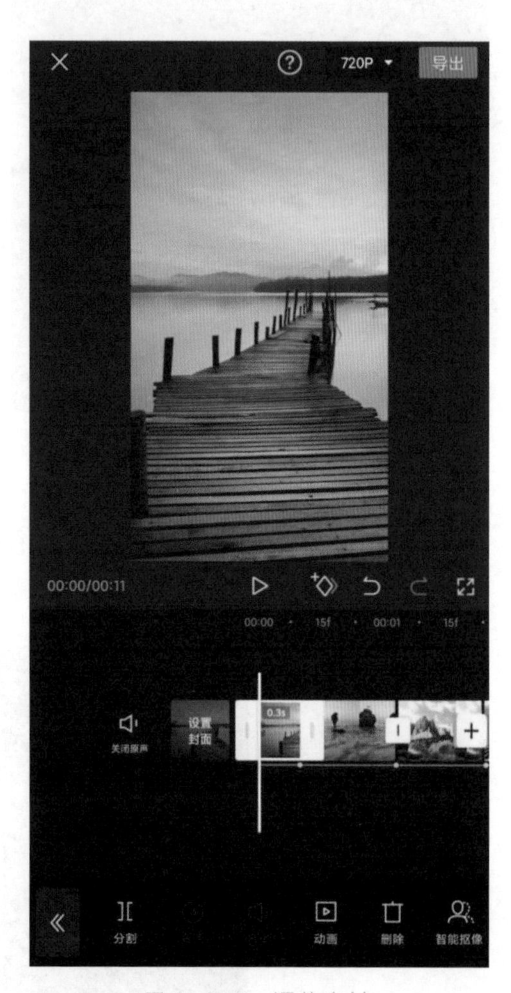

图 5-115 调整素材

Step 15：使同样的方法，缩放其他素材的大小，并调整到合适的位置。

Step 16：在时间轴面板中，点击“转场”按钮，进入“转场”选项栏，选择“运镜转场”类别中的“推进”转场，如图 5-116 所示。

Step 17：点击界面左下角的“应用到全部”按钮，即可为整个视频添加转场效果。点击界面右下角的“确定”按钮，完成视频制作。

Step 18：点击界面右上角的“导出”按钮，导出视频后可以将其发布到抖音或西瓜视频中，如图 5-117 所示。

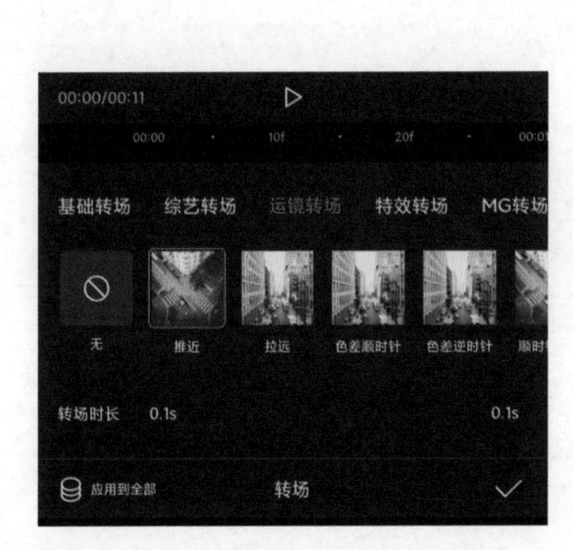

图 5-116　选择“推进”转场

图 5-117　导出视频

第6章 Vlog短视频制作

Vlog 短视频是一种用视频的方式来记录生活的视频日记。近几年随着抖音、快手短视频的流行，大家已经开始使用视频来记录生活。视频制作者一般会在视频中加入一些辅助元素，使拍摄的视频更加吸引观众的眼球。

6.1 Vlog短视频的制作准备

由于现在很多新媒体平台都有视频类目，因此用户可以将拍摄的视频作品发布到抖音、今日头条、微博、哔哩哔哩或快手等平台。下面介绍 Vlog 短视频的定位，以及拍摄 Vlog 短视频的准备。

6.1.1 Vlog短视频的定位

有的人在拍 Vlog 短视频时，就是想到什么就拍什么，如今天拍美食，明天拍化妆，后天拍数码产品。如果你没有任何的规划和技巧，只是拿手机随便拍，这样很难成为“视频大 V”，也很难通过视频让自己火起来。

定位非常重要。Vlog 短视频按照内容来划分，包括美食、美妆、情感、技能、育儿等。我们只需要一部手机，就可拍出吸引人的 Vlog 短视频。比如，美妆博主经常拍摄教别人如何化妆的 Vlog 短视频，美食博主一般喜欢拍摄烹饪食物的 Vlog 短视频，育儿博主则拍摄分享育儿经验的 Vlog 短视频。

你的定位是美食博主，还是美妆博主，或者是其他方向。下面通过 3 个方面找到自己的定位。

（1）我的工作内容是什么？

（2）我喜欢做什么内容？

（3）我即将发布什么内容？

如果你是一名医生，则可以拍摄一些医生需要做的事情（比如，医生是如何处理病情的，医生的日常工作是什么，什么样的病情大概使用什么药品等），使拍摄的 Vlog 短视频都是围绕医生这个职业展开的。

如果你不喜欢自己的工作，也没有什么爱好，这时可以学习一项自己感兴趣的技能，把自己的成长过程拍下来，与大家一起分享成长的经历。下面给大家分享常见的 Vlog 短视频类型。

1. 美食类

美食类是一个永不过时的类型，中国的美食流派比较多，食材也很丰富，很容易创造出新的口味。美食类是一个比较火的主题，也是新手开始着手的一个好类型，图 6-1 所示为抖音上的美食类 Vlog 短视频。

2. 生活技巧类

生活技巧类短视频更具实用性，比如，各种生活小窍门、主题分享等，这些都很容易得到大家的关注。如果你的内容足够有用、有效，那么积累粉丝就很快，这是一个比较好做的类型。图 6-2 所示为抖音上比较火的生活技巧类短视频。

图 6-1　美食类 Vlog 短视频

实用生活妙招

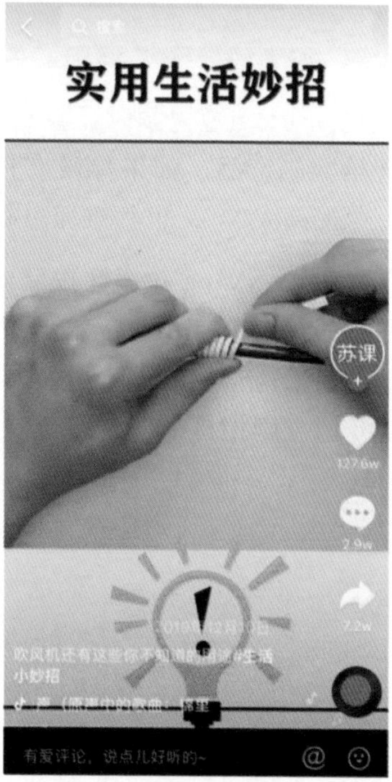

图 6-2　生活技巧类短视频

3. 美妆类

大家对美的追求也越来越高，变美也成为热门的话题之一，如果你平时对化妆、护肤很有心得，或者很会买东西，则这个类别非常适合你。而且美妆类是变现最快的一个类型，图 6-3 所示为抖音上比较火的美甲短视频。

4. 知识分享类

这个类型的短视频比较专业，且发布者通常是某方面的专家，包括科技、数码、科学、医学、法律、摄影、手工艺、旅行、时尚等领域。知识分享类短视频能够持续输出专业的优质内容，不仅容易吸引粉丝关注，而且做起来也相对轻松，但由于专业门槛的限制，因此阻止了很多人进入该领域，如图 6-4 所示。

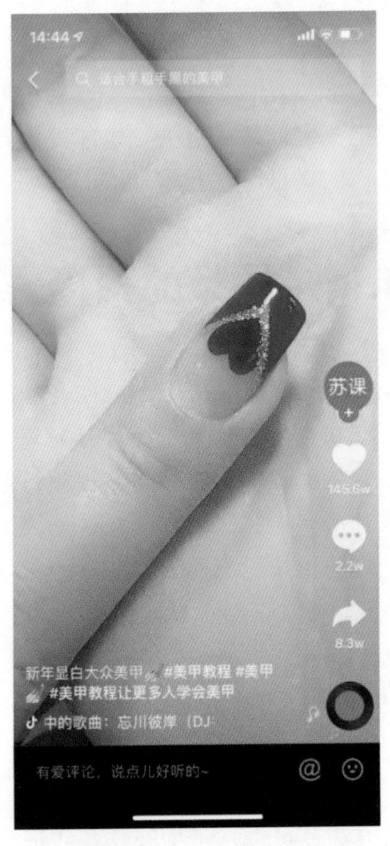

图 6-3　美甲短视频

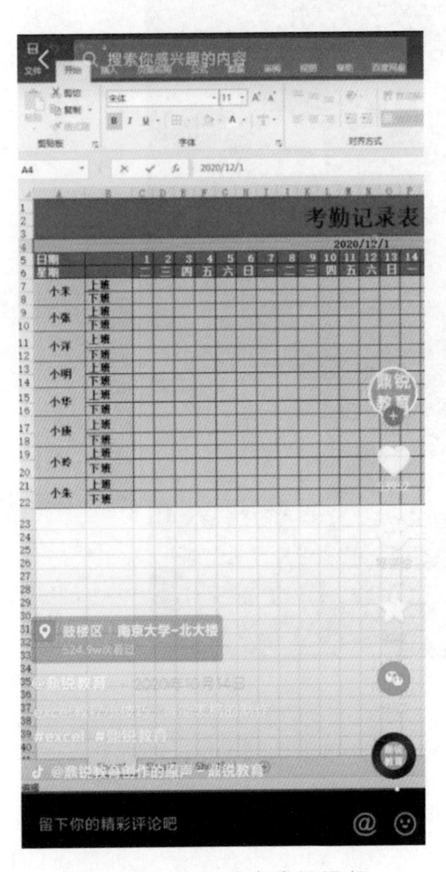

图 6-4　知识分享类短视频

6.1.2　拍摄Vlog短视频的准备

在拍摄 Vlog 短视频之前，一定要先学会看 Vlog 短视频。比如，给大家出个题目，请大家拍摄一条制作美食的短视频，那你会怎么拍摄呢？虽然在大家心里有一些想法，但是第一步肯定先去看别人怎么拍的。比如，查找那些拍出爆款短视频的账号，了解他们的短视频有哪些特点。在观看了很多短视频之后，就会有自己的想法和灵感出现。

图 6-5　搜索界面

在拍摄短视频之前，一定要建立自己的素材库。那我们在哪里搜索短视频呢？打开抖音 App，点击“搜索”按钮，进入搜索界面，在搜索框中输入“美食”，即可在“视频”选项卡中搜索相关视频，如图 6-5 所示。

打开其他视频网站，如快手、小红书、哔哩哔哩、微博等，把关键词输入进去，也能搜索到相关的视频。这样你的素材库就会越来越丰富。

6.2　Vlog短视频的拍摄方法

日常 Vlog 短视频可以拍什么？在这个视频时代，每位博主都在自己的领域坐拥百万粉丝，但是每个人的风格定位都有不同。对初入视频行业的人来说，需要找到更多人关注的方向，这是因为比较火的方向会让视频更快脱颖而出，获取流量。下面介绍拍摄 Vlog 短视频的 3 种方法。

1. 按时间线拍摄 Vlog 短视频

拍摄日常生活的 Vlog 短视频，门槛比较低，是新手容易上手的一个拍摄方向。按时间线拍摄 Vlog 短视频是一种常见的拍摄方法，可以从早中晚这条线记录人们一天的生活。

在拍摄的过程中不需要完整地拍摄一天所有的事情，只需要挑选具有代表性的事情，比如，早上的拍摄以起床、洗漱、吃早餐、乘车为主；中午拍摄办公、学习、美食等内容，或者逛街、探店等情景；晚上拍摄出去跑步、写日记、看电视等内容，如图 6-6 所示。

2. 按地点拍摄 Vlog 短视频

按地点拍摄的 Vlog 短视频，一般在旅行中用的比较多，可以为大家分享风景，将重要的景点分享出来，记录自己的旅行过程，如图 6-7 所示。

图 6-6　按时间线拍摄 Vlog 短视频

图 6-7　按地点拍摄 Vlog 短视频

3．按主题拍摄 Vlog 短视频

有些 Vlog 短视频是主题分享类、数码产品测评类的短视频。这种 Vlog 短视频可以围绕主题进行拍摄，比如，从收到快递、拆开包装、产品讲解、效果测试等方面进行拍摄，如图 6-8 所示。

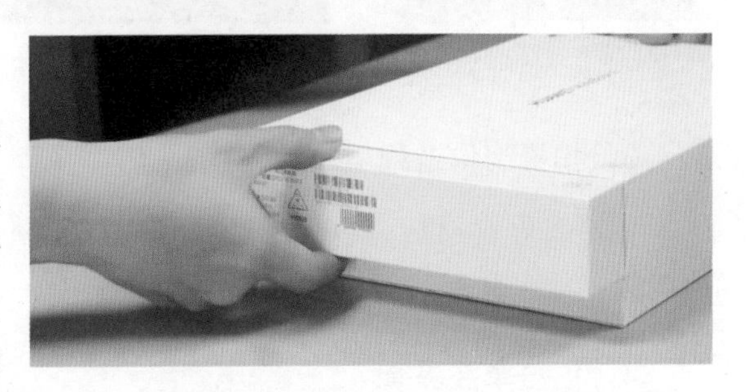

图 6-8　按主题拍摄 Vlog 短视频

6.3　如何拍美食类Vlog短视频

美食类 Vlog 短视频主要有两种类型：一种是美食教学，教别人如何制作美食，用 Vlog 短视频全程记录美食的制作过程；另一种是展现亲近感的生活记录，主要是拍摄自己的日常生活。定位不一样，拍摄的内容就不一样，在拍摄之前要先做好规划。

如果是美食教学类 Vlog 短视频，就要展示美食的制作步骤。在拍摄前，需要设计脚本思路，拍摄主要包括以下几个步骤，如菜市场选购菜品，介绍食材的特别之处，以及洗菜、切菜等。下面对各步骤进行讲解。

1. 准备前期

在做菜前，首先要去菜市场或超市选购新鲜的食材。在采购的过程中，博主可以讲一讲美食的特别之处，吸引观众的注意力。如果冰箱里有想要的食材，则可以拍摄打开冰箱并拿出食材的过程。然后拍摄洗菜、切菜的过程，并通过不同的语言镜头来展示洗菜、切菜的过程，使画面更有吸引力，如图 6-9 所示。

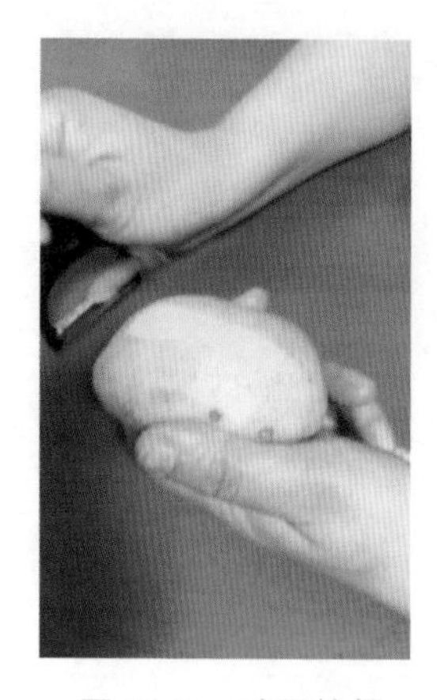

图 6-9　过程拍摄

图 6-10　工具拍摄

2. 工具拍摄

在美食制作过程中需要准备容器、工具等，并做一些菜品的盛放准备，如图 6-10 所示。

3. 拍摄制作过程

在准备好食材后，就可以开始制作美食。制作美食的镜头包括开火、放油、放菜、放调料、放水和翻炒等，如图 6-11 所示。

4. 拍摄享受美食

在拍摄享用美食时需要哪些镜头呢？比如，准备干净的餐具、将制作好的菜端上桌、招呼家人一起用餐，以及用餐过程等镜头，并使用不同角度来拍摄用餐的画面、用餐的声音等。

在拍摄享受美食时，可以使用固定的镜头来拍摄，也可以使用移动的镜头来拍摄，如图 6-12 所示。

图 6-11　制作美食的镜头

图 6-12　享受美食

6.4　视频制作

在拍摄好视频之后，可以通过剪映专业版对视频进行剪辑制作。本节介绍美食类 Vlog 短视频的剪辑，后期的制作流程与方法。

6.4.1　使用剪映专业版制作视频

本节介绍使用剪映专业版制作视频，首先导入视频并进行视频剪辑。

Step 01：打开剪映专业版，单击“开始创作”按钮，进入剪映专业版的工作界面，如图 6-13 所示。

图 6-13　剪映专业版的工作界面

Step 02：在“媒体”面板中，单击“导入”按钮，选择拍摄的素材，即可导入素材，如图 6-14 所示。

Step 03：将“01 土豆剥皮 .MOV”素材拖到时间轴面板中，如图 6-15 所示。

Step 04：在时间轴面板中，右击该素材，在弹出的快捷菜单中，选择“分离音频”命令，即可将视频的画面和声音分开，如图 6-16 所示。选中音频轨道，按 Delete 键删除音频。

Step 05：在“播放器”窗口中，将视频尺寸设置为“9 ： 16”，如图 6-17 所示。

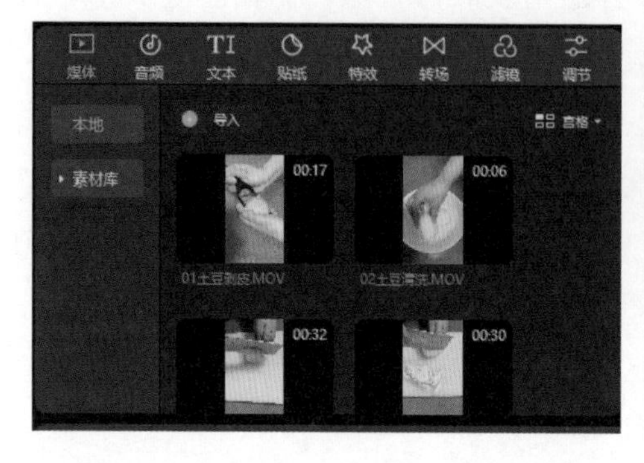

图 6-14　导入素材

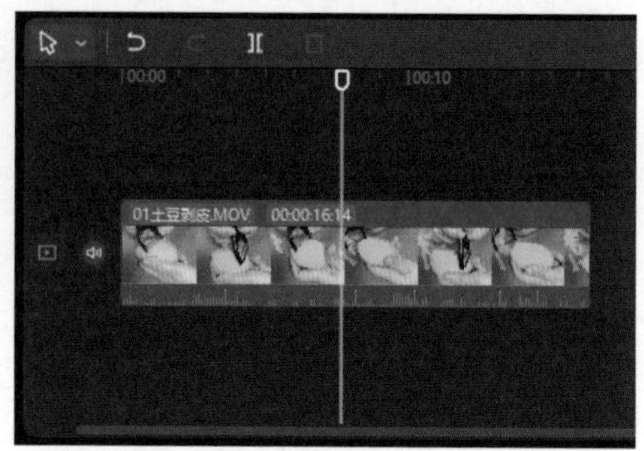

图 6-15　导入时间轴面板

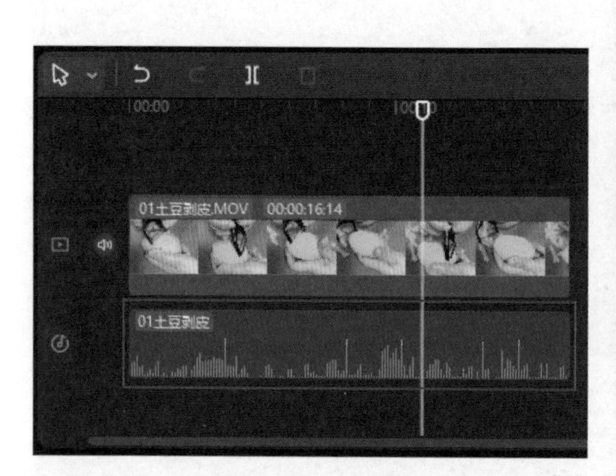

图 6-16　分离音频

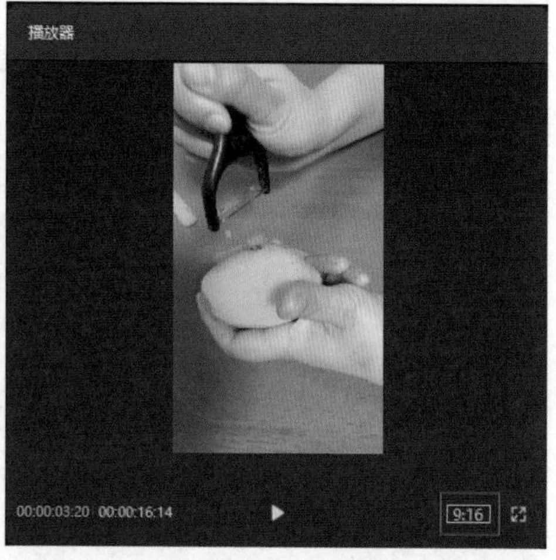

图 6-17　修改尺寸

6.4.2　视频变速

本节介绍如何对拍摄的短视频进行变速处理。

Step 01：在时间轴面板中选中素材，在右侧的属性面板中选择“变速”，将“常规变速”的“倍数”设为“2.0×”，如图 6-18 所示。

Step 02：将“02 土豆清洗 .MOV”素材拖到时间轴面板中，右击该素材，在弹出的快捷菜单中，选择“分离音频”命令，选中音频轨道，按 Delete 键删除音频，如图 6-19 所示。

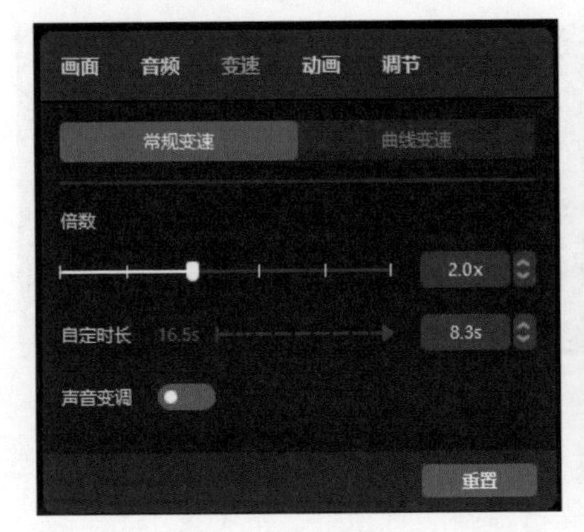

图 6-18　修改倍数（1）

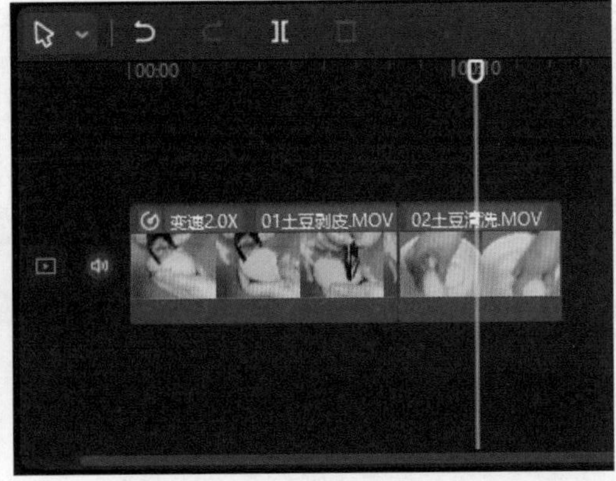

图 6-19　分离音频（1）

Step 03：选中“02 土豆清洗 .MOV”素材，在右上方的“变速”面板中，选择“常规变速”选项卡，将“倍数”设为“2.0×”，如图 6-20 所示。

Step 04：使用同样的方法，将“03 切土豆 .MOV”到“11 品尝薯条 .MOV”的素材都拖到时间轴面板中。拖动时间轴面板右上角的“缩放”滑块，将所有素材显示在时间轴面板中，如图 6-21 所示。

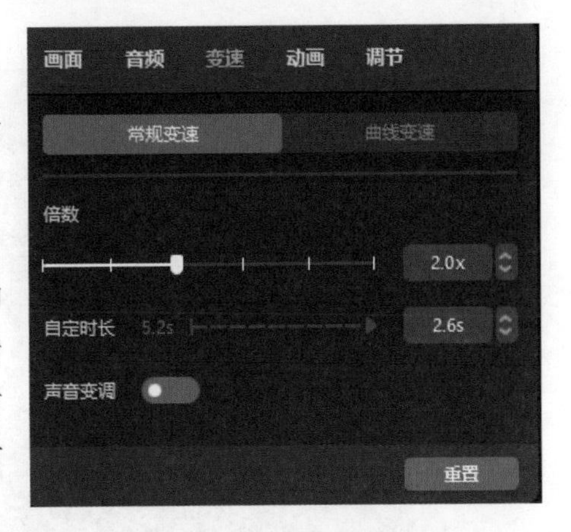

图 6-20　修改倍数（2）

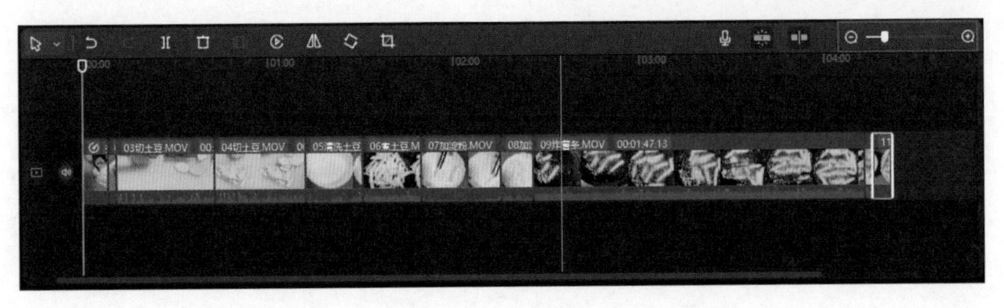

图 6-21　时间轴面板（1）

Step 05：框选“03 切土豆 .MOV”到“11 品尝薯条 .MOV”的素材并右击，在弹出的快捷菜单中，选择“分离音频”命令，将视频的画面和声音分离，如图 6-22 所示。选中音频轨道，按 Delete 键删除音频。

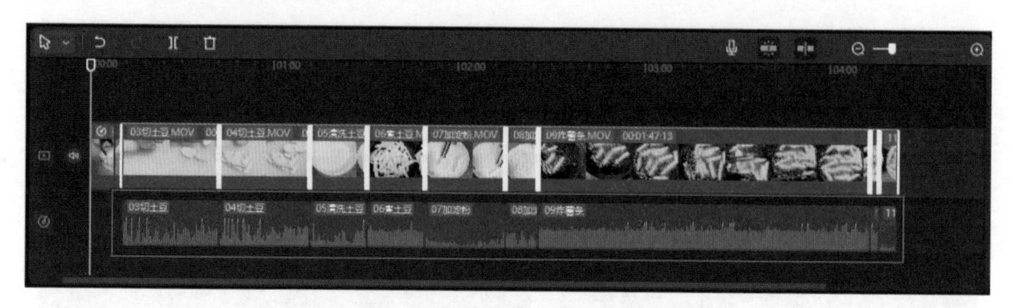

图 6-22　分离音频（2）

Step 06：分别选中第 3 段到第 11 段素材，在右上方的“变速”面板中，选择“常规变速”选项卡，将“倍数”设为“2.0×”，这样短视频的时长将缩短 1 倍，如图 6-23 所示。

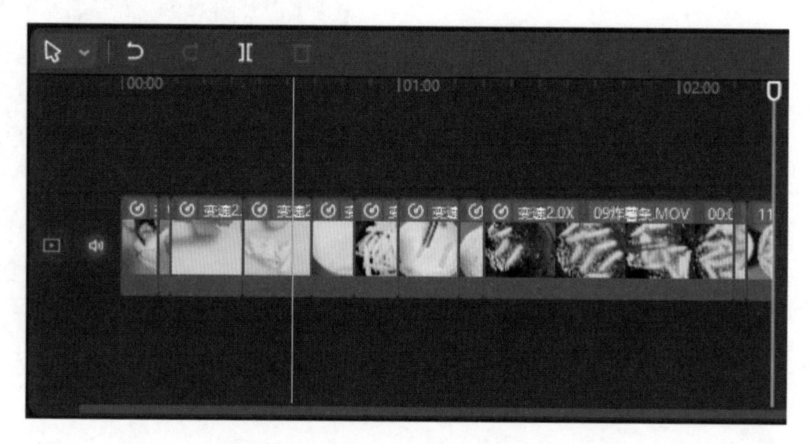

图 6-23　时间轴面板（2）

6.4.3　视频剪辑

本节介绍视频的剪辑。在剪辑视频之前要先多播放几遍素材，再剪掉不需要展示的部分。

Step 01：播放第 1 段素材，第 1 段素材的时长大概为 8s，这里只保留前面 5s，将时间线拖到00:00:05:00的位置，使用“分割”工具将素材分割成两段，如图6-24所示。

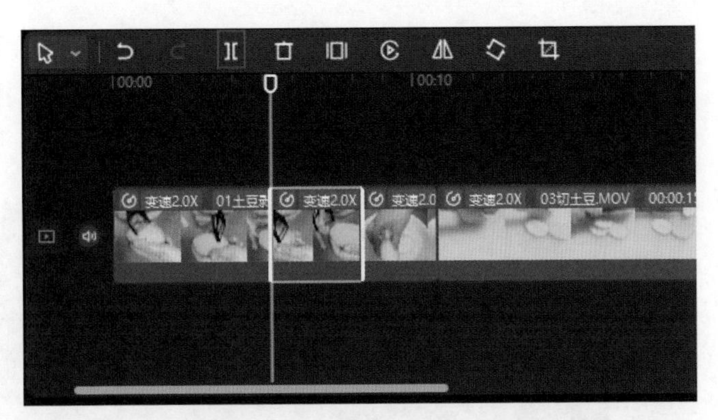

图6-24 分割视频（1）

Step 02：选中后面的一段，单击“删除”按钮或者按Delete键将其删除。

Step 03：播放第2段视频，将时间线拖到00:00:07:05的位置，使用“分割”工具，将素材分割成两段。选中后面的一段，单击“删除”按钮或者按Delete键将其删除，如图6-25所示。

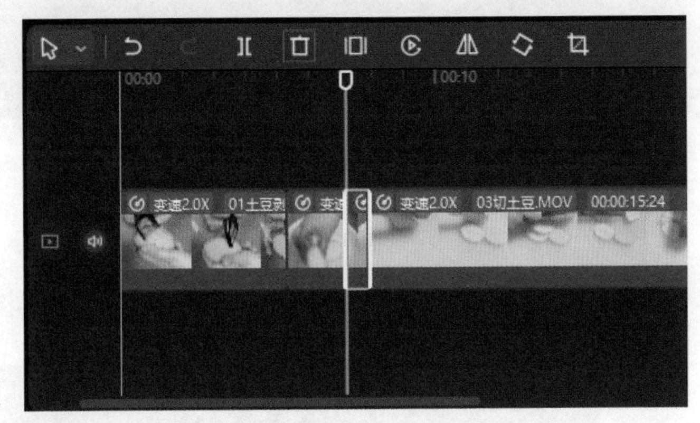

图6-25 删除视频（1）

Step 04：在播放第3段素材时，发现第3段素材中切土豆的速度还比较慢，选中第3段素材，在右上方的“变速”面板中，选择“常规变速”选项卡，将“倍数”设为“3.0×”，如图6-26所示。

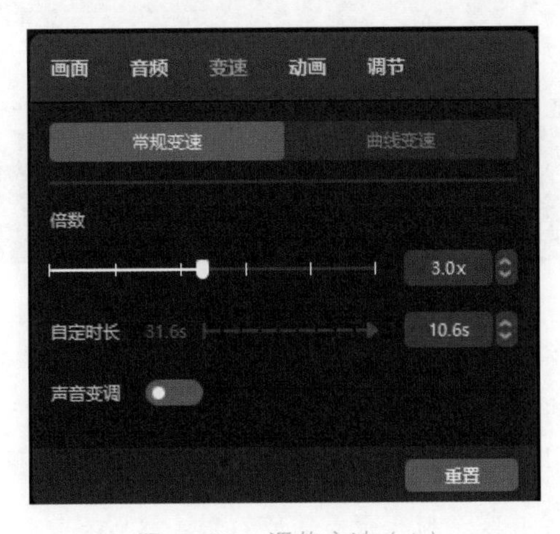

图6-26 调整变速（1）

Step 05：将时间线拖到 00:00:12:07 的位置，使用“分割”工具，将素材分割成两段，选择后面的一段，单击“删除”按钮或者按 Delete 键将其删除，如图 6-27 所示。

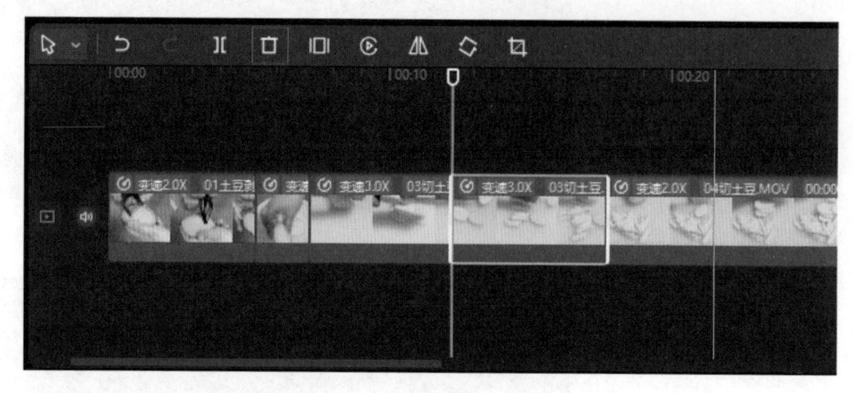

图 6-27　删除视频（2）

Step 06：播放第 4 段视频，将第 4 段素材的“倍数”设为“3.0×”，将时间线拖到 00:00:18:28 的位置，使用“分割”工具，将素材分割成两段，如图 6-28 所示。选择后面的一段，单击“删除”按钮或者按 Delete 键将其删除。

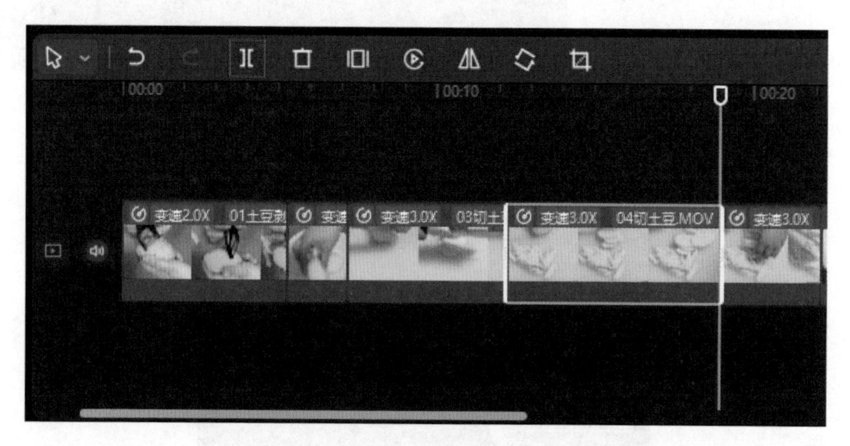

图 6-28　分割视频（2）

Step 07：播放第 5 段视频，将第 5 段素材的“倍数”设为“3.0×”，将时间线拖到 00:00:22:23 的位置，使用“分割”工具，将素材分割成两段，如图 6-29 所示。选择后面的一段，单击“删除”按钮或者按 Delete 键将其删除。

Step 08：选择第 6 段素材，查看播放效果。这段素材在播放时有些抖动，因此在时间轴面板中，选中素材，在“画面”面板中，勾选“视频防抖”复选框，在其下拉列表中选择“最稳定”选项，如图 6-30 所示。

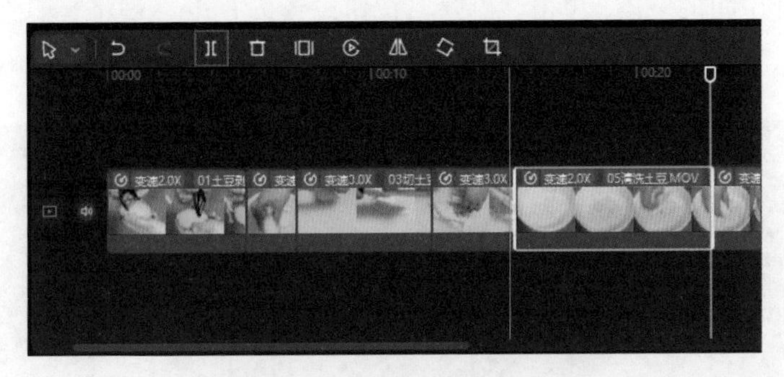

图 6-29 分割视频（3）

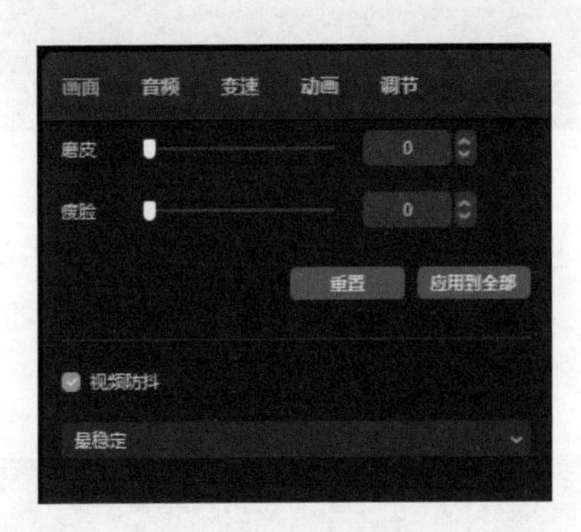

图 6-30 视频防抖

Step 09：将时间线拖到 00:00:20:00 的位置，使用“分割”工具，将素材分割成两段，如图 6-31 所示。选择后面的一段，单击“删除”按钮或者按 Delete 键将其删除。

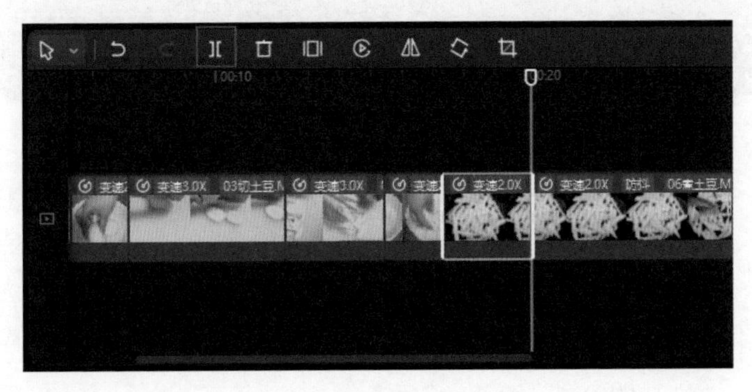

图 6-31 分割视频（4）

Step 10：先将时间线拖到00:00:18:29的位置，使用“分割”工具，将素材分成两段，再将时间线拖到00:00:22:14的位置，使用“分割”工具，将素材分成3段，选择中间的一段，单击“删除”按钮或者按Delete键将其删除，如图6-32所示。

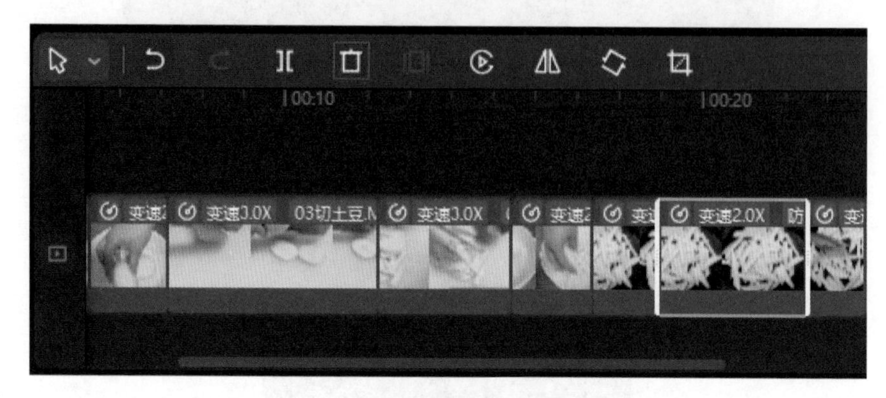

图6-32　删除视频（3）

Step 11：播放第7段素材，将时间线拖到00:00:22:05的位置，如图6-33所示。使用“分割”工具，将素材分割成两段，选择后面的一段，单击“删除”按钮或者按Delete键将其删除，

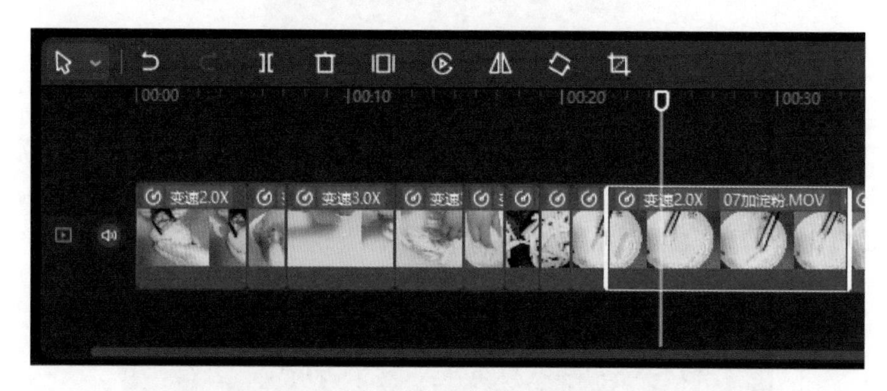

图6-33　时间轴面板

Step 12：播放第8段视频，这段素材的拍摄时长比较短，因此在右上方的“变速”面板中，选择“常规变速”选项卡，将“倍数”设为“3.0×”，如图6-34所示。

Step 13：播放第9段素材，将时间线拖到00:01:01:16的位置，使用“分割”工具，将素材分割成两段，如图6-35所示。选择前面的一段，单击“删除”按钮或者按Delete键将其删除。

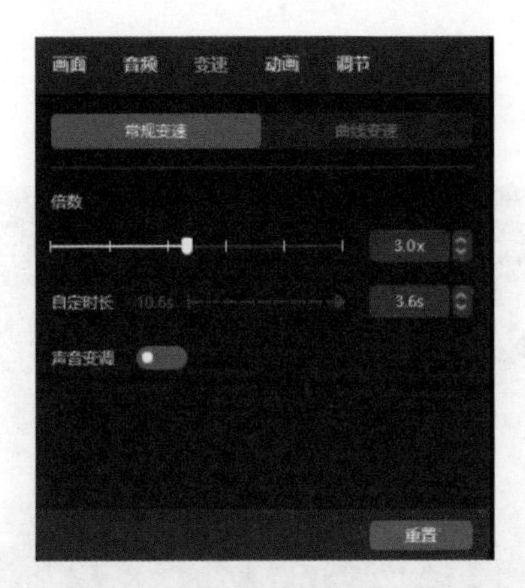

图 6-34　调整变速（2）

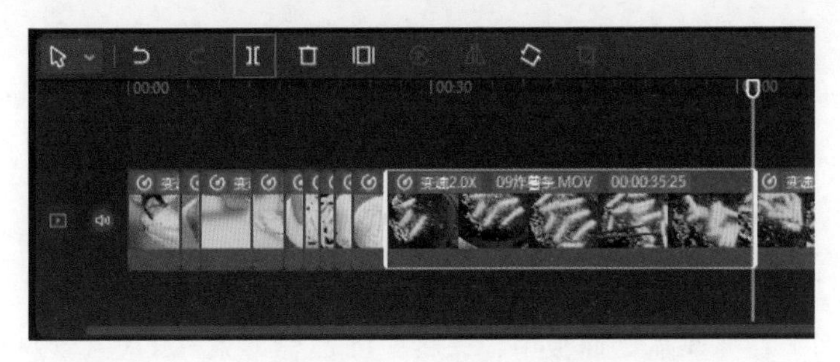

图 6-35　分割视频（5）

Step 14：播放第 9 段素材，将时间线拖到 00:00:35:12 的位置，使用“分割”工具将素材分割成两段，如图 6-36 所示。选择后面的一段，单击“删除”按钮或者按 Delete 键将其删除。

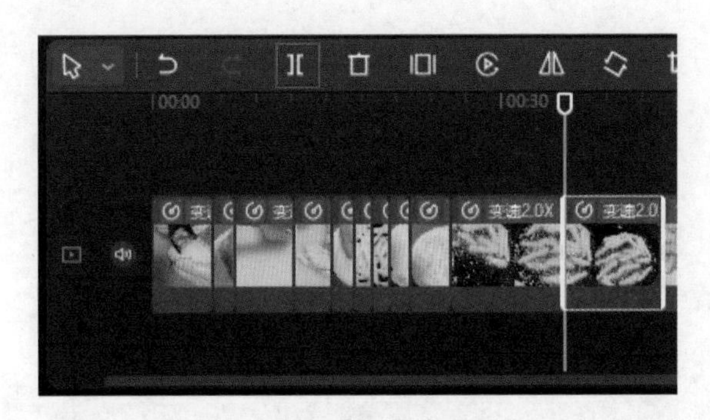

图 6-36　分割视频（6）

Step 15：播放第 10 段素材，将时间线拖到 00:00:36:15 的位置，使用“分割”

工具，将素材分割成两段，选择后面的一段，单击“删除”按钮或者按 Delete 键将其删除，即可完成视频剪辑，如图 6-37 所示。

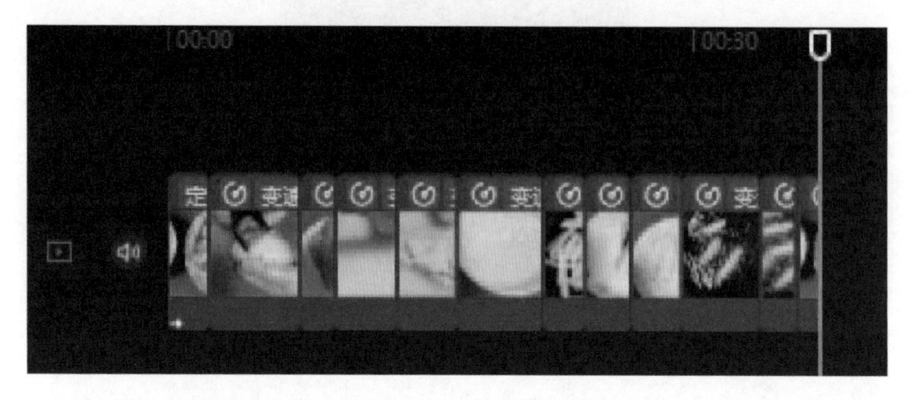

图 6-37　完成视频剪辑

Step 16：还可以再次播放视频，对视频再次进行剪辑，保留更精彩的片段。

6.4.4　定格片头制作

Step 01：在“媒体”面板中，先将“11 品尝薯条 .MOV”素材拖到时间线开始的位置并右击，在弹出的快捷菜单中，先选择“定格”命令，然后删除“11 品尝薯条 .MOV”素材，如图 6-38 所示。

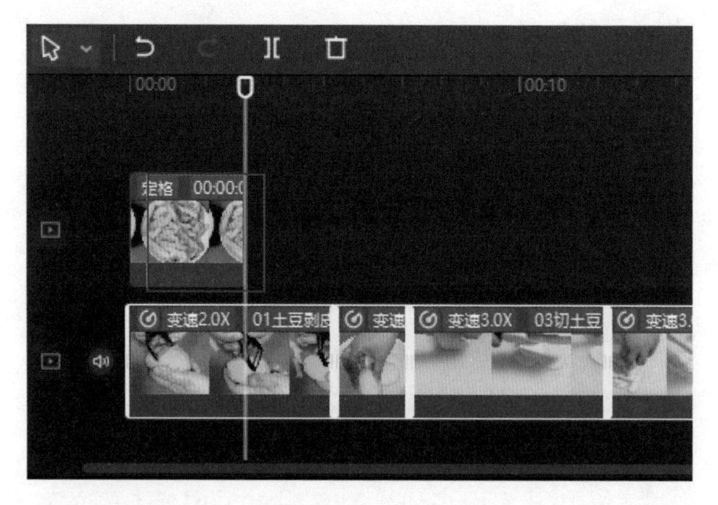

图 6-38　定格

Step 02：在时间轴面板中，将所有的素材拖到“定格”素材的后面，如图 6-39 所示。

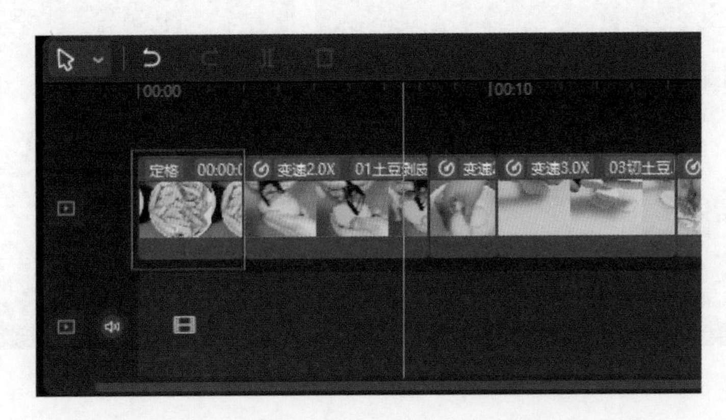

图 6-39　将所有的素材拖到“定格”素材的后面

Step 03：在“文字”面板中，选择“花字”选项中的一种花字，并将其添加到时间轴面板中，如图 6-40 所示。

Step 04：在“编辑”面板的“文本”选项卡中，输入文本“家有美味”，如图 6-41 所示。

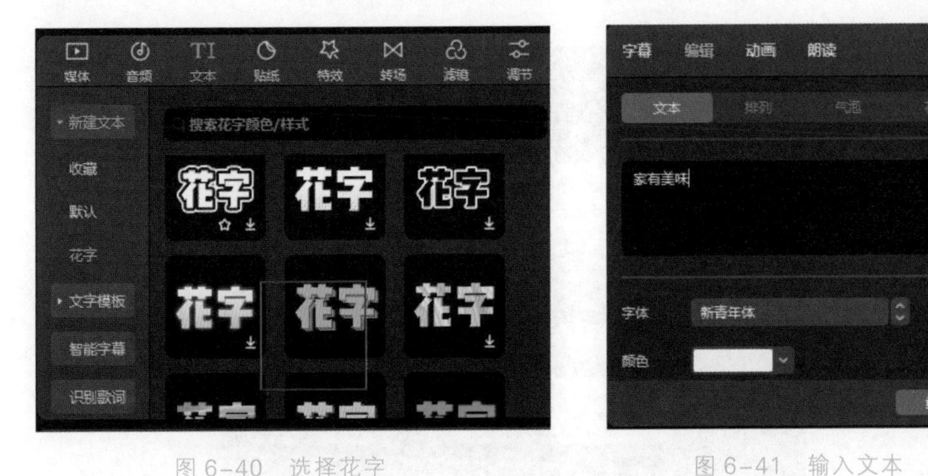

图 6-40　选择花字

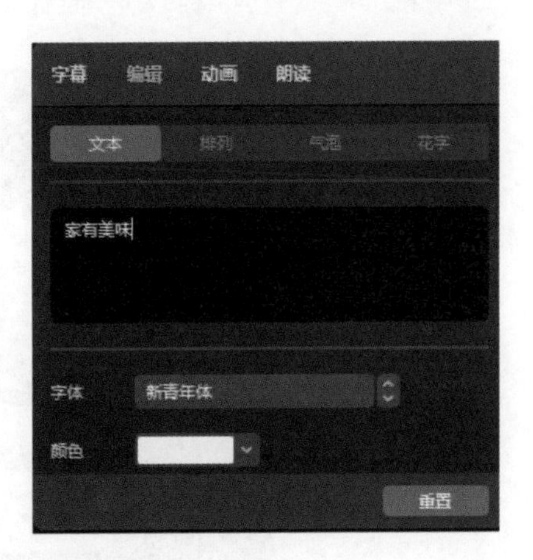

图 6-41　输入文本

Step 05：在时间轴面板中，将字幕轨道移到视频开始的位置，如图 6-42 所示。

Step 06：在时间轴面板中，选中字幕轨道，在“动画”面板中，设置动画属性，这里选择“入场”选项卡中的“弹入”动画，如图 6-43 所示。

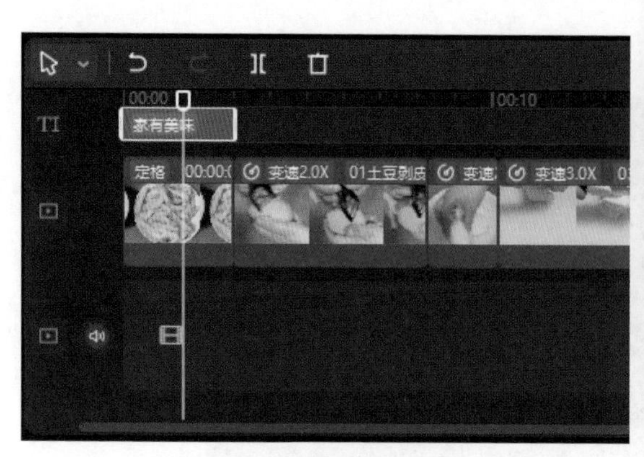

图 6-42　将字幕轨道移到视频开始的位置

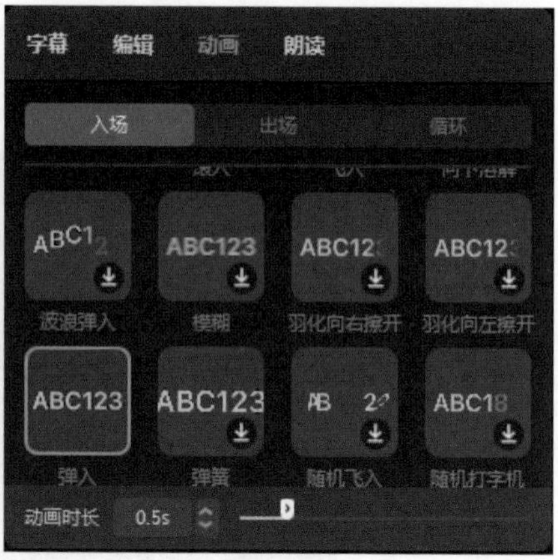

图 6-43　设置动画属性

6.4.5　视频转场

本节为素材添加视频转场。

Step 01：打开“转场”面板，如图 6-44 所示。

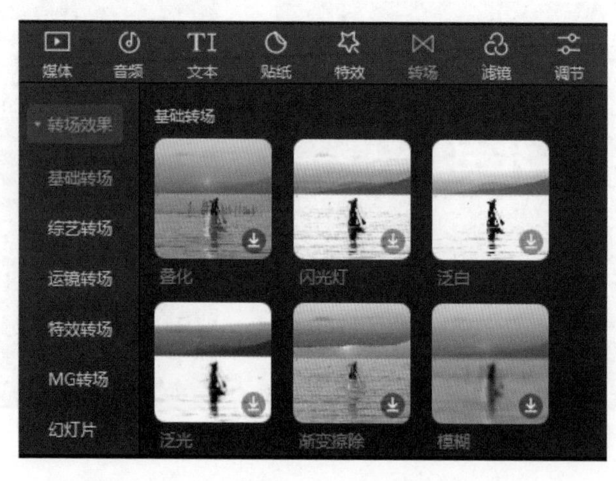

图 6-44　“转场”面板

Step 02：选择“叠化”转场，并将其拖到时间轴面板的两段素材之间，如图 6-45 所示。

Step 03：同样在每两段素材之间都添加“叠化”转场。在时间轴面板中，选中转场，在右上角的“转场”面板中，单击“应用到全部”按钮，即可将转场添加到所有素材之间，如图 6-46 所示。

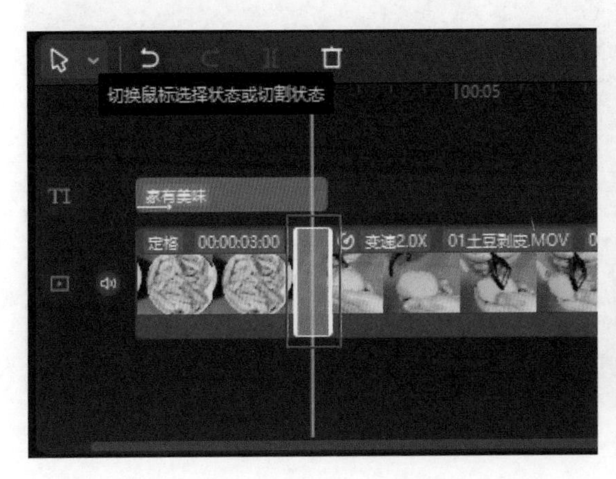

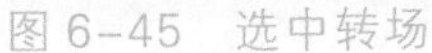
图 6–45　选中转场

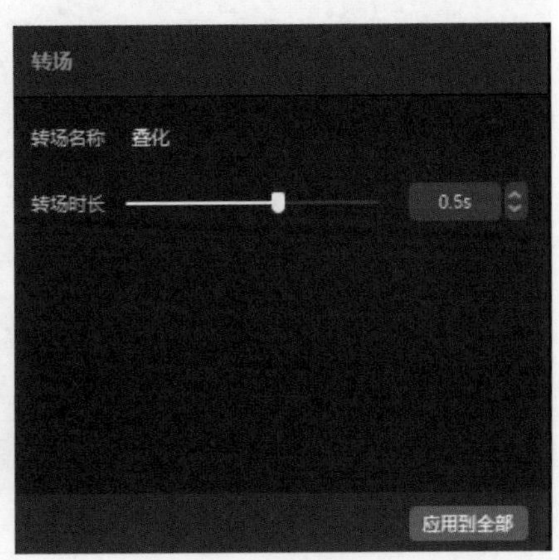

图 6–46　单击“应用到全部”按钮

6.4.6　录制声音

本节介绍视频配音的录制方法。我们也可以先录制声音，再根据音频对视频素材进行剪辑。

Step 01：我们可以通过剪映专业版录制声音。在时间轴面板中，单击“录音”按钮，弹出“录音”对话框，如图 6-47 所示。

Step 02：在“录音”对话框中可以选择输入设备，设置输入音量，单击红色的“录制”按钮，开始录音。录音时，“播放器”窗口中会自动播放视频。我们可以根据视频进行录音，按“空格”键，即可停止录音，如图 6-48 所示。

Step 03：播放音频，对音频进行剪辑，在录制过程中有停顿或口误的话需要将其剪掉，如果说话的音频比较长，而视频比较短，则可以对视频的播放速度进行调整，使音频和视频对

图 6–47　“录音”对话框

齐，剪辑后的效果如图 6-49 所示。

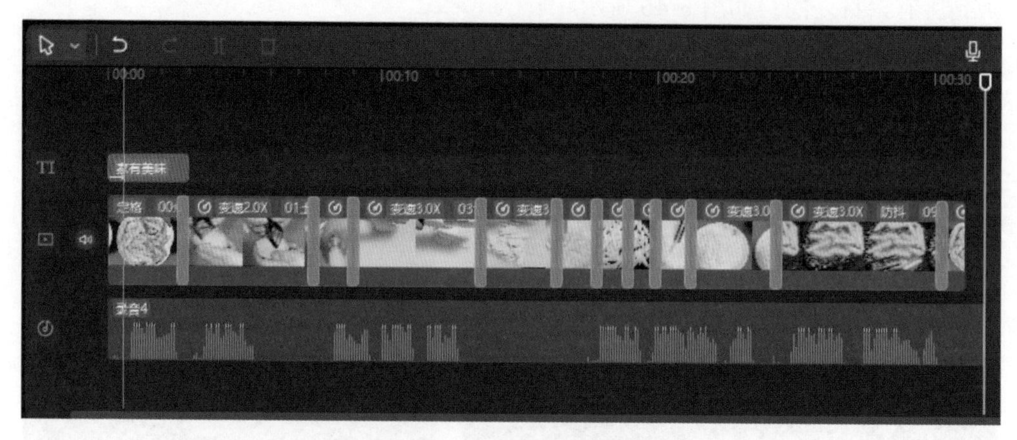

图 6-48　时间轴面板

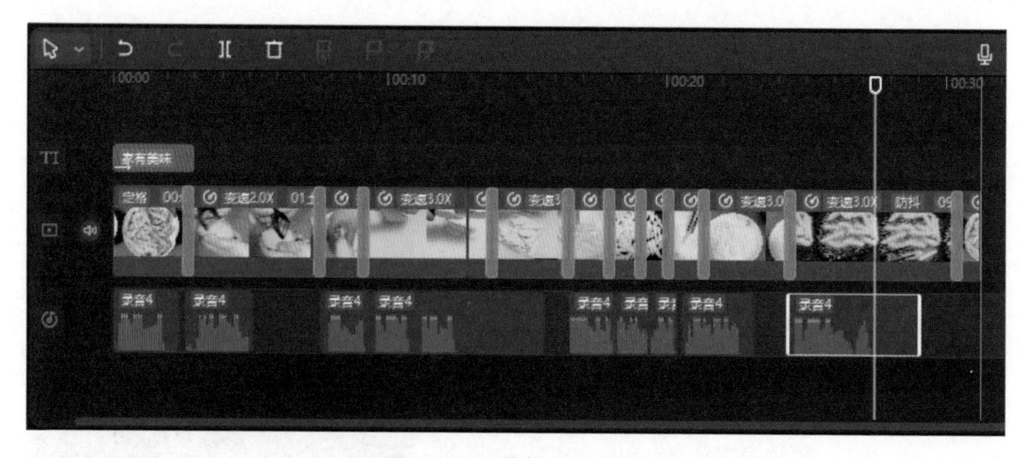

图 6-49　剪辑后的效果

在录音时，可以先写好解说词，在熟练解说词后，再开始录音。

6.4.7　视频调色

本节介绍给视频进行调色的方法。

Step 01：在时间轴面板中，选中素材，在“滤镜”面板中，选择“滤镜库”下“精选”选项中的“透亮”滤镜，如图 6-50 所示。

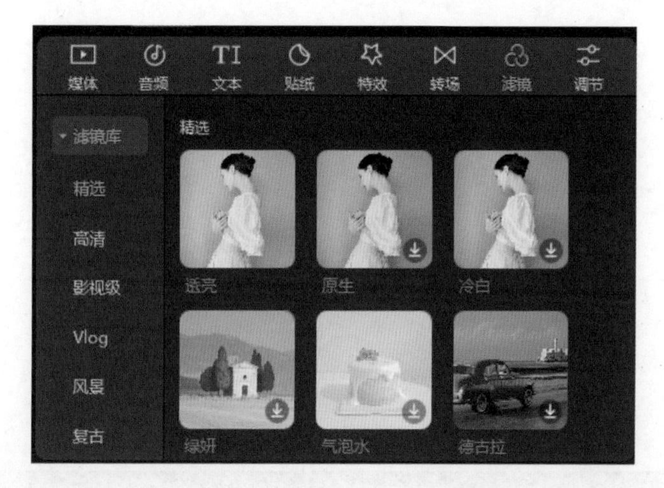

图 6-50　选择“透亮”滤镜

Step 02：单击“添加到轨道”按钮，即可在时间轴面板中增加“透亮”滤镜轨道，如图 6-51 所示。

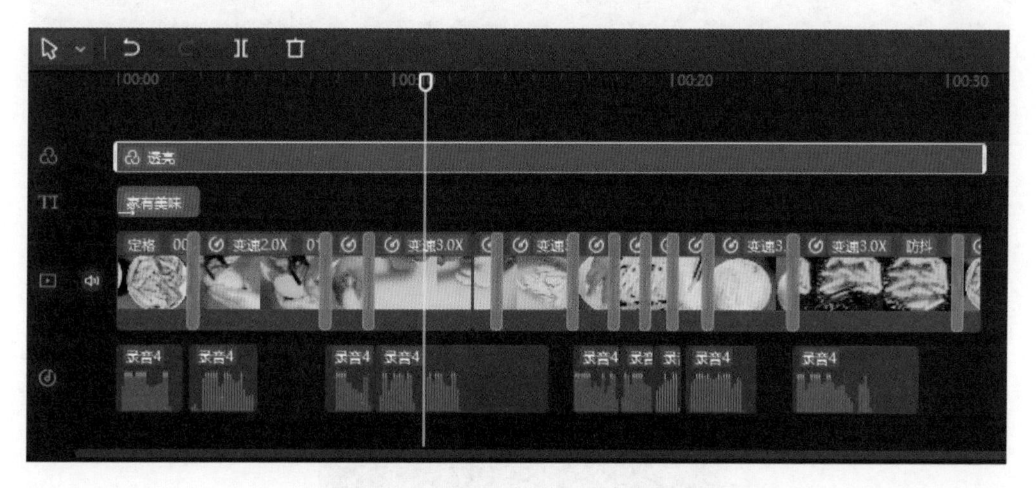

图 6-51　增加“透亮”滤镜轨道

Step 03：在“调节”面板中，单击“自定义调节”按钮，如图 6-52 所示。

Step 04：在时间轴面板中，拖动自定义调节轨道的尾部，使其时长和“透亮”轨道的时长一样，如图 6-53 所示。

Step 05：在时间轴面板中，选中“调节 3”轨道，在右上方的“调节”面板中，将“亮度”设为“4”，“高光”设为“5”，“ 光感”设为“5”，如图 6-54 所示。

图 6-52 “调节”面板

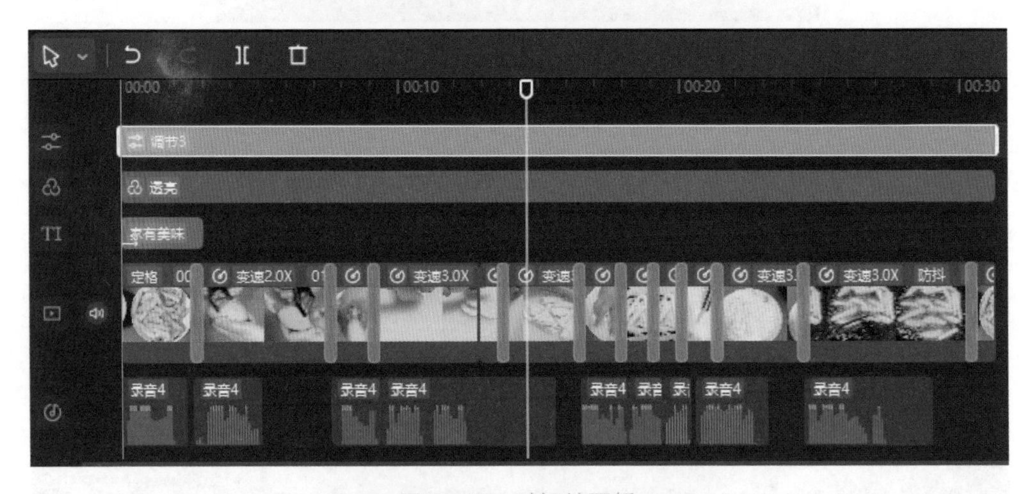

图 6-53 时间轴面板

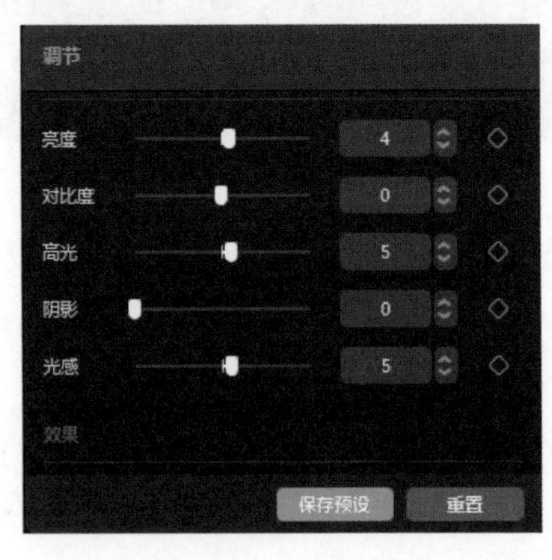

图 6-54 设置参数

6.4.8　字幕

本节介绍视频字幕的使用方法，通过音频来识别字幕。

Step 01：在“文本”面板中，选择左侧的“智能字幕”选项，单击“开始识别”按钮，如图 6-55 所示。

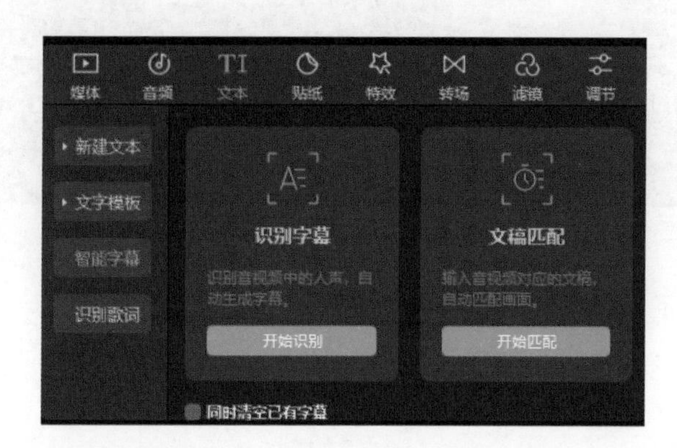

图 6-55　识别字幕

Step 02：弹出“字幕识别中”对话框，等待识别完成后，将在时间轴面板中生成字幕轨道，如图 6-56 所示。

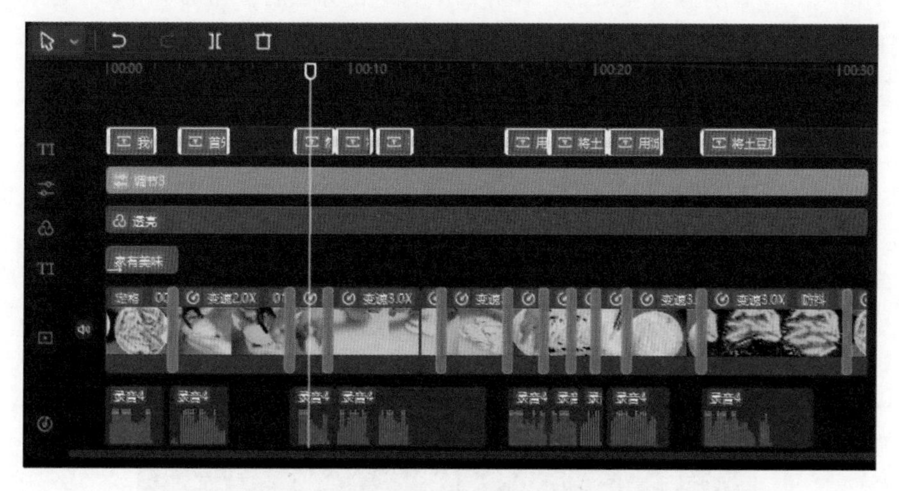

图 6-56　字幕轨道

Step 03：在时间轴面板中，选中字幕，即可在界面右上角的“编辑”面板中，设置文本的“缩放”和“位置”参数，如图 6-57 所示。

图 6-57 调整“缩放”和“位置”参数

这样就完成了字幕的制作。

6.4.9 导出视频

本节介绍使用剪映专业版导出视频的方法。

Step 01：在剪映专业版的工作界面中，单击界面右上角的“导出”按钮。在弹出的“导出”对话框中，可以设置作品名称和导出视频的位置、分辨率等，如图 6-58 所示。

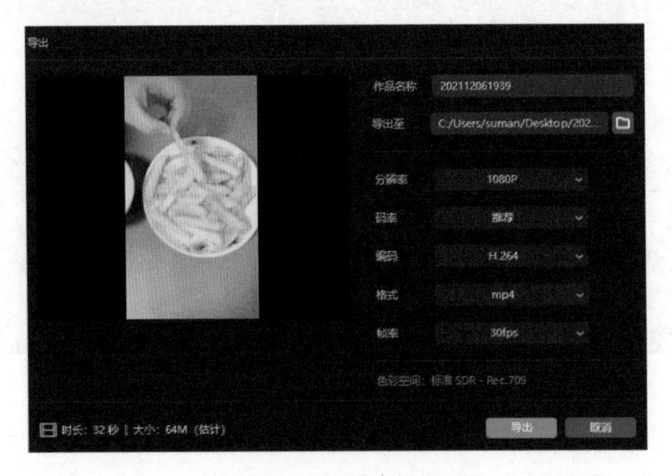

图 6-58 导出设置

Step 02：单击“导出”按钮，底部显示“正在导出”进度条，如图 6-59 所示。

图 6-59　正在导出

Step 03：导出完成后，可以单击右上角的“打开文件夹”按钮，将视频保存到相应文件夹中，也可以单击“西瓜视频”和“抖音”按钮，将视频发布到西瓜视频和抖音短视频平台上，如图 6-60 所示。

图 6-60　导出完成

6.4.10　调整视频尺寸，使其适配到其他平台

本节介绍调整视频尺寸，使其适配到其他平台的方法。

Step 01：进入剪映专业版的开始界面，单击“剪辑草稿”右下角的按钮，如图 6-61 所示。

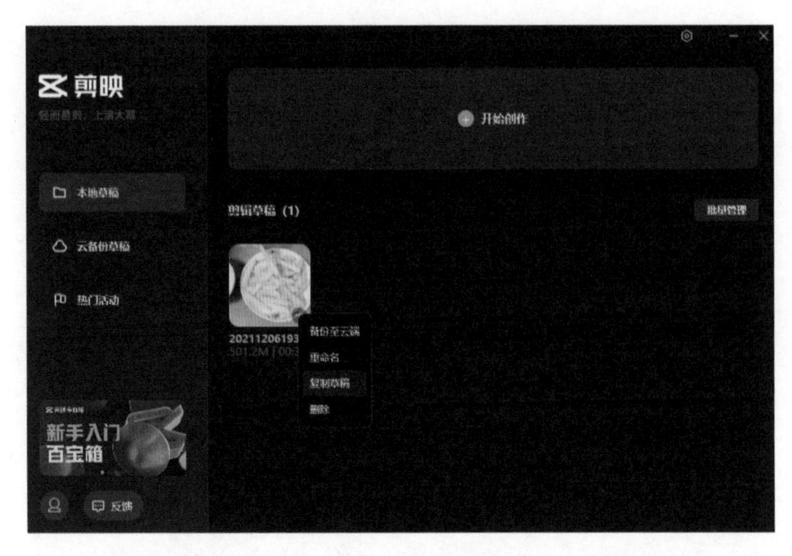

图 6-61　管理草稿

Step 02：选择“复制草稿”选项，即可复制草稿，如图 6-62 所示。

图 6-62　复制草稿

Step 03：打开复制的草稿，在“播放器”窗口中，将视频尺寸修改为“16 ∶ 9”，如图 6-63 所示。

Step 04：首先在时间轴面板中，选择视频素材；然后在“画面”面板中，将视频的“缩放”设为“325%”；最后在“播放器”窗口中，将视频调整到合适的位置，如图 6-64 所示。

Step 05：有些素材需要调整构图方式，在“画面”面板中调整“位置”参数即可，如图 6-65 所示。

图 6-63 修改尺寸

图 6-64 调整视频画面

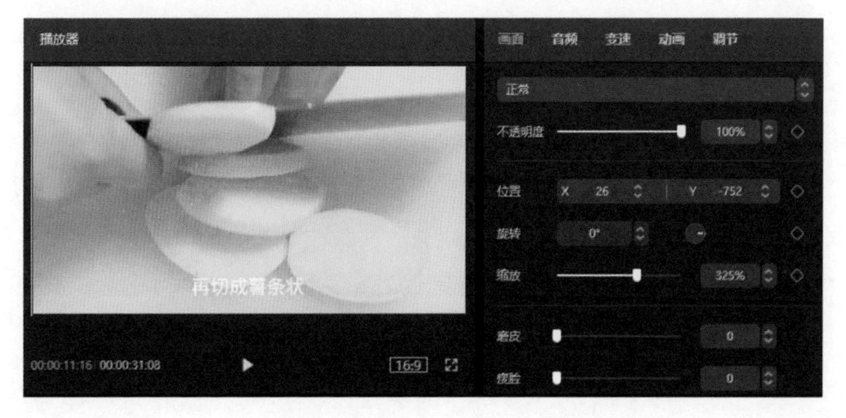

图 6-65 调整“位置”参数

Step 06：调整好视频后，单击“导出”按钮，即可导出画面尺寸为 16 ：9 的视频，如图 6-66 所示。

图 6-66　导出视频

这样我们就可以将制作好的一个视频，通过复制草稿进行编辑，并调整其尺寸，使其适配到其他平台。

第7章 将短视频发布到不同平台

本章介绍如何将制作好的视频发布到抖音、快手、视频号、小红书和哔哩哔哩平台，以及如何通过热点事件提升流量，通过留言功能提高互动效果等。

7.1 将短视频发布到抖音

抖音让用户看见并连接更大的世界，鼓励用户表达、沟通和记录，激发用户的创造性，丰富人们的精神世界，让现实生活更美好。本节介绍在抖音平台的视频发布技巧。

7.1.1 利用热点事件提升曝光率

用户在制作短视频时，可以借助热点事件进行内容的创作，提升短视频的曝光率。

Step 01：打开抖音 App，点击“搜索”按钮，打开搜索界面，选择“创作灵感”选项卡，可以查看最新的热点事件，如图 7-1 所示。

Step 02：用户可以根据创作灵感制作短视频，点击“查看更多创作主题”，打开“创作灵感”界面，如图 7-2 所示。

图 7-1 “创作灵感”选项卡

图 7-2 “创作灵感”界面

“创作灵感”界面包括推荐、投稿冲榜、美食、泛知识、兴趣爱好、时尚美妆、娱乐、游戏、体育、情感心理、旅行、汽车、三农、科技、动植物、家具装修和亲子 17 个类别。“搜索热度”表示的是当前一段时间内的用户搜索量，热度越高，表示用户搜索量就越高。

Step 03：如果想做美食类的短视频，则选择“美食”类别，打开美食类短视频的创作灵感即可，如图 7-3 所示。

Step 04：点击“立即拍摄”按钮，进入抖音 App 的拍摄界面，可以拍摄短视频，或者选择手机相册内的视频，将其上传即可。

图 7-3 “美食”类别

7.1.2 在抖音平台发布短视频的流程

本节介绍在抖音平台发布短视频的流程。

图 7-4 拍摄界面

Step 01：打开抖音 App，点击底部的“加号”按钮，进入拍摄界面，如图 7-4 所示。

Step 02：点击界面右下角的“相册”按钮，打开手机相册，选择制作好的短视频，进入编辑界面，如图 7-5 所示。

Step 03：点击“选择音乐”按钮，可以选择自己喜欢的音乐。界面右侧有设置、存本地、剪裁、文字、贴纸、特效、滤镜、自动字幕、画面增强和变声工具，如果是使用抖音 App 直接拍摄的短视频，则可以在这里使用这些工具对其进行设置；如果是已经在剪映 App 中制作好的短视频，则无须使用这些工具。

Step 04：点击“下一步”按钮，进入“发布”界面。在“发布”界面中，输入描述文案、添加话题，如图 7-6 所示。

Step 05：点击“选封面”按钮，即可设置封面。在“发布”界面中还可以设置定位位置，添加经营工具。点击“添加经营工具”下的“查看更多”按钮，进入“选择经营工具”界面。该界面中的经营工具分为“带销量”“找顾客”“打品牌”三大类，这里默认选择“我的小店”，如图 7-7 所示。

图 7-5　编辑界面

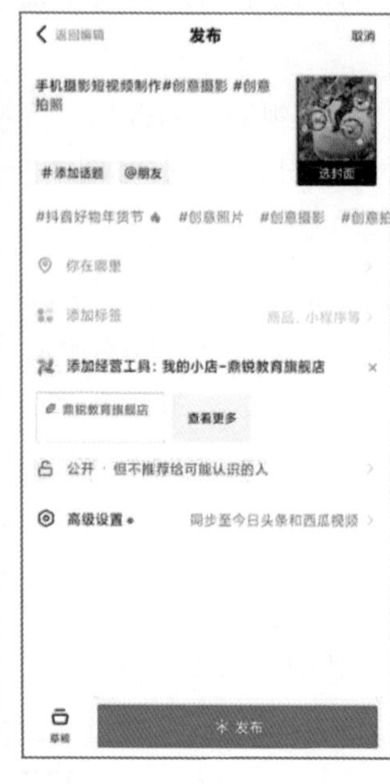

图 7-6　“发布”界面

图 7-7　“选择经营工具”界面

Step 06：点击“高级设置”按钮，打开“高级设置”选项栏。该选项栏中包括保存本地、高清发布、同步至今日头条和西瓜视频、允许下载、谁可以合拍和谁可以转发，如图 7-8 所示。

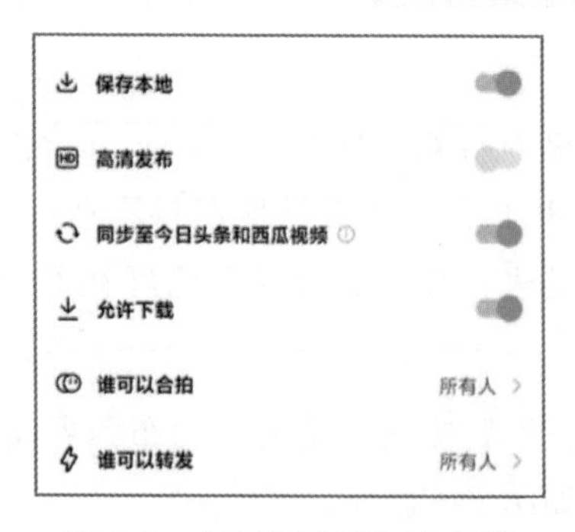

图 7-8　“高级设置”选项栏

Step 07：关闭“保存本地”按钮，点击“发布”按钮，即可将短视频发布到抖音上。

7.1.3　不要删除发布的内容

很多人在运营抖音短视频时，发现某个短视频的播放量很差，就会把这个短视频删除，但是很多短视频都是在发布一周后才火起来的，因此这里建议大家不要删除之前发布的短视频。如果在一段时间之后短视频的播放量还是不高，则可以设置短视频的权限。

Step 01：打开抖音 App，点击“我的”按钮，进入个人界面，打开播放量不高的短视频，如图 7-9 所示。

Step 02：点击界面右下角的“权限设置”按钮，打开“权限设置”选项栏，如图 7-10 所示。

图 7-9　打开短视频

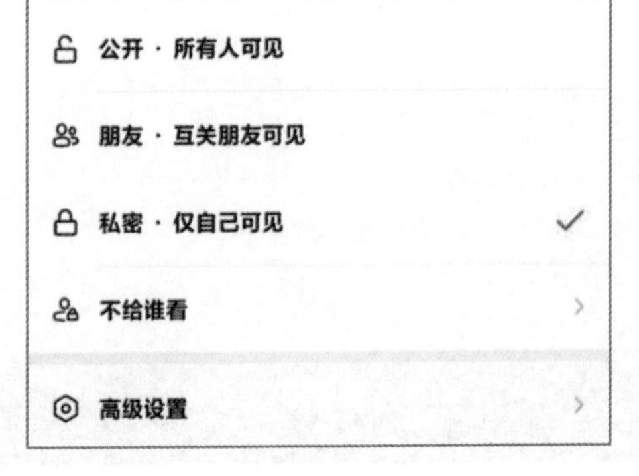

图 7-10　“权限设置”选项栏

Step 03：勾选“秘密 · 仅自己可见”复选框，这样就可以将短视频隐藏。

7.2 将短视频发布到快手

快手短视频和抖音短视频的定位不同，抖音依靠的是流量，快手则是让用户获得平等的推荐机会。

7.2.1 在快手平台发布短视频的流程

本节介绍在快手 App 上发布短视频的流程。

Step 01：打开快手 App，点击界面底部的“相机”按钮 ，进入拍摄界面，如图 7-10 所示。

Step 02：点击“相册”按钮，选择素材，点击“下一步”按钮，进入编辑界面，如图 7-11 所示。

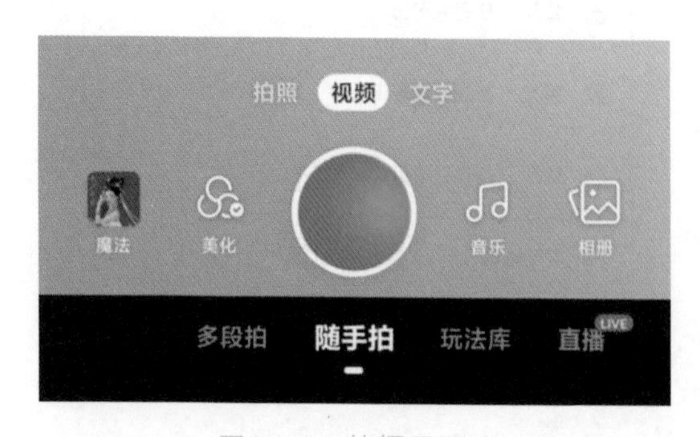

图 7-10 拍摄界面

图 7-11 编辑界面

Step 03：在编辑界面中，可以点击“发布”按钮，直接发布视频，也可以使用美化、配乐、封面、文字、画面增强、剪辑、画布、特效、贴纸和涂鸦工具对视频进行编辑。点击“下一步”按钮，进入发布界面，如图 7-12 所示。

Step 04：在发布界面不仅可以添加描述文案并给视频添加话题标签，还可以编辑封面，设置所在位置和所有人可见。点击“更多设置”，打开“更多设置”选项栏，如图 7-13 所示。

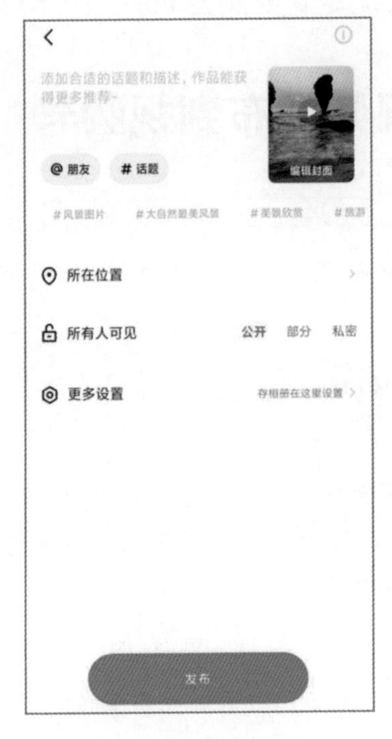

图 7-12　发布界面

图 7-13　“更多设置”选项栏

Step 05：在“更多设置”选项栏中可以设置保存到相册、高清发布、允许别人跟我拍同框、不允许转发、允许下载此作品等选项。设置完成后，点击“发布”按钮，即可将短视频发布到快手上。

7.2.2　视频的留言工具

在发布快手或抖音短视频时，特别是爆款的短视频，其下方会看到各种留言，因此我们必须重视评论区。一般留言越多的短视频，话题感越强，有时你的观点

图 7-14 评论

还会被点赞或评论。如果是商品类短视频，则会有咨询价格的留言，如图 7-14 所示。

评论越多，互动越多，平台就会将你的短视频推荐到一个更大的流量池，吸引更多的网友来看你的短视频。所以评论区的信息一定要及时回复，增强互动率。如果有一些网友发布负面的信息，则需要用正面的言论去引导，否则会给品牌的宣传和推广带来不利的影响。

7.3 将短视频发布到视频号

视频号是关联个人微信号、公众号和企业微信号的一个内容平台，用于个人或企业创作和发布短视频，分享自己的生活或技能。

7.3.1 在视频号平台发布短视频的流程

在制作短视频时，首先要考虑到视频号平台的尺寸要求，然后是视频时长，一般视频号发布的视频时长要求在一分钟以内，但也可以是长视频。本节介绍在视频号平台发布短视频的流程。

Step 01：打开微信 App，点击“发现”按钮，进入“发现”界面，如图 7-15 所示。

Step 02：选择“视频号”选项，打开视频号界面。点击界面右上角的“头像”按钮，进入视频号设置界面，如图 7-16 所示。

Step 03：点击“发表视频”按钮，进入“创建视频号”界面，如图 7-17 所示。

Step 04：在该界面中可以替换头像图片，也可以设置名字和地区，点击“创建”按钮，即可创建视频号，如图 7-18 所示。

Step 05：进入视频号界面，点击界面右上角的“相机”按钮，弹出“发表视频”选项栏，如图 7-19 所示。

Step 06：选择“发表视频”选项，弹出“使用当前视频号发表动态”选项栏，如图 7-20 所示。

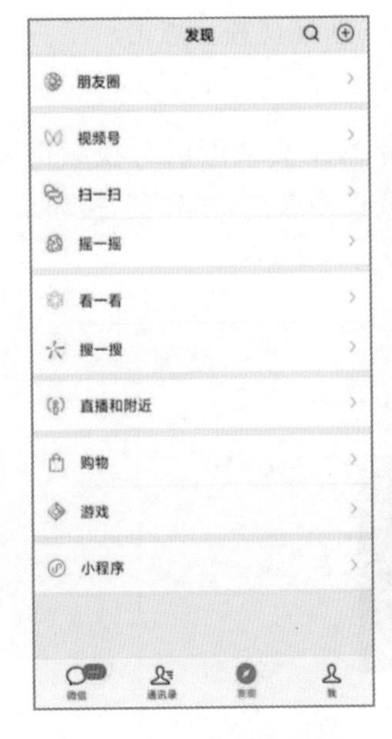

图 7-15　“发现”界面

图 7-16　视频号设置界面

图 7-17　“创建视频号”界面

图 7-18　创建视频号

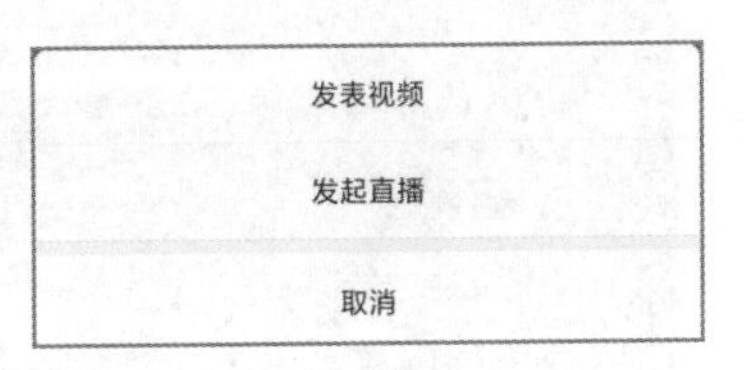

图 7-19　“发表视频”选项栏

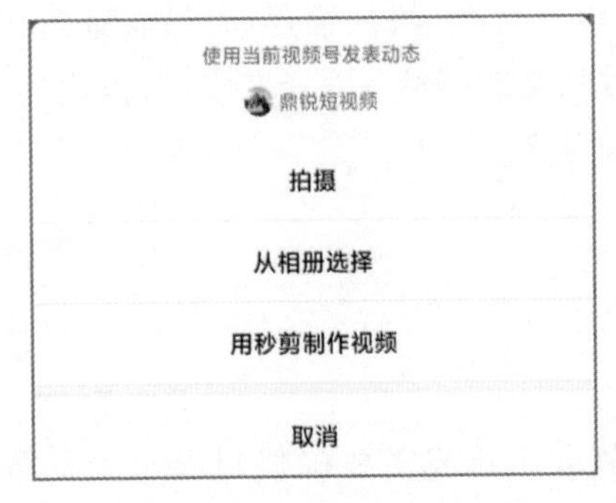

图 7-20　“使用当前视频号发表动态”选项栏

Step 07：选择“从相册选择”选项，进入相册界面，选择视频，点击“下一步”按钮，即可进入视频编辑界面，如图 7-21 所示。

Step 08：该界面包括音乐、表情、文字、剪辑和字幕工具，可以对视频进行编辑。如果选择的是在剪映 App 中制作好的短视频，就直接点击“完成”按钮，进入发布界面即可，如图 7-22 所示。

图 7-21 视频编辑界面

图 7-22 发布界面

Step 09：这里可以设置封面，添加描述和话题，还可以参加活动。“扩展链接”选项用于添加微信公众号的文章链接。设置完成后，点击界面右上角的“发布”按钮，即可将短视频发布到视频号上。

7.3.2 选择合适的时间发布

在视频号上发布短视频，首先需要确保每周至少发布一条，然后对其进行精细化运营，保持短视频的活跃度，让每一个短视频都尽可能上热门。

同样地，短视频在不同的时间发布，其效果是不一样的，因为流量高峰期浏览人数多，此时发布的短视频将被更多的人看到。如果已经制作了多个短视频，千万不要同时发布，尽量每个短视频间隔两小时左右。本书建议大家在早上6点到7点、晚上6点到9点这两个时间段发布短视频。

使用PC端的视频号发布短视频时，可以设置定时发布。打开PC端的视频号，单击“发布动态”按钮，进入发布界面，可以在“定时发表”文本框中设置短视频的发布时间，如图7-23所示。

图7-23　定时发布

另外，发布时间还要参考自己的客户群体。因为职业不同，工作性质不同，发布的时间也有所差别，所以在选择发布的时间时，需要考虑内容属性及人群目标，选择一个最佳的时间点发布内容。

7.4　将短视频发布到哔哩哔哩

哔哩哔哩简称B站，是年轻人高度聚集的文化社区和视频平台。哔哩哔哩从动画、漫画、游戏内容创作与分享的视频网站，发展为一个源源不断产生优质内容的生态系统，并成为涵盖7000多个兴趣圈层的多元文化社区。

7.4.1 视频投稿

哔哩哔哩内容投稿分为视频投稿、专栏投稿和音频投稿。本节介绍视频投稿。

Step 01：打开哔哩哔哩 App，点击界面底部工具栏中的“上传”按钮 +，进入素材添加界面，选择一个视频，如图 7-24 所示。

Step 02：点击界面右上角的“编辑视频”按钮，进入“编辑视频”界面，如图 7-25 所示。

Step 03：在“编辑视频”界面中包括剪辑、互动工具、音乐、文字和贴纸，还可以设置主题、滤镜和录音。如果上传的是在剪映 App 中制作好的视频，则可以直接点击“下一步”按钮，进入发布界面，如图 7-26 所示。

图 7-24　选择视频

图 7-25　“编辑视频”界面

图 7-26　发布界面

Step 04：输入标题，点击“选择分区和标签”按钮可以选择分区和话题，如图 7-27 所示。

Step 05：在“类型（必填）”选项后，选中“自制”单选按钮。点击“查看更多”

按钮，进行更多设置，如图 7-28 所示。

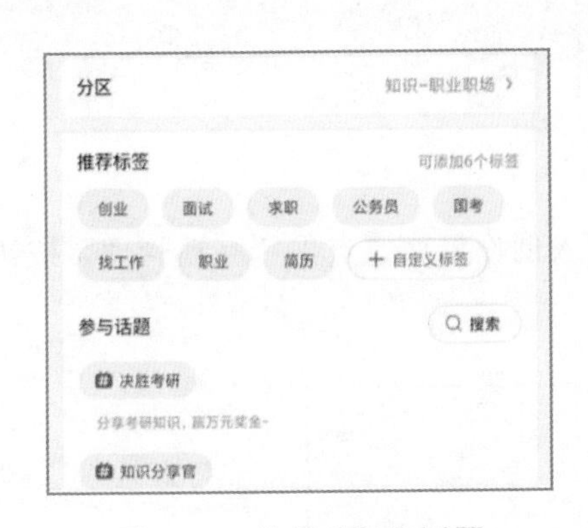

图 7-27　选择分区和话题

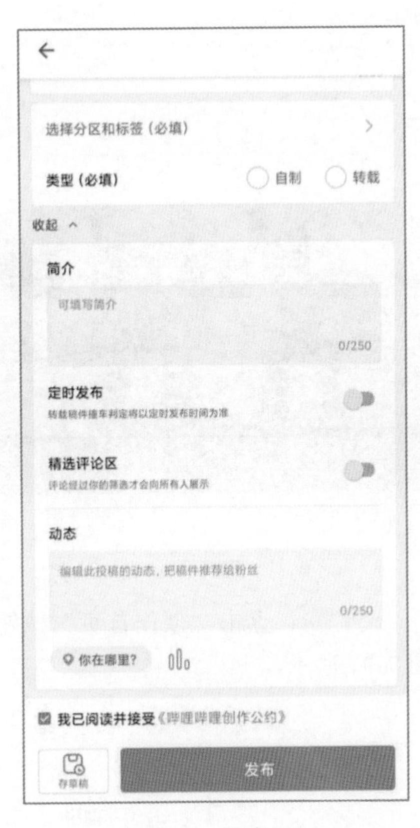

图 7-28　更多设置

Step 06：在这里可以设置视频的简介、定时发布、精选评论区、动态和定位。设置完成后，点击“发布”按钮，即可将视频发布到哔哩哔哩。

7.4.2　互动管理

哔哩哔哩的互动管理包括评论和弹幕，其中，评论需要做到回复用户；而弹幕不仅可以为用户提供乐趣，还可以使用户参与到弹幕互动中。弹幕越密集，则说明视频越受用户欢迎。本节介绍哔哩哔哩的互动管理的使用方法。

Step 01：打开哔哩哔哩 App，在视频的右下角可以发布弹幕，视频弹幕效果如图 7-29 所示。

Step 02：点击界面底部工具栏中的“我的”按钮，进入个人中心，如图 7-30 所示。

图 7-29 视频弹幕效果

图 7-30 个人中心

Step 03：点击“创作首页”按钮，进入创作界面，点击“互动管理”按钮，如图 7-31 所示。

图 7-31 点击“互动管理”按钮

Step 04：打开“互动管理”界面，选择“弹幕”选项卡，显示最近的弹幕弹窗，如图 7-32 所示。UP 主（哔哩哔哩的视频博主）可以对最近 5 个视频的弹幕进行管理。

Step 05：点击弹幕右侧的“设置”按钮 ⋮ ，即可对弹幕进行保护或删除操作，如图 7-33 所示。

图 7-32　“弹幕”选项卡

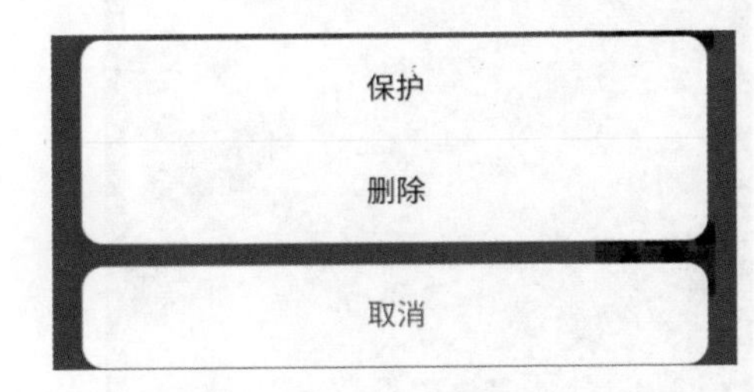

图 7-33　弹幕管理

7.5　将短视频发布到小红书

小红书 App 是年轻人记录生活方式的平台，在这里可以发现丰富、多元的世界，找到潮流的生活方式，认识有趣的明星、创作者等。在小红书 App 中，不仅有海量的美妆穿搭教程、旅游攻略、美食和健身等，还有更多生活方式等你发现。

7.5.1　在小红书App中发布短视频的流程

本节介绍在小红书 App 中发布短视频的流程。

Step 01：打开小红书 App，点击底部的“加号”按钮 ，选择视频，点击“下一步”按钮，进入编辑界面，如图 7-34 所示。

Step 02：在编辑界面的顶部可以选择音乐，而底部工具栏中包括文字、贴纸、滤镜、剪辑、标记、章节、一键成片、背景和字幕工具。用户可以通过这些工具对拍摄的视频进行处理。如果上传的是在剪映 App 中制作好的短视频，则直接点击界面右上角的“下一步”按钮，进入发布界面即可，如图 7-35 所示。

图 7-34　编辑界面

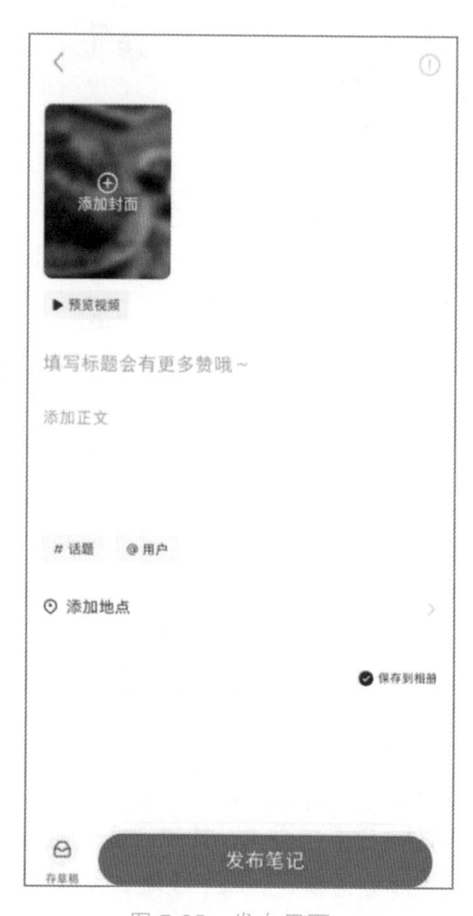

图 7-35　发布界面

Step 03：点击“添加封面”按钮，进入“设置封面”界面。在该界面中可以选择一帧图片作为封面，使用双指缩放图片，如图 7-36 所示。

Step 04：设置完成后，点击“下一步”按钮，进入“制作封面”界面，选择需要的模板作为封面文案，如图 7-37 所示。

Step 05：在该界面中也可以自定义文字和贴纸，制作封面。点击“完成”按钮，进入发布界面，如图 7-38 所示。

图 7-36　封面设置

图 7-37　选择模板

图 7-38　发布界面

Step 06：填写标题和添加正文，点击“话题”按钮，弹出话题标签，选择和视频相符合的话题，如图 7-39 所示。

# 话题　@ 用户	
#超级下饭的家常菜	8.6亿次浏览
#露营美食	530万次浏览
#露营美食家	2001万次浏览
#炒饭	2259万次浏览
#在家也能做的西餐	2034万次浏览
#男士穿搭	2.7亿次浏览
#周末去哪儿	2.9亿次浏览

图 7-39　话题标签

Step 07：设置地点，点击“发布笔记”按钮，完成将短视频发布到小红书上。

7.5.2 小红书视频号

开通小红书视频号不仅会有官方的流量扶持，还能拥有创作中心和开放的视频数据。小红书视频号支持视频合集连续播放、自定视频发布时间、15 分钟视频和一键定义视频封面。

Step 01：打开小红书 App，进入“创作中心”界面，点击“视频号成长计划”，如图 7-40 所示。

Step 02：打开“小红书视频号”界面，点击“去开通”按钮，即可开通小红书视频号，开通成功后的效果如图 7-41 所示。

图 7-40 “创作中心”界面

图 7-41 开通成功后的效果

Step 03：返回“创作中心”界面，点击“创作服务”下的“更多服务”按钮，进入“更多服务”界面，如图 7-42 所示。

Step 04：这里开通了创建合集、长视频、上传封面等创作权益，点击“创建合集”按钮，进入“创建合集”界面，如图 7-43 所示。

图 7-42　“更多服务”界面

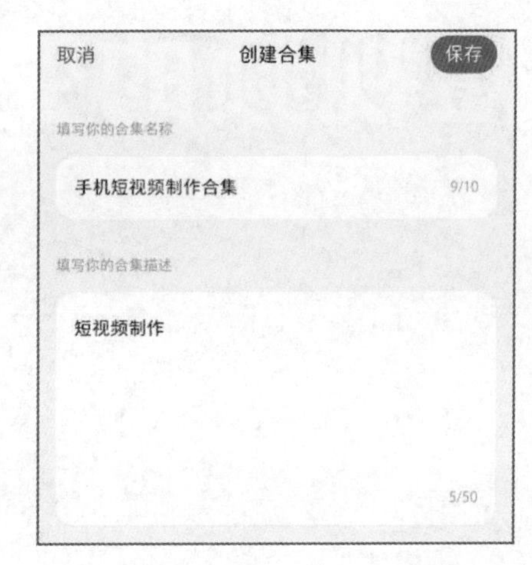

图 7-43　“创建合集”界面

Step 05：设置合集的名称和描述，点击“保存”按钮，进入管理界面。在该界面中可以将之前发布的视频添加到合集中，也可以直接发布视频并将其添加到合集中。

第8章

短视频的变现模式

抖音希望把精准的流量沉淀在自有产品的生态系统下，发布者可以直接在抖音平台上完成交易，降低用户的流失率。抖音上线的“抖音盒子”是为抖音主播提供的变现工具，帮助主播拓宽变现渠道。本章介绍短视频变现的方法和渠道。

8.1　开通抖店

用户开通抖店后，可以在抖音盒子、今日头条、抖音、火山小视频等平台上展示店铺，其商品可以通过微头条、视频、文章等方式进行展示。用户可以在今日头条、西瓜视频、火山小视频、抖音等 App 中购买商品。在购买商品后，用户可直接转化为商家或主播的粉丝，帮助商家形成完整的流量闭环，获得更大的成交量，提高商家收入。

8.1.1　抖音盒子

抖音盒子是抖音旗下潮流时尚的电商平台，从街头潮牌到高端时装，从穿搭技巧到彩妆护肤，和千万潮流用户一起，捕捉全球流行趋势，开启潮流生活，如图 8-1 所示。

图 8-1　抖音盒子

抖音盒子的首页不仅提供了逛街、推荐、订阅、购物车等功能入口，还可以使用户浏览各种关于穿搭、潮品的视频，搜索自己想要的商品。抖音盒子还支持用户上传短视频，并且可以开启直播。

抖音盒子接入了抖店的电商服务，抖店的信息也会在抖音盒子进行展示，包括商品、购物车等。这意味着，商家在小店发布的商品，也会同步到抖音盒子，增加商品曝光的机会。

抖音盒子是抖音为了拓展电商业务开发的平台，后续会通过抖音和今日头条等“字节系”App 为其引入流量，打造成“字节系”的综合性电商平台，对标淘宝或天猫等头部电商平台。

8.1.2 抖店入驻流程

本节介绍抖店的入驻流程。

Step 01：打开抖店网址，在界面右侧的“入驻抖店”中输入手机号码，填写验证码后单击“立即入驻”按钮，如图 8-2 所示。

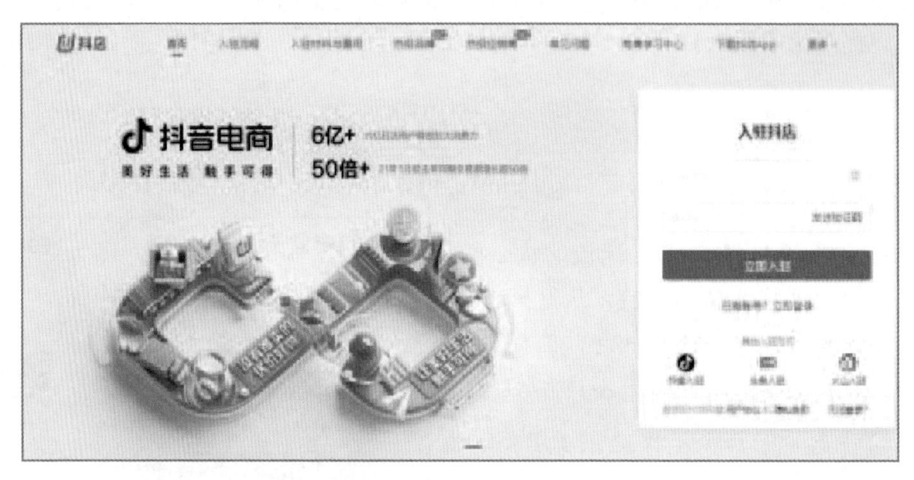

图 8-2 入驻抖店

Step 02：选择主体类型，如国内或跨境，国内主要包括个体工商户和企业 / 公司，如图 8-3 所示。

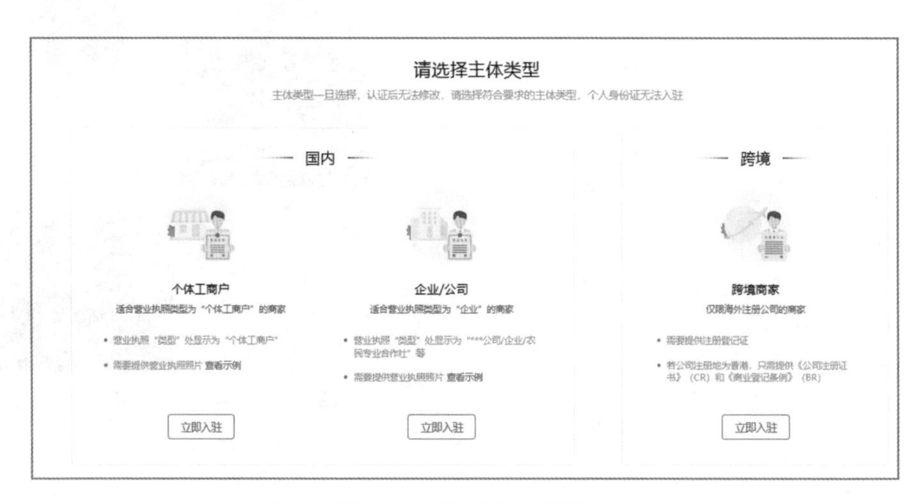

图 8-3 选择主体类型

Step 03：如选择个体工商户，首先按照界面提示填写营业执照信息和法人信息，并设置店铺名称，然后等待店铺审核，审核通过后即可将店铺上线。

8.1.3　抖店后台管理

店铺上线后，打开抖店，在输入账户号和密码后，进入抖店后台，如图 8-4 所示。

图 8-4　抖店后台

抖店后台左侧包括店铺、商品、订单、售后、数据、物流、资产、用户、保障中心和服务市场模块。

顶部菜单包括电商罗盘、营销中心、巨量千川、精选联盟、学习中心和服务市场。

商品模块包括商品创建、商品管理、商品导入、商品分组、商品成长中心、视频榜单和商品素材。下面介绍在抖店发布商品的方法。

Step 01：单击“商品创建”按钮，选择商品类目，如图 8-5 所示。

Step 02：进入商品发布界面，填写信息包括基础信息、图文信息、价格库存、服务于履约和商品资质，如图 8-6 所示。

Step 03：填写好信息之后，单击“发布商品”按钮，等待审核通过。产品上线后即可售卖。

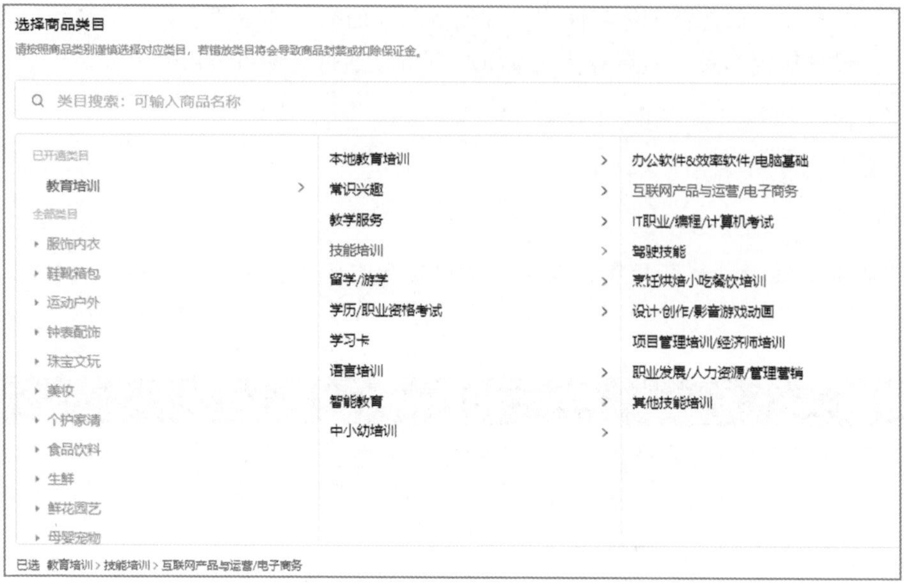

图 8-5　选择商品类目

图 8-6　发布商品

8.1.4　绑定抖音账号

抖音短视频内容营销就是将用户引流到抖店，其思路是利用抖音的流量给产品预热和“种草”，将抖音大量的潜在客户引导到自己的店铺下单。如果想要在抖音渠道分享自己的商品，就需要开通相应的渠道展示功能。

Step 01：进入抖店后台，单击上面的“营销中心”菜单，进入“营销中心”界面，如图 8-7 所示。

图 8–7　“营销中心”界面

Step 02：选择界面左侧的“账号管理”选项，进入账号管理界面。在该界面中，单击“新增绑定账号”按钮，如图 8-8 所示。

Step 03：进入“新增绑定账号”界面，选中“抖音”单选按钮，如图 8-9 所示。

Step 04：单击“登录需要绑定的账号”，弹出“手机号登录”对话框，输入需要绑定的抖音账号的手机号码，如图 8-10 所示。

Step 05：输入验证码，单击“登录”按钮，返回“新增绑定账号”界面。单击“确定绑定”按钮，完成抖音账号的绑定。

图 8-8　单击“新增绑定账号”按钮

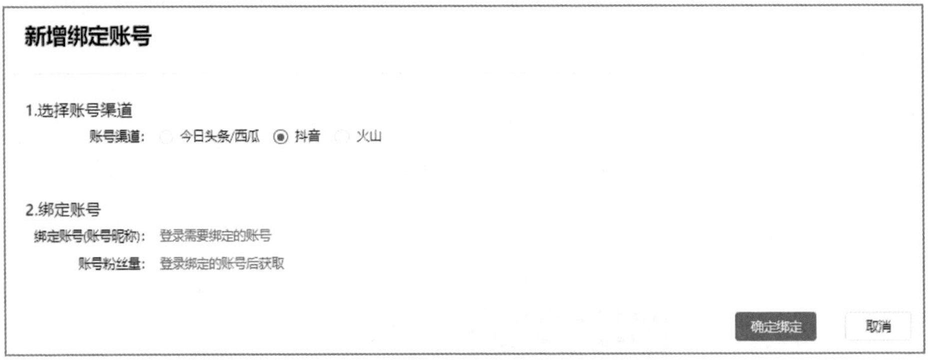

图 8-9　“新增绑定账号”界面

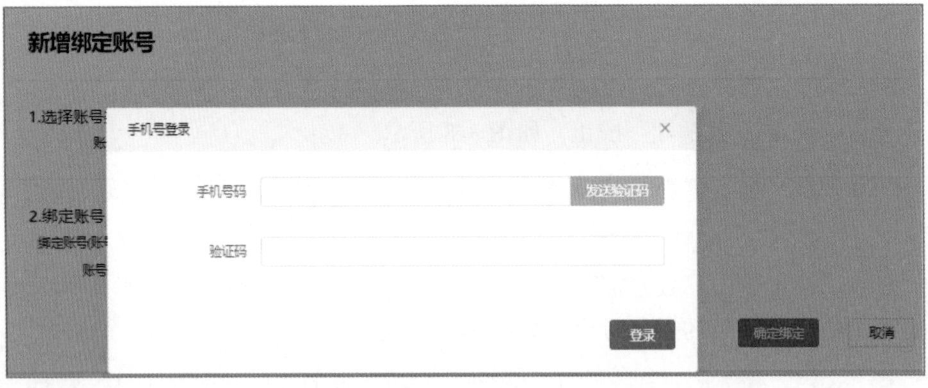

图 8-10　“手机号登录”对话框

8.1.5　开通抖音橱窗

当抖音账号有一定的粉丝量时，就可以开通购物车功能，引导消费者到商品橱窗中购买商品，或者通过直播间购买商品。

Step 01：打开抖音 App，点击界面底部的“我”按钮，进入“我”界面，点击右上角的☰按钮，在弹出的菜单中选择“创作者服务中心”命令，如图 8-11 所示。

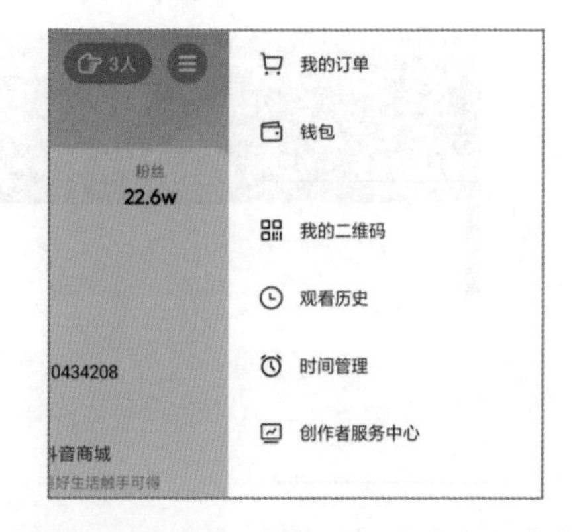

图 8-11　选择“创作者服务中心”命令

Step 02：进入“创作者服务中心”界面，如图 8-12 所示。

Step 03：点击“商品橱窗”按钮，进入“商品橱窗”界面，如图 8-13 所示。

图 8-12　“创作者服务中心”界面

图 8-13　“商品橱窗”界面（1）

Step 04：点击“成为带货达人”按钮，进入“成为带货达人”界面，如图 8-14 所示。

Step 05：点击“带货权限申请”按钮，进入“带货权限申请”界面，如图 8-15 所示。

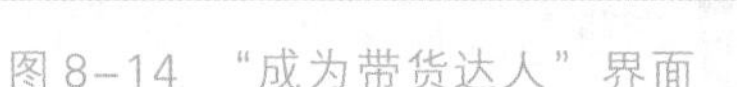
图 8–14 “成为带货达人”界面

图 8–15 “带货权限申请”界面

成为带货达人需要满足 4 个条件：实名认证、作者保证金 500 元、个人主页视频数≥ 10 条，以及抖音账号粉丝量≥ 1000。只有同时满足这 4 个条件时才能申请。当前的账号已经满足抖音账号粉丝量和个人主页视频数这两个条件的要求，只需完成实名认证和充值保证金这两个条件，即可点击“立即申请”按钮，成为带货达人。

Step 06：开通之后可以在商品橱窗、短视频和直播间添加商品购物车功能。

Step 07：点击“商品橱窗”按钮，进入“商品橱窗”界面，如图 8-16 所示。

Step 08：点击“选品广场”按钮，进入“电商精选联盟”界面，如图 8-17 所示。

Step 09：在该界面中可以选择自己发布的商品并将其加入橱窗，也可以选择其他商家的商品并将其加入橱窗，如图 8-18 所示。

图 8-16　“商品橱窗”界面（2）

图 8-17　“电商精选联盟”界面

在抖音中除了可以销售商品，还可以销售课程，如销售绘画、舞蹈、PS 设计、办公等课程。

用户在抖音上花费时间观看视频可以转换为实际的购买力，这是因为用户在观看视频的过程中呈现放松的状态，在这种状态下容易产生购物欲望。

图 8-18　加入橱窗

8.2　直播变现

商家和达人可以充分利用直播平台聚拢粉丝，以实现转化变现。主播除了可以依靠粉丝打赏变现，还可以在直播中进行卖货，而卖家也可以边直播边卖货。

8.2.1　直播卖货

品牌商家通过直播向用户推荐商品，相对于图文推荐商品，这样的购物体验更加丰富。直播的最大优势就是可以快速聚集粉丝、增强互动和沉淀用户，方便进行二次营销。

Step 01：打开抖音 App，点击底部的“+”按钮，选择“开直播”选项卡。在“开直播”选项卡中，点击“商品”按钮，如图 8-19 所示。

Step 02：在“添加商品”界面，不仅可以添加“我的橱窗”“我的小店”两个选项卡中的商品，还可以粘贴商品链接，添加商品，如图 8-20 所示。

图 8-19 “开直播”选项卡

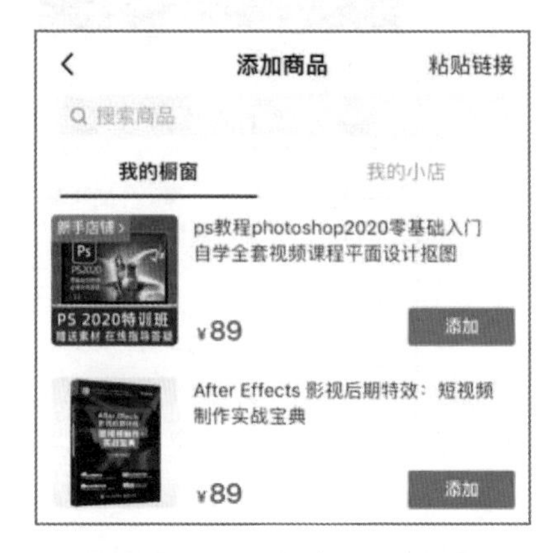

图 8-20 “添加商品”界面

Step 03：在直播间中，粉丝点击“购物车”按钮，进入商品列表，即可边看直播边买东西。

8.2.2 直播变现

直播怎么赚钱呢？比如，用才华获得粉丝打赏，只要内容足够吸引粉丝，就会有粉丝通过赠送平台上所设定的虚拟礼物对其进行打赏。

打开抖音 App，进入直播间。在直播间界面，点击“礼物”按钮，即可打开“礼物”选项栏，如图 8-21 所示。

直播平台的主播，其主要的收益来源

图 8-21 “礼物”选项栏

于粉丝赠送的虚拟礼物，如鲜花、金币、跑车、飞机等。不同的虚拟礼物对应的虚拟货币的数值是不同的，而这些礼物就是主播的直接收入。

主播在直播前可以调查粉丝喜欢什么内容，并针对这个内容进行直播，戳中粉丝的痛点，不仅能获得更多的好评，还能获得更多的打赏。在直播过程中，主播需要和粉丝进行良好的互动。只有互动到位之后，粉丝才能更加喜欢主播，从而愿意打赏。

8.2.3　直播提现

本节介绍如何提现直播的收入。

Step 01：打开抖音 App，在“我”界面的右上角点击☰按钮，在弹出的菜单中选择“钱包”命令，如图 8-22 所示。

Step 02：进入“钱包”界面，并在该界面中查看直播收入、创作收入和红包收入，如图 8-23 所示。

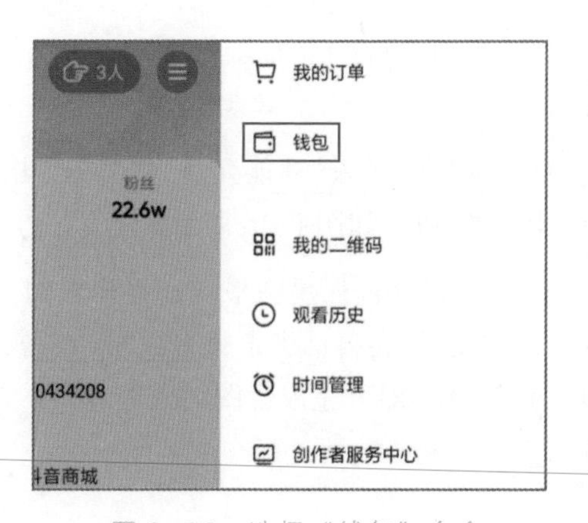

图 8-22　选择“钱包”命令

图 8-23　“钱包”界面

Step 03：点击“钱包管理”按钮，进入“钱包管理”界面。在该界面中可以绑定支付宝账号，用于收入提现，如图 8-24 所示。

Step 04：点击“去提现”按钮，就可以将直播收益提现到个人账户。点击“账单”按钮，可以查看收入和提现金额。

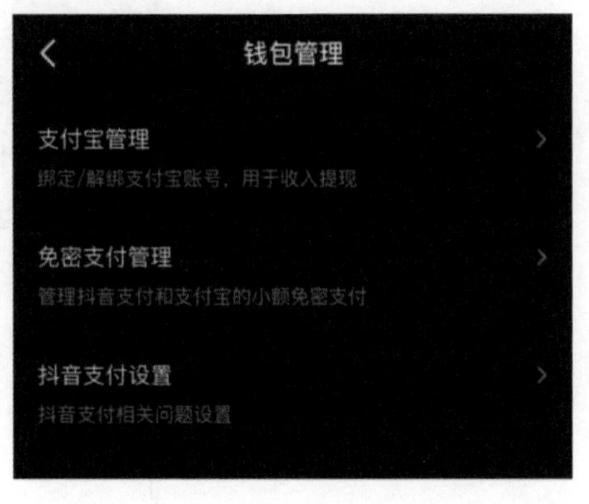

图 8-24 “钱包管理”界面

8.3 广告变现

接广告是抖音平台上的变现模式之一，一般通过软广告植入等巧妙的方式与品牌合作进行营销。目前垂直细分账号最容易变现，如美妆、测评类账号。基本上，这类账号只要有超过 10 万粉丝，就会有不少的广告收入。我们通过入驻“星图”就可以加入广告变现中。

8.3.1 入驻“星图”

图 8-25 点击“全部分类”按钮

本节介绍使用抖音账号入驻“星图”的方法。

Step 01：打开抖音 App，在“创作者服务中心”界面，点击“全部分类”按钮，如图 8-25 所示。

Step 02：进入“功能列表”界面，点击“我的星图”按钮，如图 8-26 所示。

Step 03：进入星图平台，在弹出的“平台协议”界面，会自动绑定抖音账号，点击“立即入驻”按钮，即可完成星图的入驻，如图 8-27 所示。

图 8-26　点击“我的星图”按钮

图 8-27　入驻星图

8.3.2　参与投稿

入驻星图后，即可在星图中参与投稿，制作视频实现变现。

Step 01：在“功能列表”界面，点击“我的星图”按钮，进入“任务大厅”界面，参与星图任务，如图 8-28 所示。

Step 02：点击“同意投稿任务协议”中的“去同意”按钮，即可成为接单达人，通过接任务赚钱。此时，“任务大厅”界面将有很多任务，如图 8-29 所示。

Step 03：选择一个任务，进入“任务要求”界面，如图 8-30 所示。按照要求制作短视频并参与投稿即可变现。

图 8-28　“任务大厅”界面（1）

图 8-29 “任务大厅”界面（2）

图 8-30 “任务要求”界面

8.3.3 达人广场

在达人广场会看到很多达人，客户方结合品牌特点和推广需求寻找与内容相关联的达人，通过划分好的标签，就能快速定位到最精准的达人。

打开抖店后台，单击“精选联盟”菜单，进入“抖音电商精选联盟”界面，选择“达人合作”选项下的“达人广场”选项，如图 8-31 所示。

在“达人广场”界面可以看到抖音给达人进行的分类。由于短视频创作者频繁地变更自己的内容方向，是不利于价值沉淀的，因此客户可以在该界面中筛选符合条件的达人。

筛选完成后，进入达人信息界面。从界面上客户可以清晰地看到达人的场均销售额、直播观看人数、带货要求等，如图 8-32 所示。

抖音达人也要设置辅助曝光功能，因此对地理位置、功能开通、风格类型有特殊要求的商家，会通过达人广场的细分筛选维度对达人进行选择，如图 8-33 所示。

抖音 电商精选联盟 | 商家版　首页　计划管理　达人合作　数据参谋　抖音电商学习中心

已设计划商品默认支持免费申样（无门槛），若需调整申样门槛，请重新修改样品申请设置

达人合作
达人广场 升级
团长招商
达人招商
撮合活动
星选撮合
抖Link大会
合作管理
合作评价
样品管理

找达人　已收藏　已邀约

直播达人　短视频达人　为商品推荐达人　智能测温保温杯

主推类目　不限　玩具乐器　二手闲置　服饰内衣　个护家清　礼品文创　智能家居
关键指标　场均销售额　直播观看人数　转化指数　粉丝量　内容类型
粉丝数据　粉丝年龄　粉丝性别　粉丝地区
达人属性　达人等级　达人性别　达人地区
其他筛选　是否签约机构　是否合作过　邀约状态
个性筛选　回复率高　黑马达人　纯佣达人　有联系方式

图 8-31　“抖音电商精选联盟”界面

共182位符合条件的达人　综合排序　粉丝数　场均销售额　直播观看人数　转化指数

达人	粉丝数	场均销售额	直播观看人数	转化指数	带货要求
LV5 3C数码家电/智能家居/食品饮料 | 浙江·杭州 回复率高 音乐	357.2万	¥100万-500万	53.4万	85	-
LV6 图书音像/母婴宠物/玩具乐器 | 北京 母婴亲子	453.6万	¥100万-500万	23.2万	91.3	-
LV6 服饰内衣 | 浙江·嘉兴 时尚	51.7万	¥100万-500万	7.9万	91.2	最低佣金 20% 带货要求 纯佣
LV6 服饰内衣/鞋靴箱包 | 广东·广州	38.2万	¥100万-500万	17.2万	91.5	最低佣金 0% 带货要求 纯佣

图 8-32　达人信息界面（1）

达人可以准确、及时地更新其地理位置，便于部分实体店铺、餐饮机构与之进行线下活动的合作，对达人有地域要求的客户也能找到你。

在“达人广场”界面的“找达人”选项卡中，有单独的标签，如“黑马达人”

和“纯佣达人”。每一个标签都会增加一次曝光的机会，在未来可以让更多的优质达人得到曝光。星图从多种维度给达人增加了推荐标签，从而突出达人的优势。

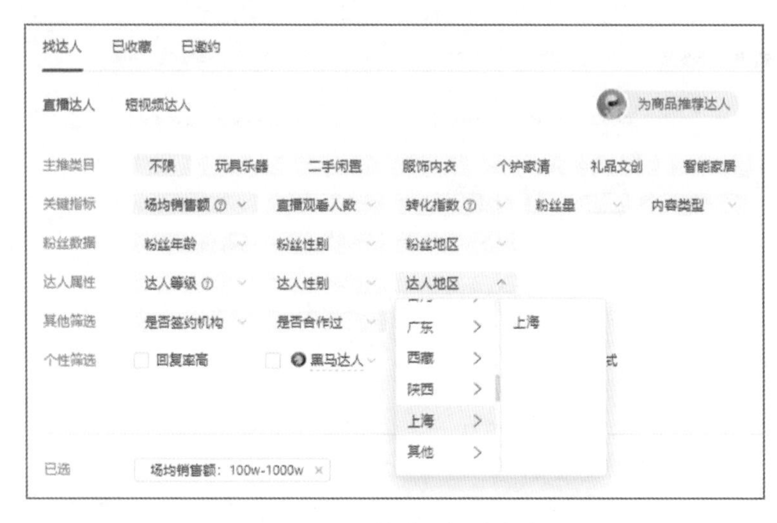

图 8-33 “找达人”选项卡

“黑马达人”标签是为了给近期涨势迅猛的达人及时提供曝光资源，协助他们在数据良好的状态下能够得到更好的商业订单。筛选后，符合“黑马达人”标签的达人信息，如图 8-34 所示。

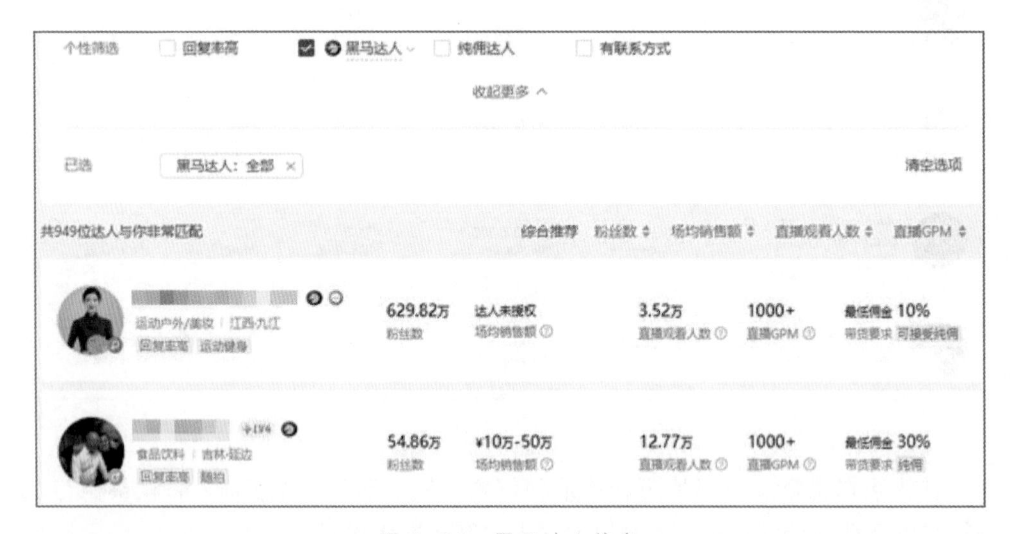

图 8-34 黑马达人信息

“纯佣达人”标签是达人只对带货佣金有要求，而不需要坑位费。因此，合理的报价加上优秀的商业订单数据，才是商家追捧的目标。筛选后，符合“纯拥大人”标签的达人信息，如图 8-35 所示。

在达人主页，客户要读懂核心数据、粉丝分析和带货分析的各项数据。这些数据可以全面、直观地体现一个达人近期的综合价值，如图 8-36 所示。

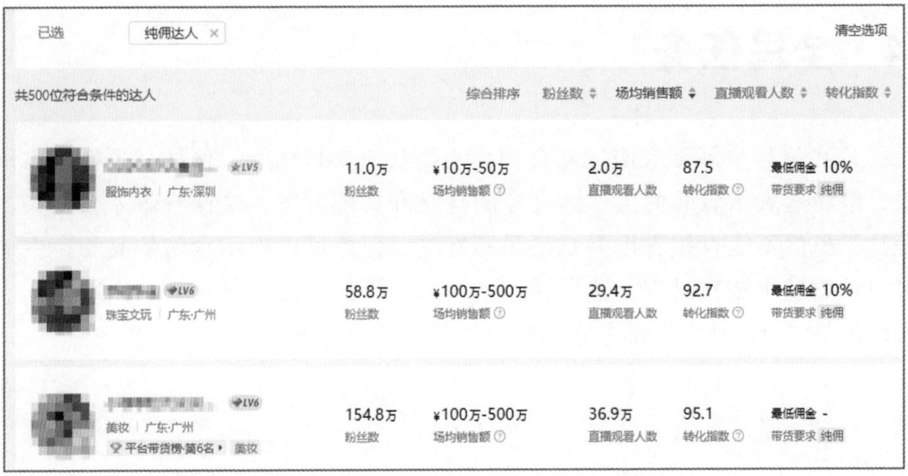

图 8-35　纯佣达人信息

图 8-36　达人主页

重点数据包括完成任务数、预期播放量、预期 CPM，以及粉丝画像，包括粉丝特征、粉丝分布。数据趋势不仅会用直观的柱状图来展示达人近期的作品播放情况（包括点赞、评论和分享的数据），还会直观地展示近期粉丝增长或减少的情况。

只有尽快完成新手任务，多增加在平台的活跃度，才能成为高活跃度的账号。“星图”还有更多获取曝光的方式，如“案例 feed”和“达人榜单”。“星图”会从近期客户需求、营销节日等维度出具各类推荐榜单，除了达人广场的曝光位置，这里是最大的曝光位置。

8.4 全民任务

无论在视频中展示衣服还是食物，主播都应亲自体验。例如，主播可以试穿衣服，给粉丝展示服装的美、适合穿的身材和搭配方案，这样粉丝才会购买。对于食物，虽然不能直接看出好吃还是不好吃，但是可以展示食物的品相，主播甚至可以拍出整个制作过程，这样粉丝才会放心，并促使其将食物加入购物车。达人可以按照“全民任务”的要求制作短视频，从而实现变现。

8.4.1 全民任务

全民任务是抖音第三方广告的发布平台，里面有很多商家发布的悬赏任务。用户接任务没有任何门槛，也没有粉丝量的要求，人人都可以参与。只要按照任务的要求拍摄短视频，就可以获得最后播放量的结算奖励。全民任务主要就是借助抖音这个平台，帮助商家曝光，使达人赚取广告费用。本节介绍全民任务的玩法。

图 8-37 “创作者服务中心”界面

Step 01：打开抖音 App，点击“创作者服务中心”按钮，进入“创作者服务中心”界面，如图 8-37 所示。

Step 02：点击“全民任务”按钮，进入“全民任务”界面，如图 8-38 所示。

Step 03：点击任务中的“去参与”按钮，即可打开“任务详情”界面，查看任务要求，如图 8-39 所示。

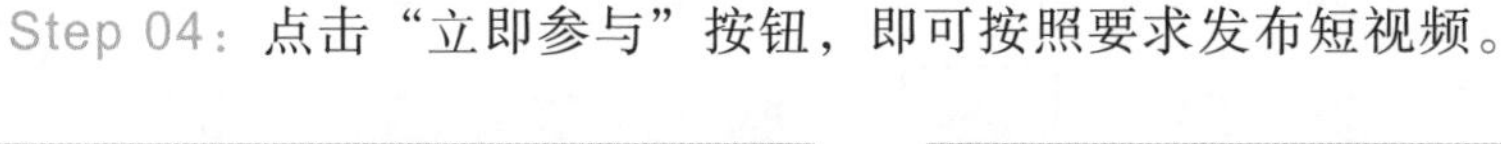

Step 04：点击“立即参与”按钮，即可按照要求发布短视频。

图 8-38　“全民任务”界面

图 8-39　“任务详情”界面

8.4.2　任务中心

创作者可以将广告的产品特性与短视频轻松、娱乐的内容巧妙结合，将广告融合在视频内容中，并通过广告的方式向用户传递广告信息。生动形象的故事情节可以在吸引用户的同时，提高他们的接受度。抖音达人可以参与到全民任务和任务中心中，并通过制作短视频进行变现。

Step 01：打开抖音 App，在“创作者服务中心”界面，点击“任务中心”按钮，如图 8-40 所示。

图 8-40 点击“任务中心”按钮

Step 02：打开“任务中心”界面，该界面包括行业频道、为你精选和任务分类 3 个模块，如图 8-41 所示。

Step 03：点击“行业频道”下的“美妆日化”按钮，进入“美妆日化”界面，如图 8-42 所示。

Step 04：点击一个任务，即可进入“任务详情”界面，如图 8-43 所示。

图 8-41 “任务中心”界面

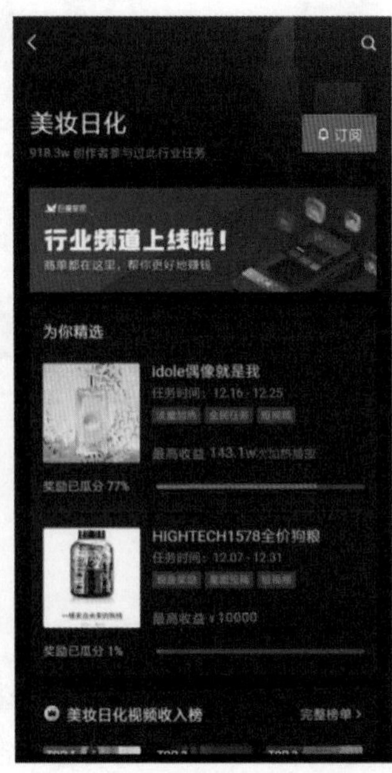

图 8-42 “美妆日化”界面

图 8-43 “任务详情”界面

Step 05：按照任务的要求制作短视频，并上传视频，参与任务活动。

第9章 短视频的运营方法

抖音短视频越来越火，因为哪里有流量，哪里就有市场，所以越来越多的企业和商家入驻抖音。抖音号的运营者需要快速地掌握获得流量红利和运营粉丝的方法和技巧。

9.1 定位

短视频想要在短视频平台上有更高的播放量，实现稳定的粉丝增长，就要从短视频的人设定位、内容定位、风格等方面入手，优化短视频的内容。

9.1.1 人设定位

人设定位就是这个账号定位的设定。在注册账号之前，一定要对自己进行定位。怎么定位人设呢？最好找出创作者本身招人喜欢的点或者创作者身上独有的个人标签，并将其放大，如他适合什么样的性格，是高冷、幽默，还是俏皮。但是在多数情况下，需要创作者在做内容输出的过程中进行提炼和打磨，一旦确定人设后就需要反复强调其特点，使他们的内容和风格统一，让人物形象烙印在粉丝的脑海中。人设定位的特点如图 9-1 所示。

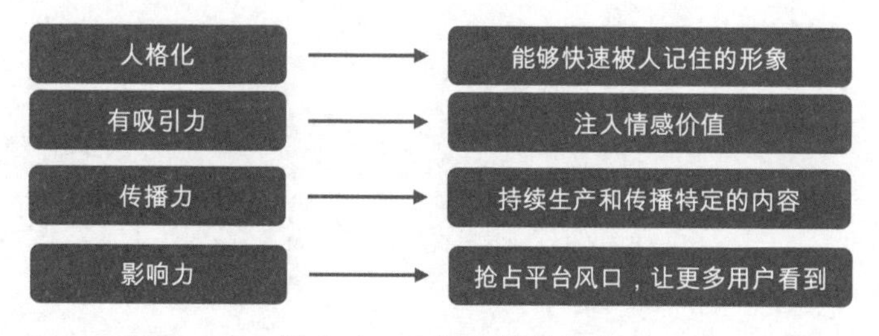

图 9-1 人设定位的特点

9.1.2 内容定位

无论发布哪一种内容，都要有一个定位。如何找到这个定位？首先要看自己对哪个方面更感兴趣，更擅长，可以根据自己的擅长点，或者兴趣爱好来做选择；然后从内容本身出发，看自己是否适合做这方面的内容；最后要理性地对自己和内容进行分析，明确拍摄的主题，如美食、Vlog、美妆、剧情等，并围绕主题方向规划拍摄内容，也可以参照抖音创作灵感的推荐主题，策划短视频，如图 9-2 所示。

确定好自己要做的目标，想要拍什么，是用于传播，还是个人记录。观众看了以后，可以给他们带来什么样的美好向往或者提供哪些帮助。

9.1.3 视频上热门的方法

图 9-2 抖音推荐

在抖音首页经常看热门视频，我们需要分析什么样的内容容易上热门，如发布原创、画面清晰、完整性高的视频。如何判断哪些是热门视频呢？下面介绍判断视频上热门的方法。

Step 01：打开抖音 App，点击“搜索”按钮，进入搜索界面，选择“创作灵感”选项卡，如图 9-3 所示。

Step 02：点击“查看更多创作主题”按钮，进入“创作灵感”界面，如图 9-4 所示。

图 9-3 “创作灵感”选项卡

图 9-4 “创作灵感”界面

Step 03：在界面顶部搜索栏中输入感兴趣的主题，如输入“扬州狮子头”，如图 9-5 所示。

Step 04：从“扬州狮子头”这个标题可以扩展多个相关的兴趣标题，且不同的标题名称热度不同，如“扬州狮子头做法”的搜索热度为 147.40 万人次，“扬州狮子头做法大全”的搜索热度为 265.30w，这些搜索热度对我们制作短视频文案标题也有很大的帮助。点击“扬州狮子头做法大全”，打开“扬州狮子头做法大全”界面，如图 9-6 所示。

图 9-5　搜索

图 9-6　“扬州狮子头做法大全”界面

如果大家的制作方向是拍摄一些生活小技巧、知识科普、才艺教学、创意制作、个人测评等实用的视频，则可以通过“创作灵感”界面来查看这个方向的主题热度，从而决定内容制作的方向。

注意：不要多账号发布相同的视频，也不要同账号反复发相同的视频，只有原创内容才能上热门，内容必须是真实、向上、有用且有价值的，或者能够给大家带来欢乐（不能低俗）的，如剧情演示、展示个人才艺、随拍记录生活等。

9.2　运营用户提高短视频的人气

在制作了一条优秀的短视频后，需要想办法获取最大的流量。下面就介绍不花钱也能获取流量的秘诀。

抖音的推荐逻辑涉及4个核心数据：点赞量、评论量、转发率和完播率。

这4个核心数据影响你的短视频能不能获得高的播放量。下面介绍5个让短视频在流量上获取优秀表现的技巧。

9.2.1　短视频封面

短视频封面可以当作作品的脸面，是推荐的一大评判标准。在搜索推荐场景中，短视频封面作为短视频内容的第一眼信息，很大程度上影响了用户的点击意愿。

好的短视频封面需要绝对清晰，让用户能一眼看到短视频的重点，如图9-7所示。

图9-7　短视频封面

一个合适的短视频封面能够让用户快速了解短视频的亮点，提高短视频的播放量。

9.2.2　短视频标题

标题也被称为文案。在短视频播放的过程中，短视频标题实际上就是一个备注，让观众对整个短视频产生兴趣。标题会影响短视频的播放量，所以观众可以通过标题知道短视频要表达的主题是什么。

标题怎么写呢？可以使用如“一周学会×××”“三天掌握×××”等数值型标题，或者如“你真的会做番茄炒蛋吗？”“西红柿炒蛋看似简单，却总是做不出饭店的味道？”等疑问型标题，如图9-8所示。

图9-8　疑问型标题

好的短视频标题会吸引用户点击并观看短视频，从而提高短视频的播放量。

9.2.3 短视频背景音乐

因为短视频的背景音乐都是有热门推荐的，所以在添加音乐时，尽量选择片头重点推荐的歌曲。一般短视频平台都会设计音乐榜，因此短视频背景音乐可以从这个排名中进行选择。

Step 01：打开抖音 App，点击“搜索”按钮，进入搜索界面，选择“音乐榜”选项卡，如图 9-9 所示。

Step 02：滑到最下面，点击“查看更多”按钮，进入“抖音音乐榜”界面，如图 9-10 所示。

Step 03：点击音乐右侧的 ≡ 按钮，进入该音乐的详情界面，如图 9-11 所示。

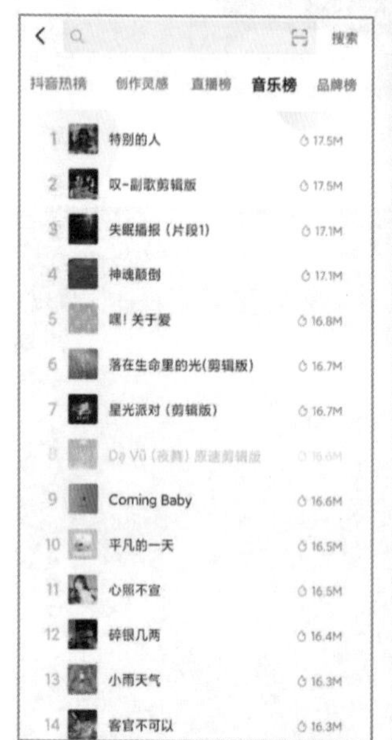

图 9-9 “音乐榜”选项卡

图 9-10 “抖音音乐榜”界面

图 9-11 详情界面

在该界面中，可以看到有 47.6 万人在拍摄短视频时使用这首歌作为背景音乐，点击下面的短视频就可以看到这些短视频的播放量和点赞量。这样当抖音用户点开歌曲专辑时，就有机会浏览到你的作品。

9.2.4　参与官方的活动

上传短视频需要参与官方的活动，如参与真实且有效的活动、话题、热点事件和挑战等，这个跟微博热搜是一样的道理。参与活动或热点事件不仅可以有效地节约运营成本，还能够提高内容成为爆款的概率。下面介绍如何参与话题挑战活动。

Step 01：打开抖音 App，点击“搜索”按钮，进入搜索界面，选择“抖音热榜”选项卡，如图 9-12 所示。

Step 02：在“抖音热榜”选项卡中，滑动到底部，点击“查看完整热点榜”按钮，进入“抖音热榜”界面，选择“挑战榜”选项卡，如图 9-13 所示。

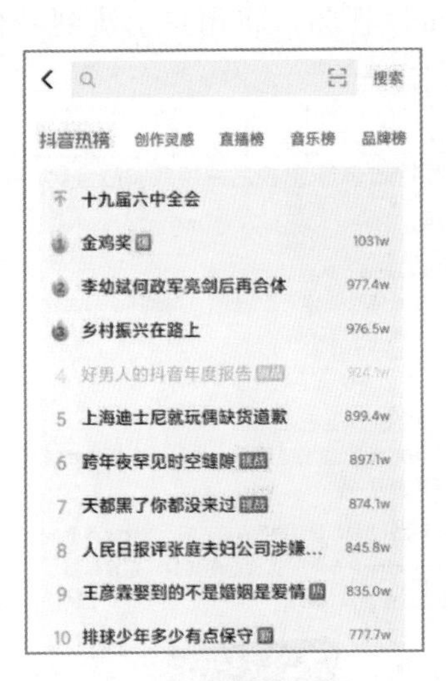

图 9-12　“抖音热榜”选项卡

图 9-13　“挑战榜”选项卡

Step 03：选择一个挑战榜，点击“立即参与”按钮，进入拍摄短视频或者上传视频界面，发布视频即可参与挑战。

参与平台官方推出的热点话题，不仅可以大大提高短视频的曝光率，还可以获得短视频平台的推荐机会。

9.2.5 粉丝的运营

在日常运营中，要善于发现一些高互动的粉丝，随时和他们进行沟通，同时要听取粉丝的建议。

如果一位粉丝关注你，同时能够与他有互动，那粉丝就会有一种被重视的感觉，甚至成为你的“铁粉”。每一个达人在成长初期一般都会有几十个甚至上百个“铁粉”，抓住这些“铁粉”很关键。

除了站内引流，还可以通过外部平台引流，如微信、QQ、钉钉和微博等。下面介绍使用微信为抖音引流的方法。

（1）朋友圈引流：可以在朋友圈发布视频号或抖音等平台上的短视频，吸引朋友圈好友关注。

（2）微信群引流：可以在微信群分享短视频链接或视频号作品，通过群内用户的点击，从而提高短视频的曝光率。

（3）公众号引流：可以在公众号定期发布短视频，将用户引流到其他平台，以提高短视频的播放量，如图 9-14 所示。

图 9-14　公众号引流

9.3　数据运营

为什么很多点赞量很高的短视频，就是不涨粉？本节分享的技巧就是分析数据，根据数据让短视频内容越来越好，流量越来越多。数据运营是什么，具体要怎么做呢？下面介绍短视频数据运营的方法。

9.3.1　粉丝的兴趣标签

善用大数据分析平台，找到粉丝的兴趣标签。想要拍摄火爆的短视频，就是要找到用户喜欢的内容。但是我们无法询问每个用户是否喜欢，这时就可以对平台调取的数据进行分析。比如，使用飞瓜数据，从后台对粉丝进行分析，如图 9-15 所示。

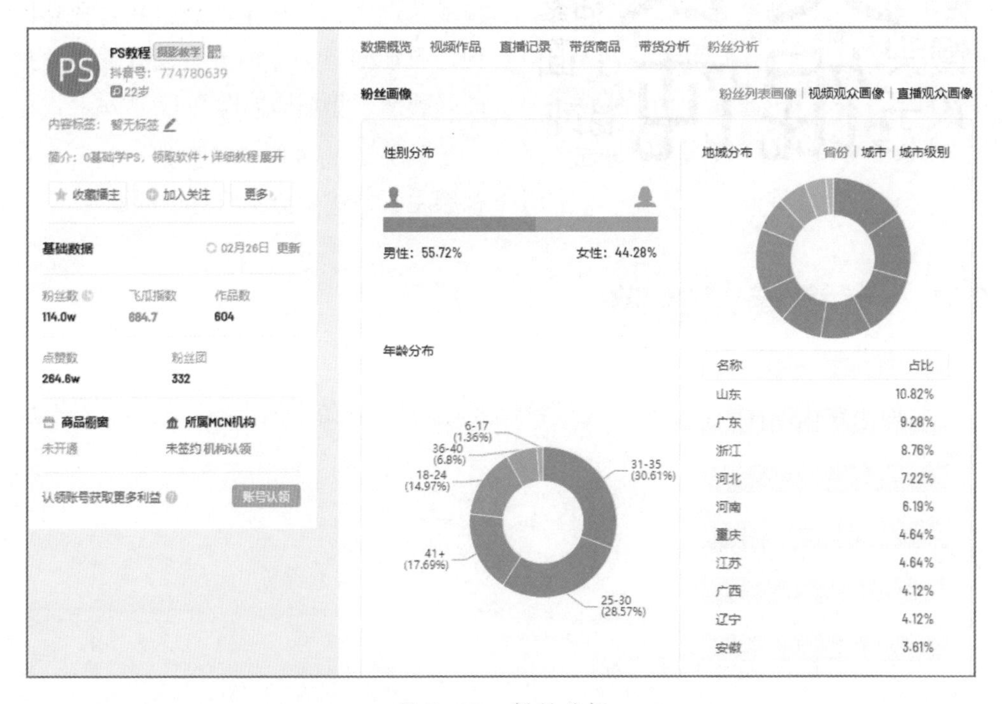

图 9-15　粉丝分析

我们通过分析大量用户的搜索数据，洞察用户的兴趣标签，整合移动端微信的搜索和浏览行为等数据，可以捕捉用户使用今日头条的兴趣和关注点。有了这些大数据分析，就可以客观地了解用户，并策划短视频内容了。

9.3.2 点赞、评论和转发

短视频的互动方式包括点赞、评论和转发，具体介绍如下。

图 9–16 热词图

点赞是用户成本最低的一种互动方式，所以在这 3 个指标中，通常都是点赞数量最高，其次是转发和评论。

评论是用户参与度的内容，评论内容多，说明粉丝的忠诚度和活性高。关于用户评论，首先要分析用户的评论，以及粉丝的反馈。可以将评论或反馈整理成热词图，只要定期观察和对比热图词，就能知道创作内容有没有偏离粉丝的兴趣圈，热词图如图 9-16 所示。

转发量高说明粉丝想把视频留存在视频主页，或者分享给身边的朋友。

9.4 直播运营攻略

当创作者在抖音平台聚集了大量粉丝之后，就能开始定期直播，进行粉丝互动、直播带货等。

9.4.1 开播设置

本节介绍抖音 App 开播设置。

Step 01：打开抖音 App，点击“+”按钮，开直播功能就出现下方选项栏的最右侧。在“开直播”界面的上方包括视频、语言、手游和电脑 4 个选项，如图 9-17 所示。

Step 02：有趣的标题和吸睛的直播封面是提高直播间人气的关键，点击“更改封面”按钮，可以替换封面；点击右侧的“编辑”按钮，可以编辑直播间的标题。抖音直播有自动美颜功能，如磨皮、瘦脸、大眼等，更有20种滤镜。点击“美化”按钮，进入“美化”选项栏。“美颜”选项卡中包括磨皮、瘦脸、大眼、清晰、美白、小脸、窄脸、瘦颧骨、瘦下颌骨、瘦鼻、长鼻、嘴型、下巴、额头、黑眼圈、法令纹等工具，如图9-18所示。

Step 03：“风格妆”选项卡中包括气色、白皙、深邃、韩系、C位、甜美、质感、暖男、元气、爱豆、断眉、温暖、欧美、优雅等效果，如图9-19所示。

Step 04：“滤镜”选项卡中包括白皙、轻氧、超白、柔和、微醺、初态、奶油、清纯、白雪、慕斯、非凡、活泼、初心、蔷薇、动人、日系、蓝调、奶灰、深邃和曲奇滤镜，如图9-20所示。

图9-17　“开直播”界面

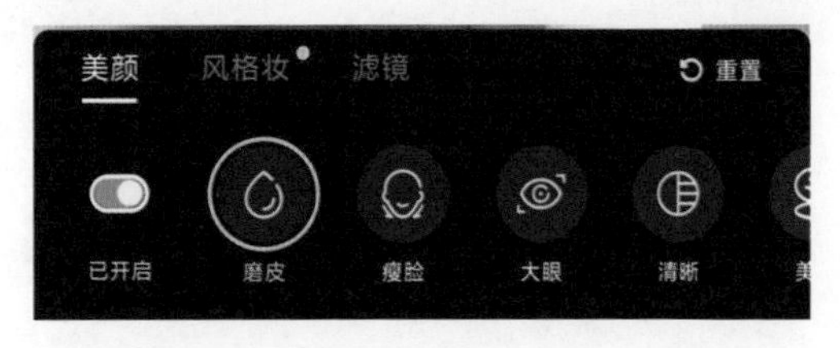

图9-18　“美颜”选项卡

图9-19　“风格妆”选项卡

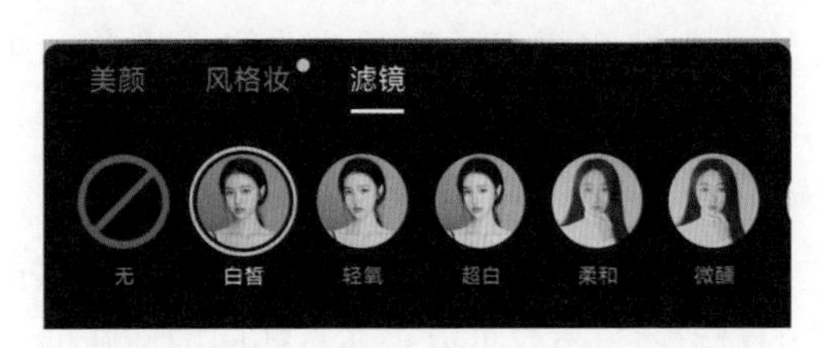

图9-20　“滤镜”选项卡

Step 05：设置好最佳的效果之后，即可开启直播。

9.4.2 提高直播间的人气

如何让直播间人气暴涨？主播可以在开播前3小时发布自己的抖音短视频，这样在开播时将有更多的粉丝走进你的直播间。直播时开启“同城定位”，可以吸引更多的粉丝来观看。

在个人主页要表明直播时间，进行直播预告，如图9-21所示 。

图9–21 直播预告

主播还可以通过优化封面和标题提高直播间人气，并在开播前设置好封面和标题。如果上传不合格的封面图，将影响直播的曝光量；如果上传优质的主播封面图，将在直播广场得到更多的曝光，使直播间的人气越来越高。好的标题需要控制在5个字以内，突出个人特色和内容亮点。

9.4.3 直播和互动功能

本节介绍直播和互动功能，其中，直播功能主要有美化装饰和商品购物车，互动功能包括粉丝团、礼物、福袋投票等。

Step 01：点击“开始视频直播”按钮，就能进入视频直播间了。直播界面的左上方是你的头像和“粉丝团”按钮。点击“粉丝团”按钮，即可邀请粉丝加入你的粉丝团，不仅可以提高直播间的活跃度，还能收获更多的粉丝团礼物，如图9-22所示。

Step 02：底部工具栏的左侧有“PK”按钮和“发起连线”按钮。点击“PK”

按钮，进入“发起 PK”选项栏，在该选项栏中可以向认识的好友或系统推荐的主播发起 PK，如图 9-23 所示。

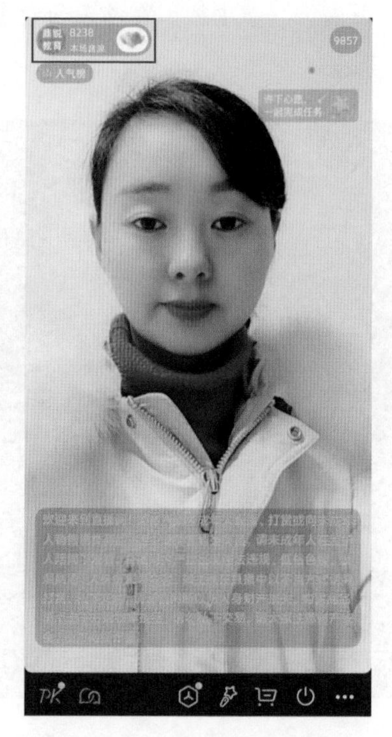

图 9-22　点击“粉丝团”按钮

图 9-23　“发起 PK”选项栏

Step 03：使用直播连线功能，可以和观众连线，也可以加入聊天室和多人连线，如图 9-24 所示。

Step 04：用户通过 PK 和直播连线积极展示自己的才艺。底部工具栏的右侧为“功能”按钮、“美化”按钮、“购物车”按钮、“关闭”按钮和“更多设置”按钮，如图 9-25 所示。

图 9-24　选择连线玩法

图 9-25　底部工具栏

Step 05：点击“功能”按钮，进入“功能”选项栏。该选项栏包括K歌、礼物投票、福袋、心愿和互动，如图9-26所示。

Step 06：点击“福袋”按钮，进入“抖币福袋”选项栏。在该选项栏中可以设置粉丝团福袋或全民福袋，如图9-27所示。

图9-26 “功能”选项栏

图9-27 “抖币福袋”选项栏

Step 07：点击“美化”按钮，打开“装饰美化”选项栏，该选项栏主要包括美化、道具、贴纸、手势魔法和声效5个按钮，如图9-28所示。

图9-28 “装饰美化”选项栏

Step 08：点击最右侧的“更多设置”按钮，在弹出的选项栏中包括互动能力、直播工具和基础功能。其中，互动能力包括音乐、粉丝群和评论；直播工具包括主播任务、展开公屏、开始录屏、分享、暂停直播、上热门和内容管理；基础功能包括镜头翻转、礼物、直播管理和功能设置，如图 9-29 所示。

图 9-29　“更多功能”选项栏

主播只有找到适合自己的开播时间段，并稳定开播天数和时长，开始直播后将直播间分享给粉丝和好友，才能让观看直播的粉丝越来越多。

反侵权盗版声明